# Modified Atmosphere Packaging for Fresh-Cut Fruits and Vegetables

# 鲜切果蔬气调保鲜包装技术

〔美〕 亚伦 L. 布洛迪（Aaron L. Brody）

〔美〕 庄 弘（Hong Zhuang）　　　主编

〔美〕 仲 H. 韩（Jung H. Han）

章建浩 胡文忠 郁志芳 等译　　　庄 弘（Hong Zhuang） 校

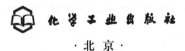
化学工业出版社

·北京·

**图书在版编目(CIP)数据**

鲜切果蔬气调保鲜包装技术/〔美〕布洛迪(Brody，A. L.)，〔美〕庄宏(Zhuang，H.)，〔美〕韩(Han，J. H.)主编；章建浩等译. —北京：化学工业出版社，2016.4(2021.5重印)

书名原文：Modified Atmosphere Packaging for Fresh-Cut Fruits and Vegetables

ISBN 978-7-122-26136-6

Ⅰ.①鲜… Ⅱ.①布…②庄…③韩…④章… Ⅲ.①水果-气调保鲜-保鲜包装②蔬菜-气调保鲜-保鲜包装 Ⅳ.①TS206.6

中国版本图书馆 CIP 数据核字（2016）第 015388 号

Modified Atmosphere Packaging for Fresh-Cut Fruits and Vegetables, lstedition/by Aaron L. Brody PhD，Hong Zhuang PhD and Jung H. Han（editors）.

ISBN 9780813812748

Copyright © 2011 by Wiley-Blackwell. All rights reserved.

Authorized translation from the English language edition published by Wiley-Blackwell.

本书中文简体字版由 Wiley-Blackwell 授权化学工业出版社独家出版发行。未经许可，不得以任何方式复制或抄袭本书的任何部分，违者必究。

北京市版权局著作权合同登记号：01-2014-7139

责任编辑：赵玉清　　　　　　　　　文字编辑：张春娥
责任校对：边　涛　　　　　　　　　装帧设计：史利平

出版发行　化学工业出版社（北京市东城区青年湖南街 13 号　邮政编码 100011）
印　　装　北京虎彩文化传播有限公司
710mm×1000mm　1/16　印张 17½　字数 309 千字　2021 年 5 月北京第 1 版第 2 次印刷

购书咨询：010-64518888　　　　　　售后服务：010-64518899
网　　址：http://www.cip.com.cn
凡购买本书，如有缺损质量问题，本社销售中心负责调换。

定　价：88.00 元　　　　　　　　　　　　　　　版权所有　违者必究

# 本书翻译人员名单

章建浩　王佳媚　龙　门　马　磊　刘桂超　黄明明
胡文忠　姜爱丽　李婷婷　陈　晨　冯　可　萨仁高娃
穆师洋　闫媛媛　王运照　纪懿芳　郁志芳　姜　丽
蒋林惠　周　翔　宦　晨　薛研君

庄宏（Hong Zhuang）　校

Modified Atmosphere Packaging
for Fresh-Cut Fruits and Vegetables

▼

# 译者前言

鲜切果蔬作为一种新兴食品工业产品，起源于 20 世纪 50 年代的美国，从 20 世纪 90 年代起，方便、新鲜、营养和自然的鲜切果蔬日益受到欧美、日本等发达国家消费者的青睐。在我国，鲜切果蔬作为一种新兴轻加工农产品正在快速兴起；随着人们生活水平的提高、现代生活节奏的加快和休闲消费的快速发展，鲜切果蔬因其方便快捷的消费方式、即食即用的优势和能高度保持原有新鲜品质而日益受到消费者的广泛关注和欢迎。鲜切果蔬丰富了人们的生活，也逐渐改变着人们的消费方式。

新鲜果蔬经鲜切加工后，由于表层细胞组织结构受到伤害、原有的保护系统被破坏而容易导致褐变、失水、组织结构软化、微生物侵染等问题。因此，如何对鲜切果蔬进行有效的保鲜包装、维持流通销售过程中的生鲜品质至关重要。近年来，MAP 保鲜包装技术已广泛应用于食品深加工产业，在鲜切果蔬保鲜包装领域也有应用开发，但目前国内关于鲜切果蔬 MAP 保鲜包装技术的专著或参考书很少。为适应我国鲜切果蔬作为新兴产业的快速发展，应化学工业出版社的邀请，引进 Wiley-Blackwell 新出版的《Modified Atmosphere Packaging for Fresh-Cut Fruits and Vegetables》进行翻译出版，旨在为我国果蔬食品保鲜包装相关专业，尤其是鲜切果蔬领域的科研开发、生产流通、贸易技术及管理专业人员提供实用的参考书。

本书由以南京农业大学章建浩教授、大连民族大学胡文忠教授和南京农业大学郁志芳教授为主的译者团队共同完成翻译。翻译工作分工：前言由王佳媚翻译，第 1、12 章由章建浩、马磊和王佳媚翻译，第 2、3 章由姜丽、蒋林惠、宦晨、郁志芳翻译，第 4 章由周翔、宦晨、郁志芳翻译，第 5 章由郁志芳、薛研君、姜丽翻译，第 6、7 章由胡文忠、姜爱丽、穆师洋、闫媛媛、王运照翻译，第 8 章由胡文忠、陈晨、纪懿芳翻译，第 9 章由胡文忠、李婷婷、冯可、萨仁高娃翻译，第 10、11 章由龙门、王佳媚、章建浩翻译，第 13 章由王佳媚、马磊、章建浩翻译，第 14、15 章由黄明明、刘桂超、王佳媚翻译。全书由章建浩教授统稿，由原著作者——美国农业部 ARS 农产品保鲜包装研究专家庄宏（Hong Zhuang）教授校核。

由于本译著为综合应用技术书籍，涉及的知识内容广泛，加之我们学识水平有限，书中错误与不当之处在所难免，敬请读者不吝指正。

译　者
2015 年 10 月

Modified Atmosphere Packaging
for Fresh-Cut Fruits and Vegetables
▼

# 前言

　　鲜切水果和蔬菜是指产品原始形态发生物理变化， 但仍然是新鲜状态的任何一种新鲜水果、 蔬菜或者任何形式的混合物 ［国际鲜切产品协会（IFPA） ］。 鲜切果蔬为消费者提供了营养成分齐全、 口味新鲜的健康方便产品， 目前已成为历史上增长速度最快的方便食品之一。 气调包装， 通常叫作 MAP， 是通过改变包装内部食品周围的空气 （ 20.9%氧气、 71%氮气、 0.03%二氧化碳 ） 组分比例来延长新鲜或加工食品货架期的一种技术。 经过中央工厂准备并在零售商店销售或用于食品服务业务的鲜切产品的成功应用， MAP 在其中发挥了重要作用。

　　在过去十几年里， 自从鲜切果蔬成为流行产品， 该领域的研究和发展成为关注的热点， 在几乎所有发表的关于鲜切果蔬的专著中都包含 MAP 技术。 然而， 关于 MAP 的讨论还是限于 MAP 理论、 产品的生理学和质量影响。 在三年多以前， 当我们在一起探讨本书以及已经出版的书籍中隐藏的观点时， 我们认为鲜切果蔬的气调包装技术对于鲜切产业和研究具有较高的价值， 但是， 我们必须使这本书与其他已经出版的专著有所区别， Dr. Brody 特别强调此书的目标人群是鲜切产业人员。 为了实现目标， 我们尽力邀请在鲜切企业工作或有过工作经验的人员作为参编者。

　　基于此种基础目标， 我们预期这本书能够使目前在鲜切果蔬企业工作的人员和那些在每日工作中与包装打交道的人员受益， 其中包括研发人员、 生产线管理人员和机械操作工程人员。 因此， 我们希望这本书不仅包含 MAP 的基础知识， 还要包括实际生产的经验。

　　本书包括以下三个部分。

　　（ 1 ） 气调包装， 此部分主要包括鲜切果蔬 MAP 的基础理论、 物理及质量影响。

　　（ 2 ） 气调包装材料和机械， 此部分主要包括鲜切果蔬工业常用的薄膜材料和机械。

　　（ 3 ） 包装新技术， 主要探讨了最新包装的发展变革以及对鲜切果蔬产品的影响。

　　各位编写人员对本书的贡献非常大， 没有大家的努力， 就不会有本书的出版。 他们从自己繁忙的工作和家庭事务中挤出宝贵的时间来撰写此书。 我们非常感激他们愿意与他人分享自己的宝贵经验和专业知识，并在如此紧迫的时间里完成书稿。同时，我们也要特别感谢 Blackwell 出版社委托编辑 Mark Barrett 和 Susan Engelken，感谢他们的鼓励、建议和准备出版过程中的耐心，感谢 Blackwell 出版社全体人员为本书出版所作的贡献。

Aaron L. Brody
Hong Zhuang
Jung H. Han

Modified Atmosphere Packaging
for Fresh-Cut Fruits and Vegetables
▼

# 目录

# 第 ① 章

# 引言

作者：Hong Zhuang
译者：章建浩、马磊、王佳媚

鲜切果蔬是指经过初微加工，可供给消费者立即食用或使用的果蔬产品。鲜切果蔬方便健康，且新鲜如刚收获的果蔬。鲜切果蔬的加工过程包括分选、去杂或去除不可使用部分、清洗、去柄/削皮/去籽/去核和切割（切段、削片、刨丝、分块和剁碎）。鲜切果蔬不经过热处理，只需经清洗就包装在袋子或容器中，曾被称为是最初微加工的农产品，而且是历史上发展最快的方便食品。鲜切果蔬在北美餐饮和零售市场的销售额每年约为 120 亿美元，占目前所有新鲜果蔬产品销售额的 17%（Christie，2008）。在美国零售最多的鲜切蔬菜是鲜切蔬菜沙拉，销售额近 50 亿美元（Christie，2009）。鲜切果蔬产品中增长最快的是零售鲜切水果，2004 年三百五十万单位的鲜切蔬菜被售出，带来了 7.19 亿美元的销售额；在 2005 年 1 月和 2 月之间，销售总数比 2004 年上升了 17%（Warren，2005）。

鲜切果蔬产品能够在市场上成功，其很大程度上依靠气调保鲜包装技术（modified atmosphere packagine，MAP），以及在冷链和加工处理技术上的改进（Gorny，1997）。MAP 是一个包装技术，它可以改善包装产品正常的气氛条件（20.95% $O_2$、78.09% $N_2$、0.93% 氩气和 0.038% $CO_2$），从而达到增加食品保质期的目的。在一些文献或报道中，控制气氛（CA）和改善气氛（MA）通常被互换使用，但含义不同：CA 贮藏产品周围的有益气氛环境与 MA 一样也是不同于正常空气，但其气体成分被持续调控，且产品通常存储在储藏室或运输集装箱中。与此不同，MA 包装中气体成分不被严密监控，且产品被限制于包装容器中，如塑料袋或包装盒（包装内的气体成分有时亦可通过一个含吸附材料的小包来监控，这种情况下 MAP 亦可以归类为 CA 包装）。MAP 气体成分的调节可以主动或被动地实现，主动 MAP 的一个例子是充气包装，其在密封前用理想气体组成替代空气达到调节包装气体的目的；被动 MAP 是利用食品呼吸和食品相关微生物的新陈代谢及包装材料的透气性来改变包装中的气体成分。然而，对于鲜切果蔬产品，其新鲜度需要氧气来维持，在加工处理后产品会继续呼吸氧气和释放 $CO_2$。不管采用哪种气调方法（主动 MAP、被动 MAP 或 CAP），在均衡时内部气氛部分或完全依赖于可调控气体环境的因素：鲜切果蔬的呼吸速率和包装材料的透气率，以及两者之间的平衡。

使用改善和控制气氛来维持或延长食品质量并不是一项新技术。据历史记载，此技术可追溯到至少 2000 年前在地下储藏粮食的实践应用。在储藏过程中，直接进入地下储藏室是非常危险的，由于粮食的呼吸作用导致地下储藏室内的 $O_2$ 消耗和 $CO_2$ 积累；那时候贮藏环境中气体组分的变化不是人为调控的，尽管有一定的应用意义，例如可以保护粮食免受啮齿动物和害虫的侵害，维持粮食的品质和延长贮存期（Beaudry，2007）。

第一个有记载的关于 MA 对果实质量影响的科学研究是由法国蒙彼利埃医药学院的教授贝拉尔德完成的，其研究结果于 1821 年发表，他发现收获的果实可吸收 $O_2$ 并释放 $CO_2$。当水果被放在一个不含氧气的包装内时，其成熟速度低于在空气中（Robertson，2006）。富兰克林·基德于 1918 年在英格兰首先利用 CA 贮藏水果并进行大量的系统化研究，探索了各种存储温度和气体组分对不同水果的影响：气体组分变化是由水果呼吸作用导致，依赖于包装在不透气材料中的水果对 $O_2$ 的消耗量以及 $CO_2$ 的释放量（Robertson，2006）。1930 年，英格兰的基利弗证明了羊肉、猪肉、鱼肉在 100% $CO_2$ 气体环境下，低温保鲜时间可延长 2 倍（Robertson，2006）。基于对气调包装和肉品质的进一步研究结果，在 20 世纪 30 年代 CA 和 MA 两种方法已被用于冷冻牛肉胴体的运输中，使用含有 10% $CO_2$ 的气体、1℃ 低温下贮藏，冷冻牛肉胴体保质期可长达 40～50 天（Inns，1987）。

20 世纪 40 年代，数学模拟方法被引入到气调包装中。Platenius（1946）使用透气率数据推测出 $O_2$ 通过透明薄膜的扩散速度不足以满足包装产品的呼吸需求。Allen 和 Allen（1950）指出气调包装可以抑制番茄成熟，他们建议如果使用密封包装需要对包装高聚物进行穿孔或者使用氧气渗透率高的聚合物。关于 MAP 保鲜的第一批重要的零售应用发生在 20 世纪 50 年代末，即是用真空包装肉、鱼和咖啡（Inns，1987），自此以后，气调保鲜的商业应用稳步增加。

20 世纪 70 年代，关于用 MAP 延长鲜切果蔬货架期的研究成果和专利陆续发表，MA 被用于延长鲜切蔬菜、处理过的袋装沙拉和生菜的保质期。Priepke 等（1976）用空气或含有 10.5% $CO_2$ 和 2.25% $O_2$ 的气体组分包装蔬菜沙拉和什锦蔬菜沙拉，在 4.4℃ 贮藏 2 周后，发现 MAP 方法有利于延长鲜切果蔬的货架期。Rahman 等（1976）发表了一种延长皱叶莴苣贮存期的方法，称清洗后用低 $O_2$、低 $CO_2$ 和低水蒸气透过率的 PVC 醋酸共聚物薄膜包装皱叶莴苣可明显延长其保质期。Dave（1977）申请了关于贮藏生切叶类蔬菜的专利（包括包装方法），称生切菜和绿色生切卷心菜经氯气清洗后用聚酯薄膜包装的保质期是

3～4周，大大超过了传统聚乙烯袋包装大约8～10天的保质期。1979年，Woodruff申请了一项专利，证明包装袋（如可透过 $CO_2$、CO 和 $O_2$ 的低密度聚乙烯袋）可以延长果蔬保质期，如鲜切生菜、红球甘蓝丝、西兰花、花菜和芹菜等，他得出结论：包装材料的透气性要能够阻止二氧化碳的浓度上升到20％以上，同时阻止氧气浓度下降至2％以下，才能有效延长果蔬保质期。

20世纪80年代，关于研究和开发利用鲜切果蔬产品 MAP 的许多综述在杂志上发表。McLachlan 和 Browning（1983）总结了 MAP 在即食产品零售包装上的使用并得出结论：被测试包装中的最终气体组分是产品呼吸作用、包装薄膜透气性、产品类型及数量、薄膜类型及厚度与贮藏温度综合作用的结果。因此，选择正确的贮藏条件对阻止由气体不合适所引起的潜在的植物组织伤害和有害微生物生长是至关重要的。Barmore（1987）指出，MAP 作为一种新技术可用来延长初加工产品的保质期。Myers（1989）发表在"Food Technology"杂志上的综述中讨论了用于初加工水果和蔬菜的包装条件。同年（1989），Fresh Express，美国最大的鲜切果蔬生产制造商，生产了第一个即食包装田园沙拉并在全国的杂货店进行销售。自此以后，MAP 新鲜水果和蔬菜的总销售额在北美从接近于零持续增加（Beaudry，2007），到2009年时达到约120亿美元（Christie，2009）。鲜切产品的品种已经从生菜沙拉扩大到几乎各种产品，鲜切产品尽力满足餐饮和零售市场对各种鲜切、混合、包装和规格大小的要求。随着 MAP 技术的快速发展，相关研究也越来越多，包括确定单个商品（或单个鲜切包装产品）最适宜的 MAP 条件（包括包装材料、包装尺寸、不同气透性的薄膜材料和贮藏条件），以及利用数学模型预测不同鲜切果蔬产品的最适气体成分。包装方式也从被动 MAP 转向主动 MAP。包装材料由普通的聚乙烯和聚丙烯材料向智能薄膜转化，无穿孔薄膜或大穿孔薄膜向微穿孔薄膜发展。尽管 MAP 对鲜切果蔬产品是至关重要的，而有关 MAP 发展综述仅仅作为出版的鲜切果蔬专著的一个章节。我们感到应该有一本专著讨论鲜切果蔬 MAP，《鲜切果蔬气调保鲜包装技术》由此而编写出版。

本专著介绍了 MAP 技术在鲜切水果和蔬菜上的应用，书的开始介绍了 MAP 的基本原理，包括用于鲜切果蔬的 MAP 数学模型，以及 MAP 对鲜切果蔬的生理和生化、微生物、品质和植物生理方面的影响。随后讨论了 MAP 的包装材料和包装机械，既介绍了已经存在的气调热塑包装薄膜和机械，又列举了两个正在开发的薄膜材料，即微孔薄膜和 Breatheway®（智能薄膜的一部分），这些产品显示出了在鲜切果蔬产品上应用的潜力。MAP 技术在鲜切产业上的应用是这本书的价值所在并被着重讨论。例如，对 MAP 功能的介绍中，使用数学模型而不仅仅是文字摘要来介绍气调包装理论。关于 MAP 鲜切果蔬的生理生化反应，本书只重点讨论了呼吸作用和褐变反应。MAP 对产品质量影响的综述基于鲜切果蔬产品本身。Apio 公司首席科学家 Raymond Clarke，应邀详细描述了 Apio 公司的智能薄膜技术（Breatheway®）及其在鲜切产品上的应用。Roger Gates 受邀与大家分享他的关于微孔薄膜在鲜切果蔬中的应用经验。Chris van Wandelen，CVP 系统有限公司（该公司是包装设备制造商）的副总裁，对 MAP 机械和鲜切果蔬行业的卫生设计做了非常有价值的总结。

第三部分包括纳米结构包装、活性包装（含抑菌包装）和可持续包装，介绍了三种食品包装技术的发展趋势和方向，我们邀请相关领域的专家在本书中对这些食品包装技术的发展趋势和方向给予了详细介绍，希望为研究或从事食品 MAP 的读者提供新的想法和思路。

我希望这本书中关于鲜切果蔬的理论及应用方面的独特基础和有益的内容，可以对鲜切果蔬加工业的应用和研究提供有价值的帮助。本书适用于所有的读者，包括进行鲜切果蔬研究的科学家以及鲜切果蔬的研发人员和工程师。

**参考文献** ···········································································································

Allen AS and Allen N. 1950. Tomato-film findings. Mod Packag 23:123–126, 180.

Barmore CR. 1987. Packing technology for fresh and minimally processed fruits and vetetables. J Food Qual 10:207–217.

Beaudry R. 2007. MAP as a basis for active packaging. In: Wilson CL, editor. Intelligent and Active Packaging for Fruits and Vegetables. Boca Raton, FL: CRC Press, pp. 31–55.

Brecht JK, et al. 2004. Fresh-cut vegetables and Fruits. Hortic Rev 20:185–251.

Christie S. 2008. Some segments see triple-digit increases. Fresh Cut (January). http://www.freshcut.com/pages/arts.php?ns=794 (accessed May 2010).

Christie S. 2009. New packaging, promotions "re-invent" the bagged salad line. Fresh Cut (December). http://www.freshcut.com/pages/arts.php?ns=1562 (accessed May 2010).

Dave BA. 1977. Package and method for packaging and storing cut leafy vegetables. US Patent 4,001,443.

Gorny JR. 1997. Modified atmospheres packaging and the fresh-cut revolution. Perishables Handl Newslett 90:4–5.

Huxsoll CC, Bolin HR, and King AD. 1989. Physicochemical changes and treatments for lightly processed fruits and vegetables. ACS Symp Ser 405:203–215.

Inns R. 1987. Modified atmosphere packaging. In: Paine FA, editor. Modern Processing, Packaging and Distribution Systems for Food, Volume 4. Glasgow, UK: Blackie, pp. 36–51.

McLachlan A and Brown TH. 1983. The suitability of fruits and vegetables for marketing in forms other than canned and frozen products. Technical Memorandum/Campden Food Preservation Research Association No. 353.

Myers RA. 1989. Packaging considerations for minimally processed fruits and vegetables. Food Technol 43:129–131.

Platenius H. 1946. Films for produce: their physical characteristics and requirements. Mod Packag 20:139–143, 170.

Priepke PE, Wei LS, and Nelson AI. 1976. Refrigerated storage of prepackaged salad vegetables. J Food Sci 41:379–382.

Rahman AR, et al. 1976. Method of extending the storage life of cut lettuce. US Patent 3,987,208.

Robertson GL. 2006. Food Packaging Principles and Practice, 2nd ed. Boca Raton, Fla, London, New York: CRC Taylor & Francis.

Shewfelt RL. 1987. Quality of minimally processed fruits and vegetables. J Food Qual 10:143–156.

Warren K. 2005. Category offers promise for processors, retailers. Fresh Cut. June. http://www.freshcut.com/pages/arts.php?ns=117, (accessed May 2010).

Woodruff RE. 1980. Process and package for extending the life of cut vegetables. US Patent 4,224,247.

Modified Atmosphere Packaging
for Fresh-Cut Fruits and Vegetables

▼

第1部分

# 气调包装

# 第 ② 章
# MAP的数学建模

*作者：*Yachuan Zhang、Qiang Liu、Curtis Rempel
*译者：*姜丽、蒋林惠、宦晨、郁志芳

## 2.1 引言

采后作物的耐储性取决于一些重要因素，如含水率、呼吸速率（respiration rate，RR）、产热量、质地特征和生理发育阶段等（Haard，1984）。这些因素中，呼吸速率几十年来一直被认为与贮藏性成负相关。呼吸速率大的作物腐败迅速，而呼吸速率缓慢可以贮藏更长时间（Haard，1984）。图2.1显示了呼吸速率和代表性果蔬耐贮藏性间的关系。

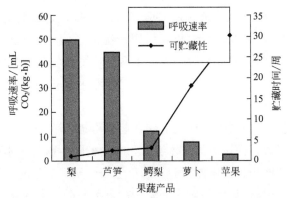

图2.1　5℃下代表性果蔬呼吸速率与贮藏性间的关系

（Courtesy Haard 1984，reprinted from Haard，N F J Chem Edu）

虽然呼吸速率和贮藏性之间的生化机理关系并不完全清楚，但很明确的是，降低呼吸速率对于贮藏有积极作用。目前，普遍用于降低作物呼吸速率的方法有两种，一个是降低贮藏环境的温度，另一是通过减少氧含量和增加二氧化碳含量来改变贮藏环境的气体条件，后者通常称为气调包装（MAP）。

水是新鲜果蔬的主要成分，一般占鲜重的70%～90%，也有一些果蔬（如番茄、西瓜）含水量超过 95％，包括糖、淀粉、细胞壁多糖等的碳水化合物占可食植物固体物质的大部分（大约占干基的 75％）。例外的情形包括积累存储脂肪的鳄梨（通常含有 15.5％的脂肪和 64％的碳水化合物）（Haard，1984）。尽管合成代谢和分解代谢的反应在果蔬采后生物化学转换中起着导向作用，碳水化合物脂肪和蛋白质的降解被认为是主要的分解代谢过程。方程 2.1 的已糖降解即是分解代谢的示例。

$$C_6H_{12}O_6 + 6O_2 \longrightarrow 6CO_2 + 6H_2O + 能量 \qquad (2.1)$$

方程式（2.1）中等号左侧 $O_2$ 的减少或右侧 $CO_2$ 的增加将减缓已糖分解过程，从而延长果蔬的货架期。MAP 条件的优化基于对方程式（2.1）的认识（Zhang et al.，2007），并专注于包装内 $CO_2$ 浓度增加和 $O_2$ 浓度减少。优化取决于果蔬的呼吸作用和包装材料对气体（$CO_2$ 和 $O_2$）的渗透两个动力学过程（Torrieriet et al.，2009）。方程式（2.1）中，右侧 $CO_2$ 产生的量与左侧 $O_2$ 的体积消耗比称为呼吸熵（respiratory quotient，RQ）。有氧呼吸条件下，碳水化合物、有机酸和脂质的 RQ 分别为 1、＞ 1 和＜ 1。RQ 值大于 1.3 通常表明无氧呼吸的存在，此时对果蔬贮藏有害（Zhang et al.，2007）。

尽管 MAP 已被证明是一种延长果蔬货架期的有效方法，但气体成分调整不当会影响产品的颜色、味道、口感和营养，甚至缩短产品的贮存寿命（Mahajan et al.，2007）。所以，MAP 设计是一项复杂的工作，这需要对包装中的产品、气体成分以及包装本身的动力学相互作用情况的了解（Gonzalez-Buesa et al.，2009）。MAP 模型构建能预测产品-包装体系与环境间发生的质量传递现象，有助于 MAP 设计、辅助确定适宜的包装材料透气性和厚度以及设计合适的包装形态，优化填充率并避免缺氧条件。

MAP 数学建模时需要将多种变量综合起来考虑，例如，以温度为变量建立产品呼吸速率的函数，探讨最优气体组分和耐受极限，以及气体穿透包装所依赖的温度、气体交换面积、自由体积和产品重量等因素。本章的目的是总结常用的 MAP 数学模型，并描述如何创建一个建立在果蔬基础上并应用于鲜切果蔬产品的适宜 MAP 模型。

## 2.2  呼吸速率测量与设计

果蔬呼吸速率可以通过 $O_2$ 消耗率和/或 $CO_2$ 释放率来表示。MAP 设计中呼吸速率的测定是必要的（Iqbal et al.，2009），呼吸速率的确立是建立一个有用 MAP 模型的第一步。一些果蔬的呼吸速率可以通过相关文献获得，然而对于鲜切果蔬的呼吸速率并不能完全依据文献的数据，因为如品种、切分面积、处理操作、贮藏温度、收获成熟度及从收获到加工的时间等因素对产品呼吸速率的影响很大。因此，鲜切果蔬的呼吸速率值必须由实验确定。

Fonseca 等（2002）总结了三种测定呼吸速率的方法，分别是封闭或静态系统、流动或不断更新的系统和渗透系统。密闭或静态系统中，水果或蔬菜被放置在一个密闭的容器中，果蔬的环境气体即是初始空气成分。通过定期测定容器中 $O_2$ 和 $CO_2$ 浓度的变化，果蔬产品的呼吸速率（$RR_{O_2}$ 和 $RR_{CO_2}$）按下列公式（2.2）和公式（2.3）计算：

$$RR_{O_2}(t) = \frac{V}{W} \times \frac{dC_{O_2}}{dt} \tag{2.2}$$

$$RR_{CO_2}(t) = \frac{V}{W} \times \frac{dC_{CO_2}}{dt} \tag{2.3}$$

式中，$W$ 是密封容器中果蔬的质量；$V$ 是密闭容器的顶空体积；$C$ 是 $O_2$ 或 $CO_2$ 的体积分数，%。$V$ 可以依公式（2.4）计算：

$$V = V_{total} - \frac{W}{\rho} \tag{2.4}$$

式中，$V_{total}$ 是容器的总体积；$\rho$ 是果蔬的表观密度。

流动或不断更新的系统中，放入水果或蔬菜的容器以恒定的速率通过一定比例的混合气体。通过检测系统达到稳定状态时容器出口和进口混合气体中 $O_2$ 和 $CO_2$ 的浓度差异，按方程式（2.5）和式（2.6）计算产品的呼吸速率 $RR_{O_2}$ 和 $RR_{CO_2}$：

$$RR_{O_2} = \frac{\Delta C_{O_2} F_{rate}}{W} \tag{2.5}$$

$$RR_{CO_2} = \frac{\Delta C_{CO_2} F_{rate}}{W} \tag{2.6}$$

式中，$\Delta C_{O_2}$ 是出口和进口之间的 $O_2$ 浓度差；$\Delta C_{CO_2}$ 是出口和进口 $CO_2$ 的浓度差；$F_{rate}$ 是混合气体的流速，$m^3/s$。

渗透系统中，水果或蔬菜放入已知尺寸和膜渗透性的包装膜袋，当渗透系统达到平衡状态，产品的呼吸速率 $RR_{O_2}$ 和 $RR_{CO_2}$ 可以按如下公式计算：

$$RR_{O_2} = \frac{P_{O_2} \times A}{x \times W} \times \Delta C_{O_2} \tag{2.7}$$

$$RR_{CO_2} = \frac{P_{CO_2} \times A}{x \times W} \times \Delta C_{CO_2} \tag{2.8}$$

式中，$P_{O_2}$ 是包装膜 $O_2$ 渗透率，$m^2/(s \cdot atm)$；$P_{CO_2}$ 是 $CO_2$ 渗透率，$m^2/(s \cdot atm)$；$A$ 是包装袋表面积，$m^2$；$x$ 是膜厚度，m；$\Delta C_{O_2}$ 是包装袋内外 $O_2$ 浓度差；$\Delta C_{CO_2}$ 是包装袋内外 $CO_2$ 浓度差。

以至少连续三次测定的结果验证方程式（2.9）成立时，即可假设产品呼吸速率达到稳定状态。

$$RR_{O_2}(t) - RR_{O_2}(t - \Delta t) \leqslant \pm 5 \qquad (2.9)$$

呼吸速率的三种测定系统中，密闭的静态系统最为常用。为提高呼吸速率测定的精度，设计上进行了一些改良，包括为确保样本的稳定在规定时间内用已知气体组分的混合气体冲洗密闭容器。基于这个改良，Torrieri 等（2009）设计了一个密闭的系统用以研究鲜切 Annurca 苹果的 RR，如图 2.2 所示。

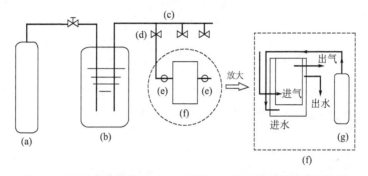

图 2.2　用于研究鲜切 Annurca 苹果 RR 的改良密闭系统结构图
（a）混合气体瓶；（b）加湿室；（c）分配器；（d）阀门；（e）微量流量阀；（f）样品室；（g）水循环装置
(Courtesy Torrieri et al. 2009, reprinted from Torrieri E et al., J Food Sci Tech)

图 2.2 中，来自气体瓶（a）的混合气体通过加湿室（b）后进入放置鲜切苹果 Annurca 的罐（f），混合气体的流速由阀门（d）和（e）控制。该容器具有一个保温夹层，通过其恒温水进入到保温夹层保持容器内部设定的温度，加湿室可以保持容器内湿度的稳定。容器（f）有一个隔膜用于方便气体取样，周期性地使用密闭的注射器从顶空取气，并以气相色谱仪进行分析。

## 2.3　温度对呼吸速率的影响

许多研究表明，温度对果蔬的 RR 有显著影响。Nei 等（2006）和 Protela 等（2001）的研究分别发现，温度越高，鲜切白菜和哈密瓜的 RR 越大。Iqbal 等（2009）发现，温度从 0℃升高到 20℃切片蘑菇 $O_2$ 的消耗和 $CO_2$ 的产生显著增加，达到 5 倍之多。温度对 RR 的影响用 $Q_{10}$ 值来表征，并由方程式（2.10）量化，该方程式反映了温度变化 10℃ 其 RR 的变化情况。

$$Q_{10} = (\frac{RR_2}{RR_1})^{\frac{10}{T_2 - T_1}} \qquad (2.10)$$

式中，$RR_1$ 和 $RR_2$ 分别是温度 $T_1$ 和 $T_2$ 下的 RR。一定温度范围内，不同

果蔬的 $Q_{10}$ 值范围从 $1\sim4$ 不等。表 2.1 给出了不同蔬菜在不同温度范围下 $Q_{10}$ 值的范围。

表 2.1　不同温度范围的蔬菜 $Q_{10}$ 值

| 温度范围/℃ | $Q_{10}$ 值 |
| --- | --- |
| $0\sim10$ | $2.5\sim4.0$ |
| $10\sim20$ | $2.0\sim2.5$ |
| $20\sim30$ | $1.5\sim2.0$ |
| $30\sim40$ | $1.0\sim1.5$ |

注：来源于 Zhang et al.，2007。

表 2.1 中，$Q_{10}$ 值随温度升高而降低。温度上升到 $50\sim55℃$，$Q_{10}$ 值会小于1，因为 $50\sim55℃$ 是植物组织的热致死点。环境温度在 $0\sim25℃$ 时，较低温度对降低 RR 有积极作用，但一些对低温较敏感的果蔬如鳄梨、香蕉、柠檬、芒果、菠萝、黄瓜和番茄等是例外。

Arrhenius 方程被用于描述温度对 $RR$ 的影响。

$$RR = \delta \exp(-\frac{E}{RT}) \tag{2.11}$$

式中，$E$ 是活化能参数；$\delta$ 是模型参数；$T$ 是温度；$R$ 是气体常数。

除 $Q_{10}$ 值和方程式（2.11）外，多种一阶和二阶试验公式被用于对应不同果蔬的呼吸数据，参见相关文献（Fonseca et al.，2002）。

## 2.4　$O_2$ 和 $CO_2$ 浓度对 RR 的影响

气体成分对 $RR$ 有影响，这已进行过深入研究。Michaelis-Menten 模型［方程式（2.12）］是用于描述 $O_2$ 浓度与 $RR$ 相关性的最常用模型，该模型的基础为 $O_2$ 是酶促反应中的限制性底物（Fonseca et al.，2002）。

$$RR_{O_2} = \frac{RR_{O_2}^{\max} \times C_{O_2}}{K_m + C_{O_2}} \tag{2.12}$$

模型中，$RR_{O_2}^{\max}$ 是 $O_2$ 消耗的最大速率，$mL \cdot kg^{-1} \cdot h^{-1}$；$C_{O_2}$ 是初始气体混合物中 $O_2$ 的含量，%（体积分数），$K_m$ 是对应于 $RR_{O_2}^{\max}$ 一半时的 $O_2$ 含量，%。

考虑到温度对 Michaelis-Menten 参数的影响，应用 Arrhenius 公式得：

$$RR_{O_2}^{\max} = RR_{O_2}^{\max 0} \exp\left[-\frac{E_{a1}}{R}\left(\frac{1}{T} - \frac{1}{T_0}\right)\right] \tag{2.13}$$

$$K_m = K_{m_0} \exp\left[-\frac{E_{a_2}}{R}\left(\frac{1}{T} - \frac{1}{T_0}\right)\right] \qquad (2.14)$$

上述公式中，$RR_{O_2}^{max_0}$ 和 $K_{m_0}$ 是 $RR_{O_2}^{max}$ 和 $K_m$ 在初始温度（$T_0$）下的值；$E_{a_1}$ 和 $E_{a_2}$ 是两过程的活化能，$kJ \cdot mol^{-1}$；$R$ 是气体常数。

温度和氧气浓度对鲜切水果或蔬菜 $RR$ 的整体影响，可通过将方程式（2.13）和式（2.14）整合入式（2.12）得到公式（2.15）。

$$RR_{O_2} = \frac{RR_{O_2}^{max_0} \exp\left[-\dfrac{E_{a_1}}{R}\left(\dfrac{1}{T} - \dfrac{1}{T_0}\right)\right] C_{O_2}}{K_{m_0} \exp\left[-\dfrac{E_{a_2}}{R}\left(\dfrac{1}{T} - \dfrac{1}{T_0}\right)\right] + C_{O_2}} \qquad (2.15)$$

公式中的常数可将给定初始温度下的实验数据代入公式，用非线性回归来估算。

$CO_2$ 对 $RR$ 的影响比 $O_2$ 更复杂。$CO_2$ 抑制行为可由抑制机制分为竞争性和非竞争性两类。在抑制剂、$CO_2$ 分子、底物、$O_2$ 分子竞争酶相同的活性位点时出现竞争性抑制，导致高 $CO_2$ 浓度时 $RR$ 最大值的下降。方程式（2.16）表示的是竞争性抑制（Fonseca et al.，2002；Gomes et al.，2010）

$$RR_{CO_2} = \frac{RR_{O_2}^{max} C_{O_2}}{K_m\left(1 + \dfrac{C_{CO_2}}{\gamma}\right) + C_{O_2}} \qquad (2.16)$$

式中，$C_{CO_2}$ 是初始混合气体中 $CO_2$ 的含量，%（体积分数）；$\gamma$ 是反应抑制常数。

当 $CO_2$ 与底物-酶复合物发生反应即出现非竞争性抑制，这种情况下最大 $RR$ 不受高 $CO_2$ 浓度的影响。方程式（2.17）对此进行了描述（Fonseca et al.，2002，Gomes et al.，2010）。

$$RR_{CO_2} = \frac{RR_{O_2}^{max} C_{O_2}}{K_m + C_{O_2} \times \left(1 + \dfrac{C_{CO_2}}{\gamma}\right)} \qquad (2.17)$$

除了上面提到的 $RR$ 模型，$RR_{O_2}$ 和 $RR_{CO_2}$ 间的一些试验经验也能准确地用于描述呼吸行为。例如，Talasila 等（1995）给出了用于草莓的公式：

$$RR_{O_2} = RR_{O_2}^{max}(1 - e^{-0.6004C_{O_2}})[0.1312 + 2.7161 \times 10^{-2} \times (T - 273.15) +$$
$$9.4211 \times 10^{-4} \times (T - 273.15)]^2 \qquad (2.18)$$

$$RR_{CO_2} = RR_{CO_2}^{max}(1 - e^{-0.6957C_{O_2}})[7.9005 \times 10^{-2} + 1.949 \times 10^{-2} \times$$
$$(T - 273.15) + 1.4833 \times 10^{-3} \times (T - 273.15)^2] \qquad (2.19)$$

方程中，$RR_{O_2}^{max} = 3.384 \times 10^{-7} mol \cdot kg^{-1} \cdot s^{-1}$，$RR_{CO_2}^{max} = 3.018 \times 10^{-7} mol \cdot$

$kg^{-1} \cdot s^{-1}$。Fonseca 等（2002）总结了 1995—2002 年间所报道的描述不同水果和蔬菜 $RR$ 的模型。

## 2.5　MAP 的建模

经典包装设计中，设定的条件为静态，MAP 包装的压力是常数，并且 $p_{O_2^{in}}$ 和 $p_{CO_2^{in}}$ 分压值的变化都为零。代表 MAP 包装中 $O_2$ 和 $CO_2$ 浓度变化的质量平衡公式为：

$$V_f \frac{dC_{O_2^{in}}}{dt} = \frac{P_{O_2}}{x} A(p_{O_2^{out}} - p_{O_2^{in}}) - WRR_{O_2} = 0 \tag{2.20}$$

$$V_f \frac{dC_{CO_2^{in}}}{dt} = \frac{P_{CO_2}}{x} A(p_{CO_2^{in}} - p_{CO_2^{out}}) - WRR_{CO_2} = 0 \tag{2.21}$$

上述公式中，$V_f$ 是包装的自由体积；$A$ 是包装膜表面的总面积；$W$ 是包装的水果和蔬菜的质量；$p_{O_2^{in}}$ 和 $p_{CO_2^{in}}$ 是 $O_2$ 和 $CO_2$ 在包装内的分压；$p_{O_2^{out}}$ 和 $p_{CO_2^{out}}$ 是 $O_2$ 和 $CO_2$ 在包装外的分压（大气分压）；$x$ 是包装膜的厚度。标准大气压（注：1atm＝101325Pa）条件下，$p_{O_2^{out}}$ 约为 0.209 大气压，$p_{CO_2^{out}}$ 约为 0.0003 大气压。

方程式（2.20）和式（2.21）在许多方面有应用，如用于包装材料的选择（Mahajan 等，2007）。它们可以重组以得到方程的 $\frac{AW}{x}$。这样 $C_{CO_2^{in}}$ 和 $C_{O_2^{in}}$ 之间的相互关系可以推导为：

$$C_{CO_2^{in}} = C_{CO_2^{out}} + \frac{P_{O_2}}{P_{CO_2}} \times (C_{O_2^{out}} - C_{O_2^{in}}) \times \frac{RR_{CO_2}}{RR_{O_2}} \tag{2.22}$$

式中，$C_{CO_2^{out}}$ 和 $C_{O_2^{out}}$ 是常数；$\frac{RR_{CO_2}}{RR_{O_2}}$ 是呼吸熵（$RQ$），是一个近似值；$\frac{P_{O_2}}{P_{CO_2}}$ 是选定包装膜的常数，并被定义为 $\frac{1}{\beta}$。所以，方程式（2.22）可以被表示为：

$$C_{CO_2^{in}} = (C_{CO_2^{out}} + \frac{RQ}{\beta} \times C_{O_2^{out}}) - \frac{RQ}{\beta} C_{O_2^{in}} \tag{2.23}$$

方程式（2.23）提示，静态状态下 $C_{CO_2^{in}}$ 和 $C_{O_2^{in}}$ 存在线性关系，斜率是 $-\frac{RQ}{\beta}$。$RQ \approx 1$ 时，斜率是 $-\frac{1}{\beta}$。例如，LDPE 膜的 $\beta$ 值是 5，LDPE 膜 $C_{CO_2^{in}}$ 对 $C_{O_2^{in}}$ 的函数是 AB 直线（图 2.3 和图 2.4）。这意味着，LDPE 包装膜可以基于 AB 直线的气体变化方式获得气调包装效果。应用图 2.3 和图 2.4 可以筛选合适特定水果和蔬菜的包装膜。由于 $RQ$ 不是定值，实际斜率（$-\frac{RQ}{\beta}$）与 $-\frac{1}{\beta}$ 相比

16

会略有改变，因而 $-\frac{1}{\beta}$ 近似于 $C_{CO_2}^{in}$ 和 $C_{O_2}^{in}$ 间的相关。

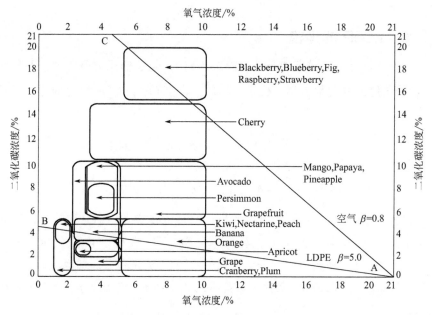

图 2.3　水果贮藏的建议气调环境（Courtesy Mannapperuma et al. 1989，再版自
Mannapperuma J D et al.）

Blackberry，黑莓；Blueberry，蓝莓；Fig，无花果；Raspberry，覆盆子；Strawberry，
草莓；Cherry，樱桃；Mango，芒果；Papaya，木瓜；Pineapple，菠萝；Avocado，
鳄梨；Persimmon，柿子；Grapefruit，葡萄柚；Kiwi，奇异果；Nectarine，
油桃；Peach，桃子；Banana，香蕉；Orange，橘子；Apricot，杏子；Grape，
葡萄；Cranberry，蔓越莓；Plum，李子；LDPE，低密度聚乙烯

假定 $RR_{CO_2}$ 等同于 $RR_{O_2}$，方程式（2.20）和式（2.21）可以合并，表达如下：

$$\beta = \frac{P_{CO_2}}{P_{O_2}} = \frac{p_{O_2}^{out} - p_{O_2}^{in}}{p_{CO_2}^{in} - p_{CO_2}^{out}} \tag{2.24}$$

式中，$p_{O_2}^{out}$ 是 0.21 大气压；$p_{CO_2}^{out}$ 可认为是 0。进而，方程式（2.24）可
被简化为：

$$\beta = \frac{P_{CO_2}}{P_{O_2}} = \frac{p_{O_2}^{out} - p_{O_2}^{in}}{p_{CO_2}^{in} - p_{CO_2}^{out}} = \frac{0.21 - p_{O_2}^{in}}{p_{CO_2}^{in}} \tag{2.25}$$

如果期望得到 2% $O_2$ 和 6 % $CO_2$ 的气体成分，那么：

$$\beta = \frac{P_{CO_2}}{P_{O_2}} = \frac{p_{O_2}^{out} - p_{O_2}^{in}}{p_{CO_2}^{in} - p_{CO_2}^{out}} = \frac{0.21 - p_{O_2}^{in}}{p_{CO_2}^{in}} = \frac{0.21 - 0.02}{0.06} = 3.2 \tag{2.26}$$

因此，应选择 $\beta$ 值为 3.2 的薄膜用于设定贮藏温度条件下的包装。大多数常
用膜的 $\beta$ 值在 2.2～8.7 之间（Mahajan et al.，2008），各种薄膜的 $\beta$ 值的数据列

16

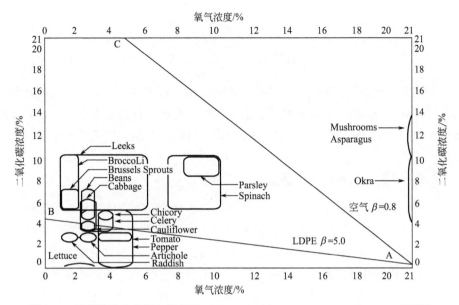

图 2.4　蔬菜贮藏的建议气调环境（Courtesy Mannapperuma et al. 1989，再版自
Mannapperuma J D et al. ）

Leeks，韭菜；Broccoli，西兰花；Brussels Sprouts，球芽苷蓝；Beans，菜豆；Cabbage，
卷心菜；Chicory，菊苣；Celery，芹菜；Cauliflower，花菜；Tomato，番茄；Pepper，辣椒；
Artichole，洋蓟；Raddish，小萝卜；Lettuce，莴苣；Parsley，西芹；Spinach，
菠菜；Mushrooms，蘑菇；Asparagus，芦笋；Okra，黄秋葵

于表 2.2。因温度极大地影响膜的渗透性，$\beta$ 值的选择必须考虑贮藏的温度。

表 2.2　不同聚合物的 $O_2$ 和 $CO_2$ 渗透率系数[①,②]

| 聚合物 | $P_{O_2}$（30℃） | $P_{CO_2}$（30℃） | $\beta$ |
|---|---|---|---|
| | $O_2$ 渗透率系数 | $CO_2$ 渗透率系数 | |
| 低密度聚乙烯 | 55 | 352 | 6.4 |
| 高密度聚乙烯 | 10.6 | 35 | 3.3 |
| 聚丙烯 | 23 | 92 | 4.0 |
| 未增塑聚酯（乙烯基氯化物） | 1.2 | 10 | 8.3 |
| 醋酸纤维素 | 7.8 | 68 | 8.7 |
| 聚苯乙烯 | 11 | 88 | 8.0 |
| 尼龙 6 | 0.38 | 1.6 | 4.2 |
| 聚乙烯（乙烯对苯二酸盐） | 0.22 | 1.53 | 7.0 |
| 聚乙烯（偏二氯乙烯） | 0.053 | 0.29 | 5.5 |

① 来源于 Singh et al. 2005。

② 渗透单位：$\times 10^{11}$ ml (STP) ·cm/ [$cm^2$·s·(cm/Hg) ]。

除了 $\beta$ 值能用于选择膜外，方程式（2.20）和式（2.21）也可用来确定包装
的表面积或产品质量。方程式（2.27）和式（2.28）由方程式（2.20）和式
（2.21）推导而来，使用公式（2.27）和式（2.28）可以得到特定水果或蔬菜合
理的质量（W）和包装表面积（A）。

18

$$\frac{W}{A} = \frac{(C_{O_2^{out}} - C_{O_2^{in}})P_{O_2}}{xRR_{O_2}} \tag{2.27}$$

$$\frac{W}{A} = \frac{(C_{CO_2^{in}} - C_{CO_2^{out}})P_{CO_2}}{xRR_{CO_2}} \tag{2.28}$$

当所需的薄膜由方程式（2.25）或式（2.26）确定后，方程式（2.27）和式（2.28）中的 $P_{CO_2}$ 和 $P_{O_2}$ 成为常量。假设 $RR$ 不会随气体浓度发生改变，方程式（2.27）和式（2.28）显示，期望 MAP 条件下 $W$ 和 $A$ 相互间关系恒定。

## 2.6 带孔气调包装模型

上述方程通常用于常规聚合膜。然而，大多数情况下这些方程应用到鲜切果蔬会受到限制，因鲜切果蔬的呼吸速率远高于传统薄膜渗透率，这将导致包装内空间 $O_2$ 浓度很低，随后可能出现厌氧条件和无氧呼吸。为防止这种情况发生，打孔的薄膜或容器用于鲜切果蔬的气调保鲜包装，它们的气体交换几乎完全通过孔隙进行，其 $\beta$ 值接近于 1，不同于大多数 $\beta$ 值从 $2.2 \sim 8.7$ 的常规薄膜（Mahajan et al.，2008）。气体转移的孔道可以是包装材料上的细孔或洞孔，或通过插入包装细管（Rennie et al.，2009）。细孔通常直径在 $50 \sim 200\mu m$（Gonzalez-Buesa et al.，2009），大的可达 11 mm。图 2.5 显示了一个由激光处理在聚乙烯薄膜形成的小孔。

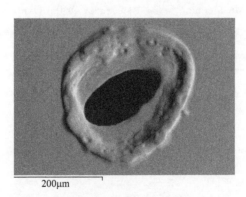

200μm

图 2.5 在扫描电子显微镜下可见的一个气孔

(Courtesy Gonzalez et al. 2008，再版自 Gonzalez J et al.，J Food Eng)

### 2.6.1 有孔 MAP 的 Fick 定律

有多种模型用以阐述经过孔隙的气体交换，Fick 定律因其简单和合理应用得更为广泛。基于 Fick 定律，Gonzalez 等（2008）根据产品的生理活动和气体通过多孔膜的交换这两个过程推导出了相关模型，鲜切水果或蔬菜带孔包装内

$O_2$ 和 $CO_2$ 量的变化分别表示为：

$$\frac{dQ_{O_2}}{dt}=RR_{O_2}+J_{O_2} \qquad (2.29)$$

$$\frac{dQ_{CO_2}}{dt}=RR_{CO_2}+J_{CO_2} \qquad (2.30)$$

方程式中，$Q_{O_2}$ 和 $Q_{CO_2}$ 分别是 $O_2$ 和 $CO_2$ 在带孔包装袋中的含量；$RR_{O_2}$ 和 $RR_{CO_2}$ 是 $O_2$ 和 $CO_2$ 的 $RR$；$J_{O_2}$ 和 $J_{CO_2}$ 是 $O_2$ 和 $CO_2$ 透过多孔膜的流量。$J_{O_2}$ 和 $J_{CO_2}$ 可被表达为：

$$J_{O_2}=J_{O_2f}+J_{O_2h} \qquad (2.31)$$
$$J_{CO_2}=J_{CO_2f}+J_{CO_2h} \qquad (2.32)$$

上式中，$J_{O_2f}$ 和 $J_{CO_2f}$ 是 $O_2$ 和 $CO_2$ 透过孔膜连续部分的流量；$J_{O_2h}$ 和 $J_{CO_2h}$ 是 $O_2$ 和 $CO_2$ 经过孔道的流量。$J_{O_2f}$ 和 $J_{CO_2f}$ 可以被进一步描述为：

$$J_{O_2f}=-\frac{P_{O_2}A\ (C_{O_2^{out}}-C_{O_2^{in}})}{x} \qquad (2.33)$$

$$J_{CO_2f}=-\frac{P_{CO_2}A\ (C_{CO_2^{in}}-C_{CO_2^{out}})}{x} \qquad (2.34)$$

式中，$P_{O_2}$ 和 $P_{CO_2}$ 是薄膜在打孔前 $O_2$ 和 $CO_2$ 的渗透性。

气体分子通过孔或软管的扩散主要取决于孔的直径与气体分子的平均自由行程。在 1 个大气压、绝对温度 298K 下，由方程式（2.35）（Gonzalez et al.，2008）计算出的 $O_2$ 和 $CO_2$ 分子平均自由行程分别是 $0.5\mu m$ 和 $0.4\mu m$。

$$\lambda=\frac{kT}{\pi\sqrt{2}\sigma^2 p} \qquad (2.35)$$

式中，$k$ 是 Boltzmann 常数；$\sigma$ 是分子直径；$T$ 为绝对温度；$p$ 是压力；$\lambda$ 是平均自由程。

当孔或软管的直径（$d$）大于 50 $\mu m$，可得 $d/\lambda \geq 100$，这样 $O_2$ 和 $CO_2$ 通过孔道和软管被认为是普通扩散（图 2.6）。Fick 定律适用于描述这一过程：

$$J_{O_2h}=-\frac{D_{O_2}A_h\ (C_{O_2^{out}}-C_{O_2^{in}})}{L_h} \qquad (2.36)$$

$$J_{CO_2h}=-\frac{D_{CO_2}A_h\ (C_{CO_2^{in}}-C_{CO_2^{out}})}{L_h} \qquad (2.37)$$

式中，$D_{O_2}$ 和 $D_{CO_2}$ 是空气中 $O_2$ 和 $CO_2$ 的扩散系数；$A_h$ 是总的孔隙面积；$L_h$ 是孔道或管的长度。

气体平衡状态下，方程式（2.29）和式（2.30）分别等于零，则：

$$\frac{dQ_{O_2}}{dt}=RR_{O_2}+J_{O_2}=0 \qquad (2.38)$$

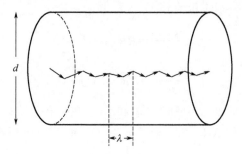

图 2.6　普通扩散

$d$ 是孔的直径，$\lambda$ 是稳定分子的自由程（再版自 Zhang et al., 2007）

$$\frac{dQ_{CO_2}}{dt} = RR_{CO_2} + J_{CO_2} = 0 \tag{2.39}$$

聚合多孔膜主要通过孔道进行气体交换，因其渗透值很小，故对气体交换的影响并不显著。因此，方程式（2.38）和式（2.39）中可以忽略方程式（2.33）和式（2.34），得到：

$$J_{O_2h} = -\frac{D_{O_2} A_h (C_{O_2^{out}} - C_{O_2^{in}})}{L_h} = RR_{O_2} \tag{2.40}$$

$$J_{CO_2h} = -\frac{D_{CO_2} A_h (C_{CO_2^{in}} - C_{CO_2^{out}})}{L_h} = RR_{CO_2} \tag{2.41}$$

基于方程式（2.40）和式（2.41），果蔬贮藏需要的孔隙面积可以计算获得。根据每个孔的平均直径，可以计算出气孔或孔道的数量。

### 2.6.2　Del-Valle 表达式

虽然 Fick 定律可用来描述气体围绕商品、顶空和孔道的转移情况，Del-Valle（2009）却认为 Fick 定律并不能解释通过多孔膜的气体交换情况，他们认为，一个顶部压力与外部压力相同、体积固定的包装，平衡状态时气体的渗透率可以表示为：

$$\frac{d(N_{O_2})}{dt} = \frac{n_{pores} \times \pi d^2}{(4x + 2d)} \times \frac{D_{O_2,air} \times (p_{O_2^{out}} - p_{O_2^{in}})}{RT} \tag{2.42}$$

式中，$N_{O_2}$ 是 $O_2$ 的物质的量，mol；$n_{pores}$ 是具孔膜包装孔径的数量；$D_{O_2,air}$ 是空气中 $O_2$ 的扩散系数。$CO_2$ 也可以写成类似的表达式。通过 FSG 方法（Fuller、Schettler and Giddings）（Skelland，1974）可以估算出空气中 $D_{O_2,air}$ 或 $D_{CO_2,air}$ 气体的扩散系数。非极性气体处于低温至适宜温度下，该方法被认为是最精确的。FSG 表达基于以下方程：

$$D_{O_2, \text{air}} = \frac{10^{-3} T^{\frac{7}{4}} \sqrt{\dfrac{M_{O_2} + M_{\text{air}}}{M_{O_2} M_{\text{air}}}}}{P \left[ \left( \sum v \right)_{O_2}^{1/3} + \left( \sum v \right)_{\text{air}}^{1/3} \right]^2} \tag{2.43}$$

式中，$D_{O_2, \text{air}}$ 是空气中 $O_2$ 分子的扩散系数，$cm^2 \cdot s^{-1}$；$T$ 是绝对温度，K；$P$ 是空气压，atm；$M_{O_2}$ 和 $M_{\text{air}}$ 分别是 $O_2$ 的分子量和空气的平均分子量，$g \cdot mol^{-1}$；$\sum v$ 是基于 Fuller 计算方法的摩尔体积，$m^3 \cdot mol^{-1}$，这可从化合物中每个元素的体积增加量估算得出，从这些增量可得到原子每摩尔的体积，$m^3$。表 2.3 中列出用于方程式（2.43）和式（2.44）的特殊原子扩散体积。$D_{CO_2, \text{air}}$ 是空气中 $CO_2$ 分子的扩散系数（$cm^2 \cdot s^{-1}$），其可以通过与方程式（2.43）类似的方程式（2.44）求得。

表 2.3　用于方程（2.43）和式（2.44）的特殊原子扩散体积[①]

| 原子和结构扩散体积的增量 | | | |
| --- | --- | --- | --- |
| C | 16.5 | (Cl)[②] | 19.5 |
| H | 1.98 | (S) | 17.0 |
| O | 5.48 | 芳香族或杂环 | −20.2 |
| (N) | 5.69 | | |
| 一些简单分子的扩散体积 $\sum v$ | | | |
| $H_2$ | 7.07 | $CO_2$ | 26.9 |
| $D_2$ | 6.70 | $N_2O$ | 35.9 |
| He | 2.88 | $NH_3$ | 14.9 |
| $N_2$ | 17.9 | $H_2O$ | 12.7 |
| $O_2$ | 16.6 | $(CCl_2F_2)$ | 114.8 |
| Air | 20.1 | $(SF_6)$ | 69.7 |
| Ne | 5.59 | | |
| Ar | 16.1 | $(Cl_2)$ | 37.7 |
| Kr | 22.8 | $(Br_2)$ | 67.2 |
| (Xe) | 37.8 | $(SO_2)$ | 41.1 |
| CO | 18.9 | | |

[①] 资料来源：Skelland et al. 1974，Moecular diffusivities。

[②] 表示该值仅为小样本数据的结果。

$$D_{CO_2, \text{air}} = \frac{10^{-3} T^{\frac{7}{4}} \sqrt{\dfrac{M_{CO_2} + M_{\text{air}}}{M_{CO_2} M_{\text{air}}}}}{P \times \left[ \left( \sum v \right)_{CO_2}^{1/3} + \left( \sum v \right)_{\text{air}}^{1/3} \right]^2} \tag{2.44}$$

$D_{CO_2,air}$ 计算举例：计算在 3℃ 和 1 大气压下空气中 $O_2$ 的扩散率。

解法：

空气：

① $\sum V_{air} = 20.1$（见表 2.3）

② 空气的平均分子量 $= 28.97 g \cdot mol^{-1}$

氧气：

① $\sum V_{O_2} = 16.6$（见表 2.3）

② 氧气的分子量 $= 32 g \cdot mol^{-1}$

应用方程式（2.43），得到方程式（2.45）：

$$D_{O_2,air} = \frac{10^{-3} \ (276)^{7/4} \ (\frac{1}{32} + \frac{1}{28.97})^{1/2}}{(1) \ [(16.6)^{1/3}_{O_2} + (20.1)^{1/3}_{air}]^2} = 1.726 \times 10^{-5} \, m^2 \cdot s^{-1} \quad (2.45)$$

在 3℃ 和 1 大气压下，$D_{O_2,air}$ 和 $D_{CO_2,air}$ 分别是 $1.73 \times 10^{-5} \, m^2 \cdot s^{-1}$ 和 $1.43 \times 10^{-5} \, m^2 \cdot s^{-1}$。

平衡状态下，气体（$O_2$ 和 $CO_2$）穿过孔道的渗透速度等同于水果或蔬菜消耗和产生的速度。由方程式（2.42）可得方程式（2.46）和式（2.47）：

$$\frac{d \ (N_{O_2})}{dt} = \frac{n_{pores} \pi d^2}{(4x + 2d)} \times \frac{D_{O_2,air} \times (p_{O_2^{out}} - p_{O_2^{in}})}{RT} - WRR_{O_2} = 0 \quad (2.46)$$

$$\frac{d \ (N_{CO_2})}{dt} = \frac{n_{pores} \pi d^2}{(4x + 2d)} \times \frac{D_{CO_2,air} \times (p_{CO_2^{in}} - p_{CO_2^{out}})}{RT} - WRR_{CO_2} = 0 \quad (2.47)$$

方程式（2.46）和式（2.47）可预测获得某特定平衡气体环境要求的气孔密度和大小，或根据给定气孔大小的数目预测平衡顶空的平衡气体组成。

### 2.6.3　Maxwell-Stefan 方程

多组分体系中，Maxwell-Stefan 方程被认为是更恰当、更精确描述传质的模型，它表明了流量和浓度梯度间的关系（Renault et al.，1994；Chung et al.，2003）。

$$-\frac{P}{RT} \times \frac{\partial Y_i}{\partial x} = \sum_{\substack{j=1 \\ j \neq i}}^{n} \frac{\phi P_i Y_j - \phi P_j Y_i}{D_{ij}} \quad (2.48)$$

式中，$P$ 是大气压力；$T$ 是绝对温度，K；$R$ 是通用气体常数；$Y_i$ 是气体 $i$ 的摩尔分数（$i$ 代表 $O_2$ 或 $CO_2$）；$\phi P_i$ 是通过孔道的气体交换率；$D_{ij}$ 是指气体 $i$ 在气体 $j$ 中的 Stefan- Maxwell 扩散率 $j$（$j$ 代表空气）；$x$ 是沿气体扩散路径的射孔位置；$n$ 是涉及气体的数量（如为 $O_2$ 和 $CO_2$ 则 $n$ 为 2）。Maxwell-Stefan 方程的运用需要估测 Maxwell-Stefan 扩散系数，所以应用 Maxwell-Stefan 方程非常复杂和不灵活（Gonzalez et al.，2008）。

### 2.6.4　水力流

一些研究人员认为，通过孔道的气体流动有两种机制：普通扩散（$d/\lambda \geqslant$ 100）和水力流（Del-Valle et al.，2009；Gonzalez-Buesa et al.，2009）。当气压梯度存在于包装膜或容器壁的两面时，水力流就会产生。气压梯度主要来自 $RQ$，因其不等于 1。一种气体组分的流动力学可由 Poiseuille 定律描述：

$$J_{\text{hydrodynamic}} = \frac{\pi d^4 (p_1 - p_2)}{128\mu x} \tag{2.49}$$

式中，$J_{\text{hydrodynamic}}$ 是气体流量；$p_1$ 和 $p_2$ 是薄膜两侧的压力；$\mu$ 是气体黏度，Pa·s；$x$ 是膜的厚度。假设大气对包装水果或蔬菜具有较高的总压和流量，并且气体流的组分与大气的组分相同，则穿过气孔的气体如 $O_2$ 的流量会被描述为：

$$J_{\text{hydrodynamic},O_2} = \frac{\pi d^4 (p_{\text{out}} - p_{\text{in}})}{128\mu x} C_{O_2} \tag{2.50}$$

式中，$C_{O_2}$ 是大气中具有较高压力 $O_2$ 的摩尔分数。

当包装内与大气环境存在气体组分和压力差时，水力流和普通扩散流共同工作，并由方程式（2.40）和式（2.50）结合得出以下方程：

$$J_{O_2} = J_{\text{ordinary},O_2} + J_{\text{hydrodynamic},O_2}$$

$$= \frac{D_{O_2}A_h (C_{O_2}^{\text{out}} - C_{O_2}^{\text{in}})}{L_h} + \frac{\pi d^4 (p_{\text{out}} - p_{\text{in}})}{128\mu L} C_{O_2} \tag{2.51}$$

也可推导获得 $CO_2$ 扩散的类似公式。

### 2.6.5　Emond lumped-capacity 模型

Emond 等（1991）开发了聚集容量（lumped-capacity）模型 [方程式（2.52）]，以此来估算带孔 MAP 包装 $O_2$ 或 $CO_2$ 传质系数。

$$C_{O_2 \text{or} CO_2} = C_{O_2 \text{or} CO_2}^{\text{out}} + (C_{O_2 \text{or} CO_2}^{\text{initial}} - C_{O_2 \text{or} CO_2}^{\text{out}}) e^{-\frac{K_{O_2 \text{or} CO_2}}{V} \times t} \tag{2.52}$$

式中，$C_{O_2 \text{or} CO_2}$ 是在时间 $t$（s）时 $O_2$ 或 $CO_2$ 的体积分数，%；$K_{O_2 \text{or} CO_2}$ 是 $O_2$ 或 $CO_2$ 通过膜孔的传质系数，$m^3 \cdot s^{-1}$；$V$ 是包装或容器的容积，$m^3$，并且上标的 initial 和 out 分别指包装里的初始浓度和环境浓度。传质系数（$K$）可以通过试验条件下获得的数据与方程式（2.52）拟合而获得。

Montanez 等（2010）应用聚集容量模型和质量平衡方程［式（2.53）和式（2.54）］研究了外部空气运动和管道面积对气体交换的影响。

$$\frac{\mathrm{d}C_{O_2}}{\mathrm{d}t} = \frac{K_{O_2}}{V_f} \times (C_{O_2^{out}} - C_{O_2}) - \frac{RR_{O_2} \times W}{V_f} \tag{2.53}$$

$$\frac{\mathrm{d}C_{CO_2}}{\mathrm{d}t} = \frac{K_{CO_2}}{V_f} \times (C_{CO_2^{out}} - C_{CO_2}) - \frac{RR_{CO_2} \times W}{V_f} \tag{2.54}$$

方程式中，$V_f$ 是包装或容器的顶空体积。

## 2.7 结论

MAP 设计中，常用的薄膜和容器包括低密度聚乙烯（LDPE）、聚氯乙烯（PVC）、聚丙烯（PP）、聚苯乙烯（PS）、塑料［聚偏二氯乙烯（PVDC）］和聚酯（PET）（Rennie et al.，2009）。每种材料对 $O_2$ 或 $CO_2$ 渗透率都有特定的范围，完整的果蔬 MAP 包装通常选用传统的聚合膜。MAP 技术已被证明能有效延长加工果蔬产品的货架期（Montanez et al.，2010），然而，鲜切或微加工果蔬因具有较高的 $RR$ 和要求较高 $O_2$ 及较低 $CO_2$ 浓度，带孔膜的 MAP 技术确实具有潜在替代可能。带孔膜 MAP 技术的优点是可以通过改变孔的尺寸来调整膜的气体渗透性，故而孔的密度和大小成为气体交换的关键。另外，带孔膜 MAP 可有效降低包装内的湿度，而这是传统包装需要考虑的一个难题；然而，带孔膜 MAP 通过膜孔控制水分得失的适用性到目前为止还没有得到充分评估（Mahajan et al.，2008），需要更多的研究来评估这一适用性，以满足越来越多的消费者对鲜切或微加工果蔬产品的要求。用于 MAP 的带孔膜和容器可从传统的聚合膜中筛选。

无论选择哪一种材料，成功构建 MAP 模型决定于建立在可信性数据基础上的一系列稳定的因子，包括气体浓度、贮藏温度和该温度下的呼吸速率、商品质量、包装大小和尺寸及包装的渗透率或气体交换特性。通过使用本文中列出的方程，可以确定用于构建 MAP 所用膜特定的渗透性和薄膜的厚度。图 2.3、图 2.4 和 $\beta$ 值对从传统聚合膜中选择出适用产品具有指导作用。

由于气体通过气孔发生扩散，设计带孔膜的 MAP 具有挑战性。在进行带孔膜 MAP 设计的气体交换模型选择时需要特别注意气体扩散和商品的 $RR$。根据 Fick 定律、Del-Valle 表达式、Maxwell-Stefan 方程、水力流理论和 Emond lumped-capacity 模型，对于某已知的水果或蔬菜可以计算出其所需的孔隙大小、密度和所需的膜的厚度。果蔬质量和适当的贮藏温度是延长贮存寿命的最重要因素，只有在满足这两个前提的情况下，MAP 模型构建才具有意义。

参考文献 ...........................................................................................................................

Chung D, Papadakis SE, and Yam, KL. 2003. Simple models for evaluating effects of small leaks on the gas barrier properties of food packages. Packag Technol Sci 16:77–86.

Del-Valle V, et al. 2009. Optimization of an equilibrium modified atmosphere packaging (EMAP) for minimally processed mandarin segments. J Food Eng 91:474–481.

Emond JP, Castaigne F, and Desilets D. 1991. Mathematical modelling of gas exchange in modified atmosphere packaging. Trans Am Soc Agric Eng 34:239–245.

Fonseca SC, Oliveirab FAR, Brecht JK. 2002. Modelling respiration rate of fresh fruits and vegetables for modified atmosphere packages: a review. J Food Eng 52:99–119.

Gomes MH, et al. 2010. Modelling respiration of packaged fresh-cut "Rocha" pear as affected by oxygen concentration and temperature. J Food Eng 96:74–79.

Gonzalez J, et al. 2008. Determination of $O_2$ and $CO_2$ transmission rates through microperforated films for modified atmosphere packaging of fresh fruits and vegetables. J Food Eng 86:194–201.

Gonzalez-Buesa J, et al. 2009. A mathematical model for packaging with microperforated films of fresh-cut fruits and vegetables. J Food Eng 95:158–165.

Haard NF. 1984. Postharvest physiology and biochemistry of fruits and vegetables. J Chem Educ 61(4):277–284.

Iqbal T, et al. 2009. Effect of time, temperature, and slicing on respiration rate of mushrooms. J Food Sci 74:E298–E303.

Mahajan PV, et al. 2007. Development of user-friendly software for design of modified atmosphere packaging for fresh and fresh-cut produce. Innovative Food Sci Emerging Technol 8:84–92.

Mahajan PV, Rodrigues FAS, Leflaive E. 2008. Analysis of water vapour transmission rate of perforation-mediated modified atmosphere packaging (PM-MAP). Biosyst Eng 100:555–561.

Mannapperuma JD, et al. 1989. Design of polymeric packages for modified atmosphere storage of fresh produce. In: *Proceedings of 5th Controlled Atmosphere Research Conference, Wenatchee, Wash*, p. 225.

Montanez JC, et al. 2010. Modelling the gas exchange rate in perforated-mediated modified atmosphere packaging: Effect of the external air movement and tube dimensions. J Food Eng 97:79–86.

Nei D, et al. 2006. Prediction of sugar consumption in shredded cabbage using a respiratory model. Postharvest Biol Technol 41(1):56–61.

Portela SI and Cantwell MI. 2001. Cutting blade sharpness affects appearance and other quality attributes of fresh-cut cantaloupe melon. J Food Sci 66:1265–1270.

Renault P, Souty M, and Chambroy Y. 1994. Gas exchange in modified atmosphere packaging. 1. A new theoretical approach for micro-perforated packs. Int J Food Sci Technol 29:365–378.

Rennie TJ and Tavoularis S. 2009. Perforation mediated modified atmosphere packaging Part 1. Development of a mathematical model. Postharvest Biol Technol 51:1–9.

Skelland AHP. 1974. In: Skelland AHP, editor. Diffusional Mass Transfer. New York: John Wiley & Sons, pp. 49–80.

Singh RK and Singh N. 2005. Quality of packaged foods. In Innovations in Food Packaging. Han, JH, editor. New York: Elsevier Academic, pp. 24–44.

Talasila PC, Chau KV, and Brecht JK. 1995. Modified atmosphere packaging under varying surrounding temperature. Trans Am Soc Agric Eng 38:869–876.

Torrieri E, Cavella S, and Masi P. 2009. Modelling the respiration rate of fresh-cut Annurca apples to develop modified atmosphere packaging. Int J Food Sci Technol 44:890–899.

Zhang Y, Liu Z, and Han JH. 2007. Modelling modified atmosphere packaging for fruits and vegetables. In: Wilson CL, editor. Intelligent and Active Packaging for Fruits And Vegetables. New York: CRC Press, pp. 165–185.

# 第 ③ 章
# MAP鲜切产品的呼吸和褐变

*作者*：Hong Zhuang、 M.Margaret Barth、 Xuetong Fan
*译者*：姜丽、蒋林惠、宣晨、郁志芳

## 3.1 引言

呼吸、衰老、蒸腾（或失水）和环境胁迫响应及诸如乙烯合成、酶促褐变、叶绿素降解、挥发性芳香物质和营养物质降解的生化代谢等采后产品特性直接决定了自发气调包装中鲜切果蔬的货架期和质量。呼吸本质上是一个生理过程，其保持细胞和组织是活的或切分后的新鲜状态。另外，呼吸被认为与采后果蔬的衰老和/或品质劣变相关（Kader，1986）。跃变型水果中，呼吸（或者是$CO_2$的产量）速率的增加与成熟、软化或者颜色的变化相一致。果蔬采后贮藏期间，呼吸速率和货架期之间通常存在负相关。研究置于自发气调包装或空气中的鲜切产品，呼吸是测定最多的生理指标。文献中已有诸多报道应用呼吸来表明鲜切产品品质变化、包装材料的选择及预测$O_2$和$CO_2$浓度的平衡（Jacxsens and others，1999，2000，2001，2002a，2002b）。植物激素乙烯对采后果蔬的品质有不同的生理作用，其加速了多种水果的后熟、叶子和花的衰老、呼吸速率及香蕉、番茄和西兰花等叶片和水果颜色的变化。1-甲基环丙烯（1-MCP）作为乙烯作用的特异的和有效的抑制剂，最近关于其对鲜切产品的质地、营养、pH、可溶性固形物和货架期的影响研究已经有很多报道，但乙烯可能不是决定冷藏鲜切蔬菜品质的重要因素（Gorny，1997；Toivonen 和 DeEll，2002；Toivonen，2008）。鲜切产品包装内的气体环境是高$CO_2$低$O_2$，这种环境能抑制乙烯的生物合成和作用；尤其是高$CO_2$水平能抑制1-氨基环丙烷-1-羧酸（ACC）合成酶（乙烯生物合成中的关键酶）活性，而ACC氧化酶活性受低浓度$CO_2$刺激并受高$CO_2$或低$O_2$浓度抑制。乙烯的作用也会受提高了的$CO_2$气体环境抑制。迄今为止，乙烯对鲜切产品品质的作用并没有成为自发气调应用于鲜切产品主要考虑的因素。

酶促褐变是几乎所有果蔬组织中都会存在的生化反应，其在$O_2$、多酚氧化酶和酚类化合物共同存在下引致形成复杂的褐变色素。对于苹果、香蕉、菠萝、芒果、蘑菇、马铃薯、生菜、卷心菜和鳄梨等多种没有专门抗褐处理的鲜切果蔬，褐变限制了它们的产业化。常温下，鲜切苹果片会在几分钟之内变成褐色；贮藏前几天，包装内如$O_2$浓度不能降至5%或更低，会导致鲜切生菜的褐变，这是最重要的品质缺陷（见图 3.1）。

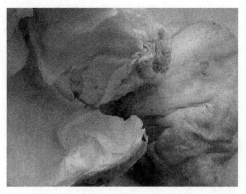

图 3.1　生菜的褐变

对鲜切商品酶促褐变缺陷的关注加速了建立气体冲洗技术和建立在特殊氧气穿透速率（OTR）基础上的聚合薄膜的使用。自发气调导致产品异味是另外一个重要的生化过程，对于包装的鲜切产品，异味是很敏感的货架期指标。越来越多的文献报道，MAP 会提高鲜切产品乙醇和乙醛的生物合成，并且两者的含量与包装内的鲜切产品和其他的异味成正相关。MAP 也会影响产品中叶绿素、花青素和类胡萝卜素等色素代谢，已明确低 $O_2$ 和高 $CO_2$ 会降低叶绿素及其他色素的损失。例如，Zhuang 和其他人（1994，1995）的研究表明，MAP 显著减少贮藏过程中西兰花中总叶绿素的损失，而 $CO_2$ 浓度太高会破坏花青素。另外，因 $O_2$ 和 $CO_2$ 对细胞膜完整性和细胞壁代谢的作用，MAP 能保持硬度/质地。MAP 减缓了参与软化的细胞降解酶类（例如果胶酶和果胶甲酯酶）和参与蔬菜木质化的酶类的活性。通常鲜切产品贮藏在适宜气体环境下，抗坏血酸、其他维生素和其他营养素能保存得更好（Barth and Zhuang，1996）。

尽管 MAP 能影响鲜切产品的多种生理和生物活动，但本章主要阐述对鲜切果蔬生产有直接影响的 MAP 实践中的生理和生化作用——呼吸和酶促褐变。鉴于 MAP 的异味源自于呼吸，故而不予以单独讨论。至于 MAP 对诸如乙烯合成和作用、水分散失、组织软化、植物营养素的变化、伤和冷害响应及病理性损伤等其他生理生化方面的影响，读者可以参考 Kader（1986）、Brecht and others（2004）、Toivonen 和 DeEll（2002）以及 Toivonen 和 others（2009）的综述。

## 3.2　呼吸作用

鲜切果蔬中常用的呼吸这一术语，是指果蔬在有氧或者无氧环境下释放 $CO_2$、能量和热量的一种现象。这一反应包括如糖类（糖和淀粉）、脂肪和蛋白质等有机分子的酶促氧化，为植物组织和细胞提供维持生命状态的基本需求物，例如基本的生理活动和代谢等。呼吸是鲜切产品新鲜度的一个必要条件，同时也是衡量鲜切产品潜在货架期的指标。取决于 $O_2$ 是否被利用，MAP 鲜切产品的呼吸被分为两种类型（见图 3.2）。其一是有氧呼吸；另一是无氧呼吸。下面的反应式是最常用的有氧呼吸，并表明了有氧呼吸的一些知识。

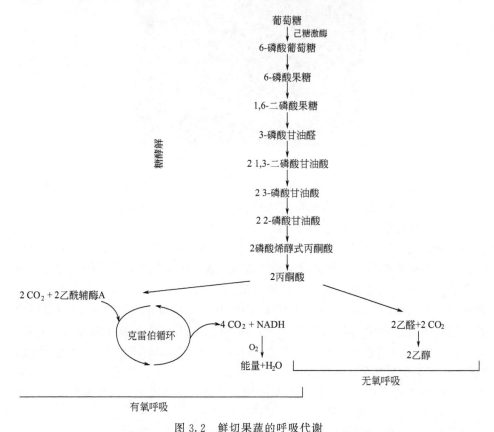

图 3.2　鲜切果蔬的呼吸代谢

$$C_6H_{12}O_6 + 6O_2 \xrightarrow{\text{酶}} 6CO_2 + 6H_2O + 能量和/或热量 \tag{3.1}$$

（1）有氧呼吸利用植物组织或细胞中的有机物质，导致鲜切产品的成分发生变化和植物营养素的减少。有氧呼吸强度愈大，成分变化和营养减少愈多，如果没有有机物质的补充，果蔬的组织、细胞或产品品质维持的时间愈短。

（2）$O_2$ 对有氧呼吸是必需的，这就意味着提高 $O_2$ 浓度会导致有氧呼吸的增强，进而营养素损失增加或有机成分的变化会增多；反之，减少 $O_2$ 会降低呼吸活动。在固定时间内和相同气体质量比例的包装顶部空间，高呼吸速率的鲜切产品会更快地消耗掉 $O_2$。

（3）有氧呼吸产生 $CO_2$ 提示高 $CO_2$ 会抑制组织的呼吸速率，呼吸速率愈高就会有更多的 $CO_2$ 从植物组织中释放到包装环境中。

（4）有氧呼吸也会产生水。由于一般植物组织的水分超过 70％，没有证据表明来自植物组织呼吸的水分能显著影响包装产品的含水量，或者由植物呼吸增加的水分会直接抑制呼吸。

（5）能量和/或热量也是有氧呼吸的产物。植物组织或者细胞需要能量来保持细胞和器官的新鲜或者活力。热量会提高产品的温度，会加速采后果蔬的品质劣变。

（6）有机物非酶氧化和酶促氧化间的关键区别在于，活生物体或细胞中呼吸是一种精细控制的过程，酶活力对呼吸过程的调节或改变是必要的。酶是蛋白质和蛋白质肽链，其活性会受温度和 pH 值的显著影响；某些情况下，酶活力也会被底物和产物调节。呼吸酶类的必要条件提示呼吸会受多种因素影响。

呼吸的第二种类型是无氧呼吸，植物中也称为酒精发酵，其化学表达式如下：

$$C_6H_{12}O_6 \xrightarrow{\text{酶}} 2CO_2 + 2C_2H_6O + H_2O + 能量和热量 \qquad (3.2)$$

无氧呼吸与有氧呼吸的区别就在于不需要 $O_2$，且产物包括乙醇（见图 3.2）。根据植物种类的不同，避免完整和鲜切产品有氧呼吸向无氧呼吸转变的最低氧气浓度为 1％～3％。缺氧条件下，植物组织或细胞会出现无氧呼吸，释放 $CO_2$ 和乙醇。

Erturk 和 Picha（2008）报道，鲜切甘薯的乙醇发酵形成与包装材料（主要是聚合膜）透氧率（OTR）、顶空 $O_2$ 浓度、顶空 $CO_2$ 浓度间存在密切联系。实验中，他们使用了三种不同透氧率的多层交联聚烯烃薄膜，23℃下三种材料的透氧率分别为 PD900 3000mL/（$m^2 \cdot d \cdot atm$）、PD961 7000mL/（$m^2 \cdot d \cdot atm$）和 PD941 16500 mL/（$m^2 \cdot d \cdot atm$）。鲜切样品在 2℃和 8℃下贮藏 14 天，贮藏期间 PD900 薄膜包装袋中 $O_2$ 浓度在 2～3 天后即可达到 1％或更低，而 $CO_2$ 浓度在 14 天的贮藏过程中呈上升状态，且与贮藏温度无关；第 7 天时包装袋中乙醛和乙醇浓度相对于原始状态显著提高，且与减少的 $O_2$ 和增强的 $CO_2$ 浓度有关。2℃下，PD961 薄膜包装袋中 $O_2$ 浓度第 3 天后下降到 4％，并在第 3 天到第 14 天期间保持在 6％～2.5％之间；$CO_2$ 水平在第 3 天上升到 4％而后保持稳定；贮藏的 14 天内，顶空没有检测到乙醛和乙醇气体。然而，8℃下，包装袋密封后 2 天 $O_2$ 浓度就下降到 1％，且 $CO_2$ 浓度逐步上升；第 7 天时 PD961 薄膜包装袋中的鲜切甘薯产生显著量的乙醛和乙醇。PD941 薄膜包装袋中，$O_2$（10％）和 $CO_2$（2％）在密封 24h 内达到平衡，并在 2℃下贮藏的 14 天内保持这一水平，顶空中没有检测到乙醛和乙醇；8℃贮藏温度下，PD941 薄膜包装袋中 $O_2$ 在第 3 天降至 4％，$CO_2$ 浓度上升至 4％并在随后的贮藏时间内保持稳定。相对于 8℃下其他薄膜包装袋，PD941 薄膜包装袋保持相对高的 $O_2$ 和低 $CO_2$ 水平，且没有乙醛和乙醇产生。

Smyth 等检测了 5℃下贮藏 10 天期间切分包菜、生菜、胡萝卜、西兰花和花椰菜 MA 包装内的 $O_2$、$CO_2$ 和乙醇浓度。结果显示，$O_2$ 的损耗（接近于 0％时）与乙醇形成有密切关系。就鲜切生菜而言，贮藏第 5 天时 $O_2$ 浓度低于 1％，乙醇浓度开始增加；对鲜切西兰花，$O_2$ 浓度降到 0％花了 6 天，并在第 6 天开始检测到乙醇；切分包菜，$O_2$ 在第 1 天就消耗掉，并且在第 1 天乙醇浓度就开始上升。

乙醇和其无氧呼吸中的前体物质乙醛被称为顶空发酵挥发物，并被用作为 MAP 鲜切产品无氧呼吸的指标。另外，乙醇和乙醛会进一步被用来形成不同芳香的挥发性物质如乙酯（Zhuang and others，1998）。乙醇和它的衍生物除引起包装鲜切产品芳香、营养和生命状态的变化外，还会导致 MAP 包装内鲜切产品气味的变化。

包括鲜切产品在内的细胞或生物体其呼吸活动用呼吸速率来表达。呼吸速率通常以 $O_2$ 消耗量和/或 $CO_2$ 产生量来测定，并以特定温度下 mL $CO_2$/(kg·h) 和/或 mL $O_2$/(kg·h) 单位来表示。两者同时测定时，呼吸熵（RQ）就能计算获得。RQ 是产生 $CO_2$ 与消耗 $O_2$ 之间的比值，注意单位要一致（物质的量或体积）。呼吸熵能用来表明呼吸过程中有机物质的利用及有氧呼吸向无氧呼吸转变的情况。糖类被有氧呼吸利用时 RQ 接近 1，脂肪为底物则 RQ $<1$，以有机酸（如草酸）为底物则 RQ $>1$。无氧呼吸过程中，因 $CO_2$ 是在没有 $O_2$ 的情况下产生，故而 RQ 值会变得很大。

呼吸速率会显著影响 MAP 顶空达到平衡状态时 $O_2$ 和 $CO_2$ 的浓度以及达到平衡的时间。Chonhenchob 等（2007）用三种不同的固定形状的容器包装不同的鲜切热带水果。鲜切热带水果包括芒果、菠萝、甜瓜和混合鲜切产品，它们 10 oC 下的呼吸速率分别是 124mg$CO_2$/(kg·h)、46mg$CO_2$/(kg·h)、51mg$CO_2$/(kg·h) 和 72mg$CO_2$/(kg·h)。10℃下 PET（聚对苯二甲酸乙二醇酯）包装中平衡状态时气体组成为：鲜切芒果 7％ $O_2$ 和 18％ $CO_2$，鲜切菠萝 13％ $O_2$ 和 7％ $CO_2$，鲜切甜瓜 14％ $O_2$ 和 8％ $CO_2$，鲜切混合物 8％ $O_2$ 和 18％ $CO_2$。达到气体组分平衡所需要的时间：鲜切芒果和甜瓜 72 h，混合鲜切产品 95h，鲜切菠萝超过 144h。

温度已经被认为是影响鲜切产品呼吸速率最重要的环境因子。0~30℃范围内，温度每提高 10℃鲜切产品呼吸速率通常至少提高 2~3 倍。Cantwell 和 Suslow（2002）的研究表明，切分包菜呼吸速率从 2.5℃时的 13$CO_2$/(kg·h) 增加到 10℃时的 30mL $CO_2$/(kg·h)（大约相差 2 倍）。温度由 0℃增加到 10℃，切分羽衣甘蓝的呼吸速率从 15mL $CO_2$/(kg·h) 提高到 46 mL $CO_2$/(kg·h)（大约 3 倍差异）。Jacxsens 等（2000）探讨了 MAP 鲜切蔬菜随温度变化的气体平衡设计问题，报道了温度由 2℃提高到 12℃，因鲜切产品不同呼吸速率发生了

2.8～7.33 倍的变化；温度也显著影响了 MAP 鲜切产品平衡状态下顶空 $O_2$ 浓度。由 2℃提高到 12℃，鲜切辣椒呼吸速率变化了 5 倍；平衡状态的包装袋中，$O_2$ 在 2℃下为 6.85%，而在 12℃下是 0.3%。鲜切胡萝卜的呼吸速率从 2℃提高到 12℃变化了 8.1 倍；2℃下包装顶空 $O_2$ 浓度是 12.6%，而 12℃时是 0.6%。鲜切结球生菜 2℃下包装中气体平衡时 $O_2$ 浓度是 4.6%，12℃下是 0.3%，两种温度下呼吸速率相差 7 倍。

原材料、加工、加工后处理和贮藏等许多其他因素也会影响鲜切产品 $CO_2$ 产生和 $O_2$ 消耗或呼吸速率。Cantwell 和 Suslow(2002)概述了不同鲜切产品呼吸速率的研究，表明鲜切产品的呼吸速率与果蔬种类有关。5℃下，鲜切韭葱的呼吸速率是 25 mL $CO_2$/（kg·h），鲜切蘑菇是 20～25 mL $CO_2$/（kg·h），而鲜切黄瓜是 5 mL $CO_2$/（kg·h），鲜切洋葱是 8～12 mL $CO_2$/（kg·h）；鲜切块状芜菁是 10 mL $CO_2$/（kg·h），鲜切块状蜜露甜瓜和西瓜是 2～4 mL $CO_2$/（kg·h），鲜切块状菠萝的呼吸速率是 3～7 mL $CO_2$/（kg·h），鲜切块状罗马甜瓜是 5～8 mL $CO_2$/（kg·h）。Kim 等（1993）研究了 12 个品种（Cortland、Empire、Golden Delicious、Idared、Liberty、McIntosh、Monroe、Mutsu、New York 674、Rhode Island Greening、Delicious 和 Rome）苹果切片的呼吸速率，发现品种间的呼吸速率存在很大差异。2℃下 Monroe 品种切片的呼吸速率最高 [7.6 mL $CO_2$/（kg·h）]，其次是 Rome [6.6 mL $CO_2$/（kg·h）]、Mutsu [6.4 mL $CO_2$/（kg·h）] 和 RI Greening [6.1 mL $CO_2$/（kg·h）]，而 Delicious 呼吸速率最低 [2.5 mL $CO_2$/（kg·h）]。Gorny 等（2000）检测了来自同一个供应商的 Anjou、Bartlett、Bosc 和 Red Anjou 四个品种的鲜切梨。鲜切样品（未进行抗褐变处理）置于稳定通风的 2L 广口瓶中并分别存放于 0℃、10℃或 20℃。他们发现，3 天贮藏期内 Bartlett 的平均呼吸速率均高于其他三个品种；10℃下 6 天贮藏期内切片 Anjou 和 Red Anjou 都保持了最低的呼吸速率。另外，鲜切产品的呼吸速率也取决于加工原料的成熟度、采收时间和贮藏情况。Lopez-Galvez 等（1997）研究了人工气调下不同成熟度对鲜切甜椒品质的影响。他们指出，5℃下未成熟的甜椒切片通常具有最高的初始呼吸速率 [约 10 mL $CO_2$/（kg·h）]，而绿熟期、转色期和红熟期的鲜切甜椒呼吸速率较低和相似 [约 8 mL $CO_2$/（kg·h）]。Martinez-Sanchez 等（2008）研究了常用来做叶片沙拉的 salad rocket、wild rocket、mizuna 和 watercress 四种叶甘蓝的呼吸速率。他们发现，不同品种和采收时间的产品呼吸速率不同。四个品种中，0℃下 salad rocket 和 wild rocket 的初始呼吸速率是 300 nmol $CO_2$/（kg·h），其他两个品种的呼吸速率低于 150 nmol $CO_2$/（kg·h）。Salad rocket 的第一和第二叶片（两叶片的切分时间相差 20～30 天）切分后的呼吸速率差异微小，而其余三个品种的第二叶片切片后的呼吸速率是其第一叶片切片的 2 倍。Cliffe-Byrnes 和 O'Beirne（2005）报道，4℃和 8℃下拌有 Marathon 切分包菜品种的（卤汁处理过的）"干"凉拌卷心菜沙拉呼吸速率显著高于拌有 Lennox 切分包菜的卷心菜沙拉；没有贮藏过卷心菜做的凉拌沙拉呼吸速率显著高于贮藏过卷心菜做的沙拉。

鲜切产品加工的切分会在几分钟内提高呼吸速率。与完整胡萝卜组织相比较，1℃和 10℃下切分胡萝卜的呼吸速率分别提高了 62% 和 92%（Cantwell，1992）。切分使小萝卜的呼吸速率增加了 50%（Del Aguila and others，2006），青菜的呼吸速率至少增加了 200%（Cantwell and Suslow，2002）。另外，切分会导致胡萝卜（Iqbal and others，2008）和白蘑菇（Cantwell and Suslow，2002）切后及贮藏期呼吸速率持续增加，切分的效果看上去取决于切割的方式。Iqbal 等（2008）研究了不同切割方式对胡萝卜呼吸速率的影响，发现相对于完整的胡萝卜，切片会增加 85% 的 $O_2$ 消耗和 64% 的 $CO_2$ 产生；柱状切分会增加 100% 的 $O_2$ 消耗和 72% 的 $CO_2$ 产生；粉片状切分会增加 151% 的 $O_2$ 消耗和 124% 的 $CO_2$ 的产生。Cantwell 和 Suslow（2002）报道，相对于完整的羽衣甘蓝，2cm×2cm 切块会使呼吸速率提高 88%，但切成 0.3cm 的碎片则会提高呼吸速率 113%。Del Aguila 等（2006）发现切碎的小萝卜 $CO_2$ 产生量显著高于切片。切分对呼吸速率的影响也随产品种类或成熟阶段而改变。2℃下，切分会导致熟苹果呼吸速率增加，但对于成熟草莓和罗马甜瓜则没有影响。20℃下，切分会导致正在成熟的香蕉和番茄呼吸速率的提高，但对已成熟香蕉和番茄的呼吸速率没有影响（Cantwell 和 Suslow，2002）。由切分增强的呼吸速率可能源于植物细胞的损伤和/或切分导致的表面积增加。

除了切分，鲜切过程中的清洗也影响鲜切果蔬的呼吸速率，并且作用大小取决于果蔬种类、清洗剂和浓度及清洗水溶液的温度。Vandekinderen 等（2008）研究了次氯酸钠、中性电解质水、过氧乙酸消毒剂三种不同净化剂对鲜切产品呼吸速率的影响，结果显示，次氯酸钠并没有对鲜切胡萝卜、韭葱和甘蓝的呼吸速率产生显著影响，但会导致结球生菜呼吸速率提高［从 $0.30$ mmol$O_2$/（kg·h）到 $0.46$ mmol $O_2$/（kg·h）］。过氧乙酸消毒剂处理韭葱和结球生菜其呼吸速率不会发生变化，但会降低切分胡萝卜和青菜的呼吸速率，低于初始值的一半。包含 30 mg/L 自由氯离子的中性电解质水会降低切分韭葱和白菜的呼吸速率。Zhang 等（2005）发现相对于自来水清洗，臭氧（＞0.08mg/kg）会降低鲜切芹菜的呼吸速率（以产生的 $CO_2$ 量计），但 0.03mg/kg 臭氧和自来水清洗产品的呼吸速率没有差别。Beltran 等（2005）报道，水、10mg/kg 的 $O_3$、20 mg/kg 的 $O_3$ 和 80mg/kg 总氯这四种清洗处理对鲜切结球生菜的呼吸速率（以产生的 $CO_2$ 量计）没有显著影响。Cliffe-Byrnes 和 O'Beirne（2005）发现，与自来水清洗对比，不管温度如何，氯气和水结合清洗会显著降低鲜切青菜的呼吸速率（以产生的 $CO_2$ 量计）。McKellar 等（2004）观察到 48℃ 水清洗的碎生菜 $CO_2$ 产生量会显著高于 4℃ 水处理的。

加工后鲜切产品的呼吸速率会随着贮藏温度、包装顶空气体成分、贮藏时间和微生物的生长而变化。Aquino-Bolanos 等（2000）发现圆柱状豆薯在 0℃、5℃和 10℃ 下贮藏 7 天后的呼吸速率平均值分别是 2mL $CO_2$/（kg•h）、7mL $CO_2$/（kg•h）和 10mL $CO_2$/（kg•h）。Watada 等（1996）报道，贮藏温度 0~20℃ 间的变化显著影响鲜切产品的呼吸速率 ［mg $CO_2$/（kg•h）］。呼吸速率随着贮藏温度的增加而增加，且不同商品的增加程度不同。如贮藏温度从 0℃ 增加到 5℃，鲜切四季豆、笋瓜、Crenshaw 瓜和番茄的呼吸速率至少提高了 2 倍，而鲜切黄瓜、南瓜、猕猴桃、桃和网纹甜瓜的呼吸速率仅增加 1.5~2 倍，甜椒片、香蕉片、去萼草莓、去柄无籽绿葡萄和蜜瓜块呼吸速率增加的倍数小于 1.5。随贮藏温度增加的呼吸速率也与温度范围有关。温度从 5℃ 降至 0℃，甜椒片的呼吸速率稍有下降；然而温度由 5℃ 提高到 10℃，呼吸速率增加了 2 倍，10℃ 到 20℃ 则增加了 7.5 倍。0~5℃ 鲜切四季豆的呼吸速率从 14mg$CO_2$/（kg•h）提高到 29mg$CO_2$/（kg•h）（约为 2 倍），5~10℃ 呼吸速率从 29mg$CO_2$/（kg•h）提高到 78mg$CO_2$/（kg•h）（约为 2.5 倍），10~20℃ 下呼吸速率从 78mg$CO_2$/（kg•h）提高到 156mg$CO_2$/（kg•h）（约为 2 倍）。0~5℃ 下鲜切网纹甜瓜呼吸速率提高了 1.9 倍，5~10℃ 提高了 1.7 倍，10~20℃ 则提高了 19 倍（Watada and others，1996）。

鲜切包装顶空成分对呼吸速率的影响要比温度更复杂，这不仅随包装中 $O_2$ 和/或 $CO_2$ 水平、产品种类和贮藏温度而变化，也随呼吸速率测量方法（$O_2$ 的消耗和 $CO_2$ 的产生）的不同而变化。Marrero 和 Kader（2006）报道，5℃ 下降低 $O_2$ 浓度导致处于气流气调（0% $CO_2$）环境下菠萝片呼吸速率的减弱。Cliffe-Byrnes 和 O'Beirne（2007）研究了气体环境和温度对蘑菇片呼吸速率的影响，发现在 4~16℃ 温度下，$O_2$ 浓度从 20% 降低到 2% 有效降低了蘑菇片的呼吸速率；更高温度下降低 $O_2$ 浓度的效果更显著，并且 $O_2$ 水平对 $O_2$ 消耗速率的影响与对 $CO_2$ 产生速率的影响近似；20% $O_2$ 浓度下，增加 $CO_2$ 浓度会降低呼吸速率，无论 $O_2$ 消耗或 $CO_2$ 产生最大降幅都发生在 13℃ 和 16℃。2% $O_2$ 浓度条件下，$CO_2$ 浓度对处于 4~16℃ 下蘑菇片的呼吸影响不稳定。平均 $O_2$ 浓度在 9%~20% 范围内，切分洋葱呼吸速率（$O_2$ 消耗和 $CO_2$ 变化速率）保持在 70~80mL/（kg•h）；$O_2$ 浓度≥9% 时，$CO_2$（<12%）对呼吸速率没有显著影响；$O_2$ 浓度从 9% 下降到 2% 过程中，$CO_2$ 的产生和 $O_2$ 的消耗速率逐步下降，直到 $O_2$ 浓度低于 2% 才会显著下降（Hong and Kim，2001）。Escalona 等

(2006) 研究了从 $0 \sim 100$ kPa 的 $O_2$ 与 $0$kPa、$10$kPa 和 $20$kPa $CO_2$ 混合对贮藏在 $1$℃、$5$℃和 $9$℃下温室生长鲜切牛油生菜呼吸代谢的影响，发现 $20\%$ $O_2$ 和 $1$℃情况下，$CO_2$ 的增加不会显著影响鲜切生菜 $CO_2$ 的产生和 $O_2$ 的消耗；而 $5$℃和 $9$℃条件下，$10\%$ $CO_2$ 相对于 $0\%$ $CO_2$ 降低了呼吸速率，$0\%$ $CO_2$ 和 $20\%$ $CO_2$ 对呼吸速率没有差别；$0\%$ $CO_2$、$0$℃的条件下，随 $O_2$ 水平从 $0$ 增加到 $100\%$，$CO_2$ 产量和 $O_2$ 消耗都增加，并在 $50\%$ $O_2$ 时达到了最大值；$5$℃下 $CO_2$ 产量随 $O_2$ 水平增加而显著增加，并在 $10\%$ $O_2$ 时达到最大值。当以 $O_2$ 消耗用来表示呼吸速率时，$2\%$ $O_2$ 时呼吸速率最大，并且在 $2\%$ 和 $100\%$ $O_2$ 范围内 $O_2$ 消耗没有差别。$9$℃下 $O_2$ 浓度从 $0$ 提高到 $10\%$ 时 $CO_2$ 产量会随之提高，$O_2$ 消耗量在 $5\%$ $O_2$ 时达到最大值。$10\%$ $CO_2$ 和 $1$℃的条件下，$O_2$ 从 $0$ 增加到 $5\%$ 并没有影响鲜切生菜 $CO_2$ 的产量；但 $O_2$ 超过 $5\%$ 后的增加会降低 $CO_2$ 的产量。与之相反，$O_2$ 从 $0$ 提高到 $100\%$ 增加 $O_2$ 的消耗。$9$℃下 $CO_2$ 产量并没有随 $O_2$ 的增加（$0 \sim 75\%$）而改变；但 $O_2$ 消耗量在 $O_2$ 从 $0$ 到 $10\%$ 的增加中提高了，在 $10\% \sim 75\%$ 过程中则没有影响。$20\%$ $CO_2$ 和 $1$℃条件下，$CO_2$ 在 $2\%$ $O_2$ 时释放量最大，之后 $O_2$ 上升到 $75\%$ 时 $CO_2$ 产量没有增加。$5$℃时 $5\%$ $O_2$ 下 $CO_2$ 产量最大，$9$℃时 $10\%$ $O_2$ 下 $CO_2$ 产量最大。$0\%$ $O_2$ 时，不管贮藏温度如何，$CO_2$ 从 $0$ 增加到 $10\%$ 均导致 $CO_2$ 产量加倍；但 $0\%$ 和 $20\%$ $CO_2$ 条件下，$CO_2$ 产量没有差别。$10\%$ $O_2$ 条件下，$CO_2$ 从 $0\%$ 增加到 $20\%$ 的变化并没有显著影响 $CO_2$ 产量。$75\%$ $O_2$ 条件下，$CO_2$ 浓度增加只对 $5$℃时的 $CO_2$ 产量产生显著作用。

Watada 等（1996）报道，不管以 $CO_2$ 产生或 $O_2$ 消耗作为呼吸速率计，$0$℃和 $10$℃贮藏温度下 $0.5\%$ $O_2$ 和 $10\%$ $CO_2$ 人工气调能降低西兰花和鲜切胡萝卜的呼吸；$1\%$ $O_2$ 和 $5\%$ $CO_2$ 人工气调对番茄片和蜜露甜瓜块有同样效果。$0$℃下的去萼草莓，$0.5\%$ $O_2$ 和 $10\%$ $CO_2$ 气调增加了 $CO_2$ 产量，但降低了 $O_2$ 的利用。然而 $5$℃会导致 $CO_2$ 产量和 $O_2$ 消耗量两者下降。$1\%$ $O_2$ 和 $10\%$ $CO_2$ 导致 $5$℃和 $10$℃下网纹甜瓜块 $CO_2$ 产量的增加，但相对于空气会降低其 $O_2$ 的消耗，$1\%$ $O_2$ 和 $5\%$ $CO_2$ 对猕猴桃片有同样的效果。

贮藏期的自发气调，包装内 $O_2$ 浓度常下降到厌氧补偿点而导致鲜切产品的无氧呼吸、异味产生和品质劣变（Zagory and Kader，1988）。Day（1996）发现高 $O_2$ 能有效抑制酶促褐变、避免发酵和降低需氧及厌氧微生物的生长。Gorny（1997）推断通常高 $O_2$ 并不能有效抑制微生物的生长，而大多数情况下 $CO_2$ 能一定程度上抑制微生物生长，尽管 $20\%$ 或以上的 $CO_2$ 浓度能对鲜切蔬菜产生生理伤害。Artes 和 Allende（2005）发现超过正常空气浓度的 $O_2$ 可能抑制、也可能无甚至促进鲜切产品中微生物生长。Kader 和 Ben-Yehoshua（2000）报道，取决于产品种类、成熟度、$O_2$ 浓度、贮藏时间和温度及大气中 $CO_2$ 和 $C_2H_4$ 水平，超高浓度的 $O_2$ 可能促进、无效果或降低呼吸速率、乙烯合成。因呼吸速率可能影响货架期和鲜切产品的新鲜度，不同实验条件下高 $O_2$ 浓度对品质的有益作用仍然需要进一步研究。

贮藏时间也影响鲜切产品的呼吸速率。Marrero 和 Kader（2006）发现，处于 10℃潮湿空气中的鲜切菠萝，贮藏第一天呼吸（$CO_2$ 产量）下降，而在随后 5 天中上升。贮藏温度从 10℃下降到 5℃降低了 $CO_2$ 产量的增加；而 0℃和 2.2℃下贮藏 15 天期间，呼吸速率保持不变。5℃下不管实验中采用哪种 $O_2$ 浓度，菠萝果肉块呼吸速率都会增加。Saxena 等（2008）报道，不管试验采用何种化学预处理，鲜切榴莲（jackfruit）的呼吸速率（$CO_2$ 产量）贮藏期间都下降且表现相似的模式。Escalona 等（2005）发现，5℃下鲜切茴香呼吸速率为 20～24mg/（kg·h），0℃下为 14～61mg/（kg·h）；整个贮藏期间，两种温度下的呼吸都稍有下降。他们随后报道，1℃、5℃或 9℃下贮藏的鲜切生菜前 4 天保持相同的 $CO_2$ 产生或 $O_2$ 消耗速率。大头菜切条后 $CO_2$ 的产生立刻增加 [20 mg/（kg·h）]，并在随后 0℃空气贮藏的 14 天内逐步下降到 6～10mg $CO_2$/（kg·h）。Gorny 等（2000）报道，温度 10℃和相对湿度 90%～95%条件下，所有试验品种的梨切片呼吸速率（以 $CO_2$ 产生计）在 6 天期间从 5～10mL/（kg·h）增加到 19～25mL/（kg·h）。Iqbal 等（2008）发现，4℃下胡萝卜片和丝的 $CO_2$ 产生速率分别从贮藏 0h 的 8.6mL/（kg·h）和 10.8mL/（kg·h）下降到 31h 的 3.6mL/(kg·h) 和 3.39mL/(kg·h)，但在 31～63h 期间呼吸速率又回升。0～63h 的贮藏期间，12℃下 $CO_2$ 产生和 $O_2$ 消耗两者均上升，胡萝卜丝呼吸速率增加更多一点。20℃贮藏也会提高两种鲜切产品的呼吸速率。Del Aguila 等（2006）观察了 1℃、5℃和 10℃下鲜切小萝卜呼吸速率，发现 11 天贮藏期间呼吸变化没有任何规律。Aquino-Bolanos 等（2000）报道，5℃和 10℃贮藏的鲜切凉薯呼吸速率（以 $CO_2$ 产生计）分别在 4 天和 2 天后发生明显增加，但 0℃下鲜切产品的呼吸速率相似，并随贮藏时间延长呈现下降趋势。Artes-Hernandez 等（2007）报道，贮藏在 0℃、2℃或 5℃下柠檬的呼吸速率（以 $CO_2$ 产生计）在第 8 天的值都处于 4.5mg/(kg·h) 和 8mg/(kg·h) 之间，与切分方式和处理无关；在 10℃下楔形和切片的呼吸速率是 10～25mg/（kg·h）且两者没有区别，并于 4 天后达到 30mg $CO_2$/（kg·h），5～6 天达到 60mg $CO_2$/（kg·h），8 天后达到了 100mg $CO_2$/（kg·h）。这些结果证明，贮藏时间对鲜切果蔬呼吸作用的影响效果也取决于果蔬产品、贮藏温度和贮藏时间等因素。

随着 MAP 中 $CO_2$ 的增加和 $O_2$ 的减少同样影响生长在鲜切产品表面微生物的呼吸，尤其在货架期末期微生物数量超过 $10^7$ CFU 菌落单位/g 鲜重时。通过对贮藏期间的热量进行测定，Iversen 等（1989）发现与鲜切菠萝腐败相关产生的热量其大部分与微生物菌落生长有关。Artes-Hernandez 等（2007）观察到鲜切柠檬片的呼吸速率在 10℃ 下贮藏 4 天后快速增加，这与可见症状的 *Penicillium* spp. 真菌侵袭有关。他们归纳为从第 4 至第 8 天过程中 $CO_2$ 产量的增加主要是因为微生物的生长。Jacxsens 等（2003）观察到，当微生物污染程度加重时，含有菊苣丝、碎芹、碎甜椒和碎生菜的混合产品的包装内气体从稳定态转变成缺氧状态。Silveria 等（2008）研究了贮藏期间鲜切"Galia"甜瓜的呼吸变化，发现第 1 天呼吸速率略微提高，且最可能是因切分导致的损伤反应，第 4 天呼吸速率下降；第 6 天后 $CO_2$ 产量一直增加直至贮藏结束，与微生物生长规律一致。Varoquaux 等（1996）总结，如果鲜切产品组织上有显著的微生物生长，则贮藏期间鲜切产品包装袋中 $O_2$ 消耗和 $CO_2$ 产生速率增加。

## 3.3　褐变

褐变对采后产品是最普通的品质下降指标之一，对鲜切果蔬是主要的品质限制因素。鲜切果蔬褐变最普通的例子就是食品店货架上整个卷心生菜或长叶生菜的根部褐变及成熟香蕉皮上的黑点。家里的苹果、香蕉、马铃薯和蘑菇切分后不立刻采取诸如冷冻、煮熟或者浸泡在水中等措施，几分钟内就会褐变。

加工和贮藏中鲜切产品表面的褐变主要源于多酚氧化酶（polyphenol oxidase，PPO）途径的酶促反应，与加热尤其是烘焙过程中的美拉德反应不一样。图 3.3 显示了植物中的 PPO 途径。

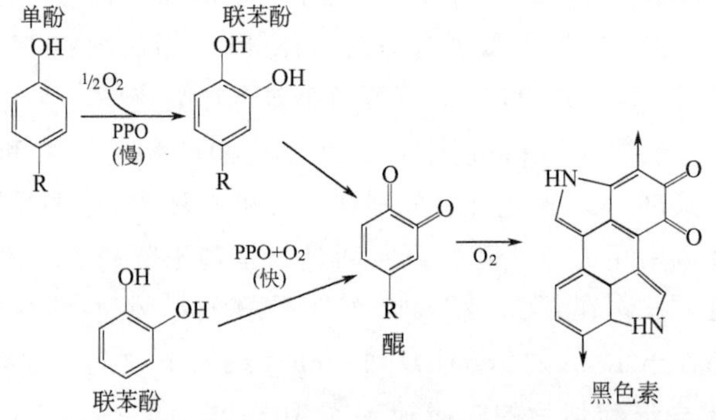

图 3.3　植物组织中多酚氧化酶（PPO）途径产生的褐色色素

PPO 途径中，单酚和二酚作为底物形成褐变色素、黑色素。植物中 PPO 底物包括多种 O-二酚（羟基相邻的二酚）化合物（如绿原酸、咖啡酸、3,4-二羟苯丙氨酸和儿茶酚）。酚类化合物（也叫酚类物质）尤其是二酚类物质的增加导致黑色素的增多或鲜切组织褐变的增强。PPO 途径中几乎每一步反应都需要氧的参与，包括羟基单酚形成二元酚，二元酚氧化形成醌以及醌类物质聚合形成黑色素等反应。限制植物组织获得 $O_2$ 或通过不同包装排除鲜切产品环境的 $O_2$ 来阻碍 PPO 反应以达到减轻褐变的效果（见图 3.4）。因 PPO 途径是一个对蛋白质变性和酶抑制剂敏感的酶促反应，所以鲜切产品表面的褐变也会对 pH、温度以及酶活力抑制剂敏感。另外，去除和/或改变 PPO 途径中如醌和黑色素等中间产物和终产物也会对机械损伤造成的褐变出现有显著影响。诸多常见的抗褐变试剂如亚硫酸盐和抗坏血酸等能抑制鲜切果蔬表面褐变反应的机制就在于此。

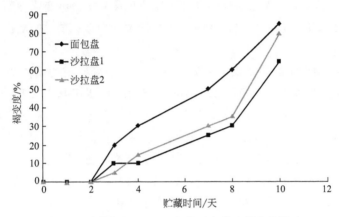

图 3.4 冷藏期间（2℃）包装对生菜丝褐变的影响

尽管植物组织中酶促褐变用三个步骤就能描述且看上去不如呼吸代谢那么复杂（至少需要 10 个步骤，见图 3.2），但越来越多的研究表明，对酶促褐变的控制至少与对呼吸的控制一样复杂。

首先，与呼吸是采后产品保持新鲜度的基本代谢途径不同，褐变反应通常被认为是次生代谢途径。反义基因技术是一种相对比较新的分子生物学方法，其能选择性地阻碍酶的生物合成。使用反义基因技术获得的转基因马铃薯品系没有被检测出 PPO 蛋白和活性，并如正常植物一样生长，产生正常浓度的叶绿素和正常的块茎（Whitaker and Lee，1995）。完整植物组织中，PPO 位于质体内膜内或表面。质体很好地与细胞中其他组分或者细胞器分隔开，具有包括绿叶的光合作用、根部和幼嫩种子内淀粉贮藏和脂肪酸及萜类合成等多种功能。然而，用来形成褐变色素的底物位于液泡（97%）、细胞壁和细胞核中（Hutzler et al.，1998），这就是细胞生物学家所说的、已广泛应用于植物和动物的生物系统中来控制和调节代谢活动的代谢成分区室化。完整植物细胞中进行的褐变活动一般无法检测到，但任何机械或物理损伤均会破坏活细胞完整性或者区室化，使细胞成分暴露在 $O_2$ 下导致酶和底物的接触，启动 PPO 催化的褐变反应。这就是切分表面的褐变反应能快速和占据主导作用的原因。褐变活动可能被植物用于抵御吃草动物、昆虫和微生物的侵袭，并且通过分区域控制褐变反应是有意义的。褐变对鲜切加工来说是一个大挑战。去皮、切分、切丝和切片破坏区室化，允许 PPO 和底物接触并暴露在 $O_2$ 中从而导致褐变。另外，正因为如此，切分越小、损伤越多，致使褐变越严重。因此，鲜切加工者应该避免小的切分并使用锋利的刀具来加工果蔬以避免褐变。Gunes 和 Lee（1997）测定了不同去皮方法对以抗褐变剂（0.5%半胱氨酸和 2%柠檬酸）处理过薯片褐变的影响，发现不同的去皮方法导致贮藏过程中马铃薯颜色变化有显著不同，最好的方法是用锋利的手动去皮机进行人工去皮。人工去皮和碱液去皮的马铃薯在颜色变化方面只有很小的差距，相对于人工和碱液去皮，摩擦去皮马铃薯片白度值在 19 天贮藏期间显著并快速下降。

PPO 在植物组织的褐变反应中起关键作用。褐变研究的重点集中在对该酶的认识和控制（或抑制）方面。Bachem 等（1994）使用基因工程技术（反义）抑制马铃薯 PPO 合成（或 PPO 基因表达）能彻底阻止生长在露地条件下擦伤导致的褐变。Arican 和 Gozukirmize（2003）也使用相似的方法来研究 PPO 蛋白的生物合成，发现与对照组（没有基因修饰）比较，处理样品 PPO 活性降低了且损伤诱导的褐变也被抑制了。Buescher 等（1974）报道，损伤导致菜豆豆荚的 PPO 活性增强，并且 PPO 的活性和褐变密切相关。Lee 等（1990）发现不同桃子品种的褐变程度与 PPO 活性呈正相关，具有高 PPO 活性的桃子品种表现出更高的褐变速率；相反，PPO 活性较低的桃子表现出较低的褐变速率。Coseteng 和 Lee 研究了四品种苹果（Classic Delicious、RI Greening、Cortland 和 McIntosh），发现褐变程度和酶活力呈高度的正相关。Castaner 等（1999）报道，小生菜和直叶生菜的褐变可能仅与 PPO 活性始终并密切相关。Nguyen 等（2003）发现冷藏期间香蕉皮的 PPO 活性变化和香蕉皮的褐变程度相关，并且暗示这种冷藏诱导的褐变与 PPO 活性有因果联系。

PPO 代谢途径的底物也可作为鲜切产品加工过程中褐变发生的限制因素。结球生菜褐变的研究是最具代表性的例子。锈色的斑点（RS）是结球生菜的一种生理失调，表现为沿中脉两侧出现众多棕色小斑点，情况严重时会蔓延至整个叶片。虽然 RS 不是由机械损伤单一因素诱发，但如许多鲜切产品褐变一样，机械损伤可以大大增加生菜组织对 RS 发生的敏感性。Hyodo 等（1978）第一个报道了乙烯诱导了酚类物质（包括单酚和双酚）合成关键酶——苯丙氨酸解氨酶（PAL）在 RS 组织中的活性，并且活性与作为 PPO 底物的酚类物质积累成正相关。随后 Ke 和 Saltveit（1986）报道了应用 0.3～0.5mol/L Ca 或 0.1～1.0mmol/L 2,4-D 可有效抑制生菜叶片组织中 RS，并能显著降低可提取 PAL 的活性。诱导 PAL 活性和 RS 症状发展的处理可引起单酚和双酚类物质的积累，并极容易被从 RS 组织中提取的 PPO 氧化成褐色物质（Ke and Saltveit, 1988）。

不同发育阶段 6 个生菜品种的 PAL 活性与 RS 发展程度相关，然而发育过程中 PPO 活性和 RS 得分没有显著相关 （Ke and Saltveit，1989a，b）。低氧环境 （1.5% $O_2$） 显著抑制结球生菜 RS 发展和 PAL 活性，减少贮藏期间可溶性酚含量，但对 PPO 活性的抑制作用微小 （Ke 和 Saltveit，1989b，c）。随后的研究也表明，切分后 PAL 活性和可溶性酚类化合物增加也是造成生菜损伤诱导褐变的原因。Ke 和 Saltveit （1989a） 发现当结球生菜叶和中脉受伤，PAL 活性和可溶性总酚含量会增加，其增加幅度与受损程度相关，而未受伤的生菜中 PPO 活性保持其原有水平。Tomas-Barberan 等 （1997） 报道，乙酸水溶液清洗鲜切结球生菜可以抑制损伤诱导的褐变，也可抑制 PAL 活性和阻断酚类物质合成。Peiser 等 （1998） 发现，把切割的结球生菜中脉段浸泡在含有如 α-氨基氧乙酸、氨基茚磷酸和 L-2-氨基氧-3-苯基丙酸等 PAL 抑制剂的 20℃ 水溶液中 1h 可完全抑制切口表面褐变发生。Hisami-nato 等 （2001） 测量了 4 oC 贮藏条件下鲜切生菜的褐变、多酚含量、PPO 和 PAL 活性后发现，7 天的低温贮藏期间鲜切生菜随着多酚含量和 PAL 活性的显著增加逐渐变为棕褐色，而 PPO 活性无明显变化。利用 PAL 抑制剂—— L-2-氨基氧-3-苯基丙酸处理可显著抑制褐变、PAL 活性和多酚含量的增加，但对 PPO 活性无影响。Dan 等 （1999） 报道，无论贮藏温度高低，贮藏期间鲜切生菜丝 PPO 活性均无显著变化；然而，损伤诱导的 PAL 活性与褐变变色密切相关。以上结果表明，鲜切生菜褐变的发生需要 PAL 活性以促进酚类物质形成，随后酚类物质在切分表面被 PPO 氧化并聚合形成褐色色素。

某些情况下，植物细胞内含有天然存在的如抗坏血酸等抗褐变成分似与鲜切产品的损伤褐变反应有关 （Vanos-Vigyazo，1981）。Degl' Innocenti 等 （2007） 测定了不同类型生菜 （生菜、茅菜 escarole 和芝麻菜 rocket） 色拉中多种参与酚类物质代谢关键酶的活性 （如 PAL、PPO 和 PODs） 和抗坏血酸含量等生理生化指标，发现贮藏期间不同物种间褐变敏感性存在巨大差异。鲜切生菜 24h 内就出现了缓慢的颜色变化，贮藏 3 天后褐变严重；同样的褐变模式也在茅菜中发现，但贮藏 72h 内芝麻菜中没有观察到褐变。褐变与 PPO、PAL、POD 和酚含量并无相关性。然而，不同类型生菜间的褐变和抗坏血酸含量呈紧密的负相关，具有最强抗褐变的芝麻菜类型的生菜色拉较另外两类色拉的抗坏血酸含量高。他们推测芝麻菜类型的生菜抗褐变优于另外两类生菜源于其叶片内高含量的抗坏血酸抑制了 PPO 活性或/和将醌类还原为酚类物质所致。

迄今为止，试验用于防止鲜切产品褐变的思路和方法建立在对 PPO 途径现有认识上。例如，氧气是 PPO 反应途径每一步所需，因此 MAP 常用来防止鲜切生菜和白菜的褐变。图 3.4 表明，用色拉盘和面包盘装的鲜切生菜贮藏期间褐变发展有明显差异，这一结果提示包装可以降低鲜切生菜的褐变。检测 MAP 包装中的气体组（$O_2$ 和 $CO_2$）对采后产品褐变和/或 PPO 活性的影响可以追溯到 20 世纪 70 年代。Murr 和 Morris（1974）证明了 $CO_2$ 可以防止蘑菇的褐变，其是 PPO 的竞争性抑制剂。Buescher 和 Henderson（1977）指出空气环境中含 20% $CO_2$ 可有效抑制机械损伤豆角的褐变、减少总酚含量和降低 PPO 活性。Hyodo 和 Yang（1971）发现 5% 或更高浓度的 $CO_2$ 可有效抑制损伤豌豆苗的 PAL 活性，减缓褐变进程。Siriphanich 和 Kader（1985）报道空气＋15% $CO_2$ 的气体可有效降低三种类型生菜品种叶脉中酚类物质的产生和 PPO 活性，阻止褐变症状的发展。Soliva-Fortuny 等（2001，2002a，b）选用低渗氧塑料袋 [15mL $O_2$/($cm^2$·24h·bar)(1bar＝$10^5$ Pa)，23℃，0% RH] 或中渗氧塑料袋 [30mL $O_2$/($cm^2$·24h·bar)，23℃，0% RH] 并结合不同气体（100% $N_2$ 和 90.5% $N_2$＋7% $CO_2$＋2.5% $O_2$）充气对护色处理后的鲜切苹果和梨进行包装（100g/袋），样品在 4.1℃ 条件下避光储存 90 天。实验结果表明，薄膜渗透率和气体条件对无论哪种鲜切产品的 PPO 活性和产品色度均有影响。低渗氧塑料袋较中渗氧塑料袋在降低 PPO 活性和抑制褐变方面更有效；四个处理组中，冲入 100% $N_2$ 的低氧袋处理组效果最好。Gunes 和 Lee（1997）报道，无论膜的透气性如何，单纯的被动 MAP 不能抑制鲜切马铃薯的褐变。Cryovac D941 薄膜 [$O_2$ 16544 mL/（$m^2$·d·atm）和 $CO_2$ 36000 mL/（$m^2$·d·atm），23℃] 与不同反充混合气体（100% $N_2$，含 9% $CO_2$/3% $O_2$ 的 $N_2$，含 9% $CO_2$ 的 $N_2$ 和空气）结合的试验结果显示，减少环境中的 $O_2$ 可抑制经护色预处理的鲜切马铃薯在冷藏期间的酶促褐变。Jung 等（2008）评价了气调充气（$CO_2$：$O_2$＝10：5、25：20 和 50：20）对 5℃ 下定向聚丙烯袋气调包装的鲜切结球生菜质量影响的效果。他们的研究结果表明，对照样品在贮藏第 2 天出现褐变，第 4 天失去商品性；而充气气调包装（10：5）可使产品货架期延长至 20 天。充气也可降低鲜切生菜的 PAL 和 PPO 活性。这些结果提示，MAP 可用以防止鲜切产品的酶促褐变。虽然有些情况下单一的 MAP 可能不足以完全抑制褐变，它可以增加另外一道栅栏以有效防止鲜切产品贮藏期褐变和延长鲜切果蔬的货架期。

褐变抑制剂通过抑制 PPO 途径而起到护色作用。亚硫酸盐通过阻止 PPO 单和/或双酚氧化以形成醌类物质进而减少醌缩合形成黑色素（Embs and Markakis，1965）。半胱氨酸和其他含硫化合物不仅可以与醌反应生成无色共轭化合物，也可与 PPO 直接反应降低其活性（Kahn，1985；Molnar-Perl and Friedman，1990）。抗坏血酸（AA），一种在鲜切苹果上广泛使用的褐变抑制剂，及其他的衍生物都能与 PPO 发生反应（还原醌为原来的酚）并抑制 PPO 的酶活性（Arias et al.，2007b；Sapers et al.，1989）。细胞内 $Cu^{2+}$ 是 PPO 活性和/或 pH 降低的重要成分，包括柠檬酸在内的羧酸被认为可螯合铜离子，显著影响大多数酶的活性（Furia，1964）。苯甲酸及其衍生物（如间苯二酚和 4-已基间苯二酚）结构上与 PPO 和 PAL 的实际底物相似，因而其可特异性地阻断 PPO 途径而不干扰其他代谢活动（Arias and others，2007a）。温度对酶的影响有多种方式，低温可降低酶活性，高温（如烫漂）可导致酶失活。热激（短时热处理）可以改变酶的生物合成。以上这些作用在生菜褐变研究中都被注意到（Campos-Vargas et al.，2005；Saltveit and Qin，2008）。醋酸被用于抑制生菜褐变，研究表明其可通过降低细胞中 PAL 活性以减少 PPO 代谢底物的合成而发挥作用（Castaner and others，1996）。蛋白酶可以直接攻击 PPO，破坏其化学结构而抑制褐变。图 3.5 显示的是不同贮藏温度下贮藏 10 天后生菜丝的褐变情况。21℃下贮藏 1 天即有 60％的生菜丝发生了褐变，而 10℃需贮藏 3 天和 2℃需贮藏 8 天。这一结果提示，适宜的温度管理可显著抑制鲜切产品的褐变。

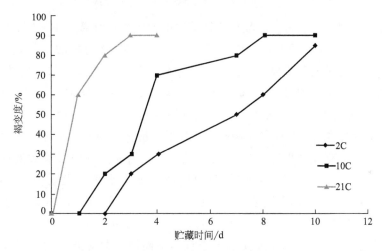

图 3.5　贮藏温度对鲜切生菜丝褐变的影响

　　抗褐变处理对贮藏期间鲜切生菜丝褐变的影响如图 3.6 所示。所有试验过的抗褐变处理均能抑制生菜丝褐变，乙酸和热水处理比异抗坏血酸和抗坏血酸盐抑制效果更好。

　　然而，愈来愈多已进行的不同处理对抗褐变效果的评价研究表明，鲜切产品褐变控制比预期的更为复杂。例如，Son 等（2001）将 36 种已知化合物应用于同样条件下苹果片的（Liberty 品种）抗褐变，以进行全面的效果评价，这 36 种化合物包括 12 种羧酸、8 种抗坏血酸衍生物、5 种含硫氨基酸、7 种苯甲酸衍生物和 4 种其他抗褐变化合物。结果显示，每类护色剂的抑制褐变效果显著不同。草酸是最有效的褐变抑制剂，而甲酸是 12 种羧酸化合物中效果最差的。抗坏血酸-2-磷酸盐的抑制效果优于其他抗坏血酸。与抗坏血酸相比，含硫化合物对苹

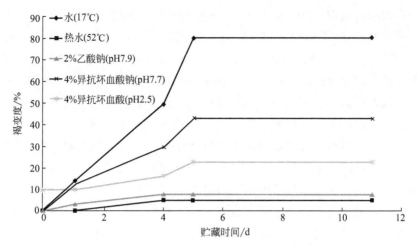

图 3.6　抗褐变处理对 2℃冷藏期间生菜丝变色的影响

果片的褐变抑制效果显著。曲酸是 7 种苯甲酸衍生物中对褐变抑制最好的。Cas-taner 等（1996）测试了半胱氨酸、间苯二酚、EDTA、柠檬酸、乙酸、葡萄糖酸、醋和柠檬汁对生菜茎褐变的抑制效果，结果发现，乙酸和醋溶液效果最好。Moline 等（1999）用菠萝汁、葡萄糖、蔗糖、奎尼酸、异抗坏血酸、柠檬酸、N-乙酰半胱氨酸和 4-己基间苯二酚处理鲜切香蕉片，发现菠萝汁、葡萄糖和蔗糖处理的香蕉片在 5℃下具有较好的护色效果；抗坏血酸和异抗坏血酸对鲜切香蕉的抑制效果没有柠檬酸好，N-乙酰半胱氨酸是所有处理中最有效的褐变抑制剂。Sapers 等（1994）用不同的褐变抑制剂处理鲜切蘑菇，发现 50mg/kg 的 4-己基间苯二酚浸泡能诱导蘑菇变黑，100mg/kg 浸泡处理会使蘑菇颜色立即变暗；蘑菇用含抗坏血酸的溶液浸泡，其切割边缘会变黄，偶尔在切割面或外表面也会发生变黄现象。Sapers 等在后来进行的不同抑制剂对梨块褐变的比较研究中报道，0.2% 半胱氨酸对梨块褐变不仅没有抑制效果，反而会引起梨块切割面边缘和中心的红色或粉红色变色。100mg/kg 4-己基间苯二酚可抑制梨块核部位的褐变，然而高浓度则会诱导梨块切割面边缘变黑。这些结果表明，褐变抑制剂的效果不仅随褐变抑制剂不同而异，也与鲜切产品种类密切相关，这意味着不能简单地基于一个研究报告的结果，就在鲜切加工中将鲜切产品 A 上使用有效的褐变抑制剂应用于鲜切产品 B。另外，在目标产品上应用抑制处理时，也需考虑其有效性、安全性、成本、副作用、标签和消费者接受度等。例如，虽然曲酸被证明对苹果片护色非常有效，但食品工业中曲酸则因大规模生产的困难和高成本而使其使用受限。半胱氨酸和 N-乙酰半胱氨酸等含硫抑制剂在防止鲜切苹果和香蕉的褐变中都非常有效，然而贮藏后半胱氨酸与鲜切苹果会形成不良气味、与鲜切香蕉和梨形成粉红色变色限制了它的使用。鲜切产品标注含有 4-己基间苯二酚、N-乙酰半胱氨酸和曲酸会影响消费者购买，特别是在愈来愈多消费者更多关注有机食品的当下。这也是抗坏血酸钙广泛而成功应用在鲜切苹果上的一个关键因素，即使其作用没有 4-己基间苯二酚、N-乙酰半胱氨酸和曲酸显著。很多人每天都额外补充钙和维生素 C，将它们加入到鲜切苹果标签中也可起到促销作用。

除了商品种类间的差异，已证明品种、果实大小、贮藏和生长条件/季节会显著影响鲜切产品加工的褐变（Garcia 和 Barrett，2002）。Sapers 和 Douglas（1987）报道了不同品种苹果的褐变特性，Idared 和 Granny Smith 较 Stayman 褐变轻，Red Delicous、Cortland 和 McIntosh 褐变属中等。Gorny 等（2000）研究了品种、成熟度、果实大小和贮藏方法与鲜切梨片品质的关系。10℃贮藏 6 天后 red Anjou 梨片存在严重的酶促褐变，其次是 Anjou，而 Bosc 是四种梨品种（Anjou、Bartlett、Bosc 和 red Anjou）中褐变程度最低的。0℃下部分成熟和绿熟梨片切割面的褐变显著轻于成熟梨片。小果梨的切片比大果梨的切片切割面发生褐变更快。对于鲜切 Granny Smith 产品，过去几年在北美和欧洲都有关于 Granny Smith 苹果收获季节期间（十月至十一月上旬）鲜切产品发生异常褐变现象的抱怨。尽管采用被证明可有效抑制贮藏‘Granny Smith’苹果切片褐变的正常或更高浓度的褐变抑制剂配方溶液在切分后浸泡，这种异常褐变仍然普遍发生。每年春天，当加利福尼亚中心地区的生菜旺季到来的时候，MAP 鲜切结球生菜贮藏时更容易褐变，而其他季节生产的 MAP 鲜切生菜产品则表现良好。图 3.7 显示了加工前冷藏完整的结球生菜对生菜丝褐变的影响，表明采后时间较短的结球生菜（从 4～10d）加工的生菜丝对褐变反应较慢。

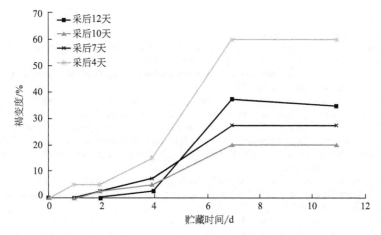

图 3.7　采后完整生菜存放时间对 2℃冷藏期间生菜丝变色的影响

另外，POD 和非酶氧化也被认为与鲜切产品褐变有关（Garcia and Barrett，

2002；Vanos-Vigyazo，1981）。体外在 $H_2O_2$ 存在时 POD 可催化酚形成褐变色素物质。Sapers 等（1994）、Choi 和 Sapers（1994）都发现用次氯酸钠溶液清洗蘑菇会导致蘑菇菌盖表面贮藏后变暗（紫色外观），提示次氯酸盐对源于蘑菇中的 L-二羟基苯丙氨酸和相关化合物的非酶氧化导致醌类物质形成而后发生褐变（变黑）。然而，与 PPO 途径比较，鲜切产品体内的这些反应对鲜切产品总体褐变的重要性仍有待进行进一步的研究（Toivonen and Brummell，2008）。

## 3.4 结论

呼吸和褐变是完全不同的生理生化过程，它们对现有鲜切果蔬 MAP 的选用有直接影响。呼吸是鲜切产品保持新鲜必需的生理过程，也是一个包括至少 10 个生化反应的复杂代谢活动结果。褐变是次生代谢过程，仅涉及 2～3 个生化反应。然而，这两个过程都显著受 $O_2$、不同产品种类和品种、成熟度、贮藏和生长季节的影响。本综述表明，没有简单的方案可同时用来有效控制鲜切果蔬产品中这两种过程。

参考文献

Aquino-Bolanos EN, et al. 2000. Changes in the quality of fresh-cut jicama in relation to storage temperatures and controlled atmospheres. J Food Sci 65:1238–1243.

Arias E, et al. 2007a. Ascorbic acid and 4-hexylresorcinol effects on pear PPO and PPO catalyzed browning reaction. J Food Sci 72:C422–C429.

Arias E, et al. 2007b. Browning prevention by ascorbic acid and 4-hexylresorcinol: Different mechanisms of action on polyphenol oxidase in the presence and in the absence of substrates. J Food Sci 72:C464–C470.

Arican E and Gozukirmizi N. 2003. Reduced polyphenol oxidase activity in transgenic potato plants associated with reduced wound-inducible browning phenotypes. Biotechnol Biotechnol Equip 17:15–21.

Artes F and Allende A. 2005. Processing lines and alternative preservation techniques to prolong the shelf-life of minimally fresh processed leafy vegetables. Eur J Hortic Sci 70:231–245.

Artes-Hernandez F, Rivera-Cabrera F, and Kader AA. 2007. Quality retention and potential shelf-life of fresh-cut lemons as affected by cut type and temperature. Postharvest Biol Technol 43:245–254.

Bachem CWB, et al. 1994. Antisense expression of polyphenol oxidase genes inhibits enzymatic browning in potato tubers. Nat Biotechnol 12:1101–1105.

Barth MM and Zhuang H. 1996. Packaging design affects antioxidant vitamin retention and quality of broccoli florets during postharvest storage. Postharvest Biol Technol 9:141–150.

Beltran D, et al. 2005. Effect of different sanitizers on microbial and sensory quality of fresh-cut potato strips stored under modified atmosphere or vacuum packaging. Postharvest Biol Technol 37:37–46.

Beaudry RM. 1999. Effect of $O_2$ and $CO_2$ partial pressure on selected phenomena affecting fruit and vegetable quality. Postharvest Biol Technol 15:293–303.

Brecht JK, et al. 2004. Fresh-cut vegetables and Fruits. Hortic Rev 20:185–251.

Buescher RW and Henderson J. 1977. Reducing discoloration and quality deterioration in snap beans by atmospheres enriched with $CO_2$. Acta Hortic 62:55–60.

Buescher RW, Reitmeier C, and Sistrunk WA. 1974. Association of phenylalanine ammonia lyase, catecholase, peroxidase and total phenolic content with brown-end discoloration of snap bean pods. HortScience 9:585.

Campos-Vargas R, et al. 2005. Heat shock treatments delay the increase in wound-induced phenylalanine ammonia-lyase activity by altering its expression, not its induction in Romaine lettuce (Lactuca sativa) tissue. Physiol Plant 123:82–91.

Cantwell MI. 1992. Postharvest handling systems: minimally processed fruits and vegetables. In: Kader AA, editor. Postharvest Technology of Horticultural Crops. Oakland, Calif.: Univ. of California, pp. 277–281.

Cantwell MI and Suslow TV. 2002. Postharvest handling systems: fresh-cut fruits and vegetables. In: Kader AA, editor. Postharvest Technology of Horticultural Crops. Publ. 3311. Berkeley, Calif.: Univ. of California, pp. 445–463.

Castaner M, et al. 1996. Inhibition of browning of harvested head lettuce. J Food Sci 61:314–316.

Castaner M, et al. 1999. Browning susceptibility of minimally processed Baby and Romaine lettuces. Eur Food Res Technol 209:52–56.

Choi SW and Sapers GM. 1994. Effects of washing on polyphenols and polyphenol oxidase in commercial mushrooms (Agaricus-Bisporus). J Agric Food Chem 42:2286–2290.

Chonhenchob V, Chantarasomboon Y, and Singh SP. 2007. Quality changes of treated fresh-cut tropical fruits in rigid modified atmosphere packaging containers. Packag Technol Sci 20:27–37.

Cliffe-Byrnes V and O'Beirne D. 2005. Effects of cultivar and physiological age on quality and shelf-life of coleslaw mix packaged in modified atmospheres. Int J Food Sci Technol 40:165–175.

Cliffe-Byrnes V and O'Beirne D. 2007. Effects of gas atmosphere and temperature on the respiration rates of whole and sliced mushrooms (Agaricus bisporus)—Implication for film permeability in modified atmosphere packages. J Food Sci 72:E197–E204.

Coseteng MY and Lee CY. 1987. Changes in apple polyphenoloxidase and polyphenol concentrations in relation to degree of browning. J Food Sci 52:985–989.

Dan K, Nagata M, and Yamashita I. 1999. Changes in phenylalamine ammonia-lyase and polyphenol oxidase activities with occurrence of browning in shredded lettuce during storage. Food Preserv Sci 25: 209–213.

Day B. 1996. High oxygen modified atmosphere packaging for fresh prepared produce. Postharvest News Inf 7:31–34.

Degl'Innocenti E, et al. 2007. Physiological basis of sensitivity to enzymatic browning in "lettuce", "escarole" and "rocket salad" when stored as fresh-cut products. Food Chem 104:209–215.

Del Aguila JS, et al. 2006. Fresh-cut radish using different cut types and storage temperatures. Postharvest Biol Technol 40:149–154.

Embs RJ and Markakis P. 1965. The mechanism of suflite inhibition of browning caused by polyphenol oxidase. J Food Sci 30:753–758.

Erturk E and Picha DH. 2008. The effects of packaging film and storage temperature on the internal package atmosphere and fermentation enzyme activity of sweet potato slices. J Food Process Preserv 32:817–838.

Escalona VH, Aguayo E, and Artes F. 2005. Overall quality throughout shelf life of minimally fresh processed fennel. J Food Sci 70:13–17.

Escalona VH, Aguayo E, and Artes F. 2006. Metabolic activity and quality changes of whole and fresh-cut kohlrabi (Brassica oleracea L. gongylodes group) stored under controlled atmosphere. Postharvest Biol Technol 41:181–190.

Escalona VH, Aguayo E, and Artes F. 2007. Quality changes of fresh-cut kohlrabi sticks under modified atmosphere packaging. J Food Sci 72:S303–S307.

Furia TE. 1964. ETA in foods. Food Technol 18:50–58.

Garcia E and Barrett DM. 2002. Preservative treatment for fresh-cut fruits and vegetables. In: Lamikanra O, editor. Fresh-Cut Fruits and Vegetables: Science, Technology, and Market. Boca Raton, Fla.: CRC Press, pp. 267–304.

Gorny JR. 1997. A summary of CA and MA requirements and recommendations for fresh-cut (minimally processed fruits and vegetables. In: Gorny JR, editor. Proceedings Seventh International Controlled Atmosphere Research Conference, Volume 5. Davis, Calif.: Univ. of California. Postharvest Hortic Ser 19:30–66.

Gorny JR, et al. 2000. Quality changes in fresh-cut pear slices as affected by cultivar, ripeness stage, fruit size, and storage regime. J Food Sci 65:541–544.

Gunes G and Lee CY. 1997. Color of minimally processed potatoes as affected by modified atmosphere packaging and antibrowning agents. J Food Sci 62:572–&.

Hisaminato H, Murata M, and Homma S. 2001. Relationship between the enzymatic browning and phenylalanine ammonia-lyase activity of cut lettuce, and the prevention of browning by inhibitors of polyphenol biosynthesis. Biosci, Biotechnol, Biochem 65:1016–1021.

Hong SI and Kim DM. 2001. Influence of oxygen concentration and temperature on respiratory characteristics of fresh-cut green onion. Int J Food Sci Technol 36:283–289.

Hutzler P, et al. 1998. Tissue localization of phenolic compounds in plants by confocal laser scanning microscopy. J Exp Bot 49:953–965.

Hyodo H and Yang SF. 1971. Ethylene-enhanced synthesis of phenylalanine ammonia-lyase in pea seedlings. Plant Physiol 47:765–770.

Hyodo H, Kuroda H, and Yang SF. 1978. Induction of phenylalanine ammonia-lyase and increase in phenolics in lettuce leaves in relation to the development of russet spotting caused by ethylene. Plant Physiol 62:31–35.

Iqbal T, et al. 2008. Effect of Minimal Processing Conditions on Respiration Rate of Carrots. J Food Sci 73:E396–E402.

Iversen E, Wilhelmsen E, and Criddle RS. 1989. Calorimetric examination of cut fresh Pineapple metabolism. J Food Sci 54:1246–1249.

Jacxsens L, Devlieghere F, and Debevere J. 1999. Validation of a systematic approach to design equilibrium modified atmosphere packages for fresh-cut produce. LWT—Food Sci Technol 32:425–432.

Jacxsens L, et al. 2000. Designing equilibrium modified atmosphere packages for fresh-cut vegetables subjected to changes in temperature. LWT—Food Sci Technol 33:178–187.

Jacxsens L, et al. 2001. Effect of high oxygen modified atmosphere packaging on microbial growth and sensorial qualities of fresh-cut produce. Int J Food Microbiol 71:197–210.

Jacxsens L, Devlieghere F, and Debevere J. 2002a. Predictive modelling for packaging design: equilibrium modified atmosphere packages of fresh-cut vegetables subjected to a simulated distribution chain. Int J Food Microbiol 73:331–341.

Jacxsens L, Devlieghere F, and Debevere J. 2002b. Temperature dependence of shelf-life as affected by microbial proliferation and sensory quality of equilibrium modified atmosphere packaged fresh produce. Postharvest Biol Technol 26:59–73.

Jacxsens L, et al. 2003. Relation between microbiological quality, metabolite production and sensory quality of equilibrium modified atmosphere packaged fresh-cut produce. Int J Food Microbiol 83:263–280.

Jung JY, et al. 2008. Browning and quality changes of fresh-cut iceberg lettuce by gas flushing packagings. Korean J Hortic Sci Technol 26:406–412.

Kader AA. 1986. Biochemical and physiological basis for effects of controlled and modified atmospheres on fruits and vegetables. Food Technol 40:99–110.

Kader AA and Ben-Yehoshua S. 2000. Effects of superatmospheric oxygen levels on postharvest physiology and quality of fresh fruits and vegetables. Postharvest Biol Technol 20:1–13.

Kahn V. 1985. Effect of proteins, protein hydrolyzates and amino acids on o-dihydroxyphenol oxidase of mushroom, avocado, and banana. J Food Sci 50:111–115.

Ke DY and Saltveit ME. 1986. Effects of calcium and auxin on russet spotting and phenylalanine ammonia-lyase activity in iceberg lettuce. HortScience 21:1169–1171.

Ke DY and Saltveit ME. 1988. Developmental control of russet spotting, phenolic enzymes, and IAA oxidase in different cultivars of iceberg lettuce. HortScience 23:797.

Ke DY and Saltveit ME. 1989a. Wound-induced ethylene production, phenolic metabolism and susceptibility to russet spotting in iceberg lettuce. Physiol Plant 76:412–418.

Ke DY and Saltveit ME. 1989b. Carbon dioxide-induced brown stain development as related to phenolic metabolism in iceberg lettuce. J Am Soc Hortic Sci 114:789–794.

Ke DY and Saltveit ME. 1989c. Developmental control of russet spotting, phenolic enzymes, and IAA oxidase in cultivars of iceberg lettuce. J Am Soc Hortic Sci 114:472–477.

Kim DM, Smith NL, and Lee CY. 1993. Quality of minimally processed apple slices from selected cultivars. J Food Sci 58:1115–&.

Lee CY, et al. 1990. Enzymatic browning in relation to phenolic-compounds and polyphenoloxidase activity among various peach cultivars. J Agric Food Chem 38:99–101.

Lopez-Galvez G, et al. 1997. Quality of red and green fresh-cut peppers stored in CAs. In Gorny JR, editor. Proceedings Seventh International Controlled Atmosphere Research Conference, Volume 5. Davis, Calif.: Univ. of California. Postharvest Hortic Ser 19:152–157.

Marrero A and Kader AA. 2006. Optimal temperature and modified atmosphere for keeping quality of fresh-cut pineapples. Postharvest Biol Technol 39:163–168.

Martinez-Sanchez A, et al. 2008. Respiration rate response of four baby leaf Brassica species to cutting at harvest and fresh-cut washing. Postharvest Biol Technol 47:382–388.

McKellar RC, et al. 2004. Influence of a commercial warm chlorinated water treatment and packaging on the shelf-life of ready-to-use lettuce. Food Res Int 37:343–354.

Moline HE, Buta JG, and Newman IM. 1999. Prevention of browning of banana slices using natural products and their derivatives. J Food Qual 22:499–511.

Molnar-Perl I and Friedman M. 1990. Inhibition of browning by sulfur amino acids. Part 3. Apples and potatoes. J Agric Food Chem 38:1652–1656.

Murr DP and Morris LL. 1974. Influence of $O_2$ and $CO_2$ on O-diphenol oxidase activity in mushrooms. J Am Soc Hortic Sci 99:155–158.

Nguyen TBT, Ketsa S, and van Doorn WG. 2003. Relationship between browning and the activities of polyphenol oxidase and phenylalanine ammonia lyase in banana peel during low temperature storage. Postharvest Biol Technol 30:187–193.

Peiser G, et al. 1998. Phenylalanine ammonia lyase inhibitors control browning of cut lettuce. Postharvest Biol Technol 14:171–177.

Saltveit ME and Qin LC. 2008. Heating the ends of leaves cut during coring of whole heads of lettuce reduces subsequent phenolic accumulation and tissue browning. Postharvest Biol Technol 47:255–259.

Sapers GM and Douglas FW. 1987. Measurement of enzymatic browning at cut surfaces and in juice of raw apple and pear fruits. J Food Sci 52:1258–1262 and 1285.

Sapers GM and Miller RL. 1998. Browning inhibition in fresh-cut pears. J Food Sci 63:342–346.

Sapers GM, et al. 1989. Control of enzymatic browning in apple with ascorbic-acid derivatives, polyphenol oxidase-inhibitors, and complexing agents. J Food Sci 54:997–1002 & 1012.

Sapers GM, et al. 1994. Enzymatic browning control in minimally processed mushrooms. J Food Sci 59:1042–1047.

Saxena A, Bawa AS, and Raju PS. 2008. Use of modified atmosphere packaging to extend shelf-life of minimally processed jackfruit (Artocarpus heterophyllus L.) bulbs. J Food Eng 87:455–466.

Silveira AC, et al. 2008. Alternative sanitizers to chlorine for use on fresh-cut "Galia" (*Cucumis melo var. catalupensis*) melon. J Food Sci 73:M405–M411.

Siriphanich J and Kader AA. 1985. Effects of $CO_2$ on cinnamic acid 4-hydroxylase in relation to phenolic metabolism in lettuce tissue. J Am Soc Hortic Sci 110:333–335.

Smyth AB, Talasila PC, and Cameron AC. 1999. An ethanol biosensor can detect low-oxygen injury in modified atmosphere packages of fresh-cut produce. Postharvest Biol Technol 15:127–134.

Soliva-Fortuny RC, et al. 2001. Browning evaluation of ready-to-eat apples as affected by modified atmosphere packaging. J Agric Food Chem 49:3685–3690.

Soliva-Fortuny RC, et al. 2002a. Browning, polyphenol oxidase activity and headspace gas composition during storage of minimally processed pears using modified atmosphere packaging. J Sci Food Agric 82:1490–1496.

Soliva-Fortuny RC, Oms-Oliu G, and Martin-Belloso O. 2002b. Effects of ripeness stages on the storage atmosphere, color, and textural properties of minimally processed apple slices. J Food Sci 67:1958–1963.

Son SM, Moon KD, and Lee CY. 2001. Inhibitory effects of various antibrowning agents on apple slices. Food Chem 73:23–30.

Toivonen PMA. 2008. Application of 1-methylcyclopropene in fresh-cut/minimal processing systems. HortScience 43:102–105.

Toivonen PMA and Brummell DA. 2008. Biochemical bases of appearance and texture changes in fresh-cut fruit and vegetables. Postharvest Biol Technol 48:1–14.

Toivonen PMA and DeEll JR. 2002. Physiology of fresh-cut fruits and vegetables. In: Lamikanra O, editor. Fresh-Cut Fruits and Vegetables: Science, Technology, and Market. Boca Raton, Fla.: CRC Press, pp. 91–123.

Toivonen PMA, Brandenburt JS, and Luo Y. 2009. Modified atmosphere packaging for fresh-cut produce. In: Yahia EM, editor. Modified and Controlled Atmospheres for the Storage, Transportation, and Packaging of Horticultural Commodities. Boca Raton, Fla.: CRC Press, pp. 456–488.

Tomas-Barberan FA, et al. 1997. Effect of selected browning inhibitors on phenolic metabolism in stem tissue of harvested lettuce. J Agric Food Chem 45:583–589.

48

Vandekinderen I, et al. 2008. Impact of decontamination agents and a packaging delay on the respiration rate of fresh-cut produce. Postharvest Biol Technol 49:277–282.

Vamos-Vigyazo L. 1981. Polyphenol oxidase and peroxidase in fruits and vegetables. CRC Crit Rev Food Sci Nutr 15:49–127.

Varoquaux P, Mazollier J, and Albagnac G. 1996. The influence of raw material characteristics on the storage life of fresh-cut butterhead lettuce. Postharvest Biol Technol 9:127–139.

Watada AE, Ko NP, and Minott DA. 1996. Factors affecting quality of fresh-cut horticultural products. Postharvest Biol Technol 9:115–125.

Whitaker JR and Lee CY. 1995. Recent advances in chemistry of enzymatic browning—an overview. Enzymatic browning and its prevention. Am Chem Soc Symp Ser 600:2–7.

Zagory D and Kader AA. 1988. Modified atmosphere packaging of fresh produce. Food Technol 42:70–77.

Zhang LK, et al. 2005. Preservation of fresh-cut celery by treatment of ozonated water. Food Control 16:279–283.

Zhuang H, Barth MM, and Hildebrand DF. 1994. Packaging influenced total chlorophyll, soluble protein, fatty acid composition and lipoxygenase activity in broccoli florets. J Food Sci 59:1171–1174.

Zhuang H, Hildebrand DF, and Barth MM. 1995. Senescence of broccoli buds is related to changes in lipid peroxidation. J Agric Food Chem 43:2585–2591.

Zhuang H, et al. 1998. Variation of volatile profiles in fresh-cut produce packages associated with SPME fibers during storage. IFT Annual Meeting 1998, Atlanta, Georgia. Chicago, Ill.: IFT, p. 79.

# 第 4 章
# MAP鲜切产品的微生物学

*作者*：Kenny Chuang
*译者*：周翔、宦晨、郁志芳

## 4.1 引言

根据美国食品及药物管理局（FDA）的定义，鲜切果蔬或鲜切产品是指"经轻微加工及通过去皮、切片、切段、切丝、去核或整理等改变其形态，清洗或不清洗，包装后供消费者食用或零售的新鲜果蔬"（US FDA，2008）。

过去二十年间，鲜切产品的制备和配送成为食品零售市场快速发展的行业。鲜切加工造成自然防护有害微生物侵染生物结构的丧失随食品安全意识的增强也引起重视。因组织的暴露，微加工产品较完整产品更易被微生物侵染，这是由于处理的增多使切口表面营养更易利用。

为满足消费者对快速、方便的鲜切或即食果蔬增加的需求，气调包装（MAP）等新技术已发展到用于延长货架期和改善加工产品的品质。然而，这种新的包装体系也为如单核增生李斯特菌等微生物提供了侵染的可能，因该菌可在改变的气体条件和冷藏温度下生长，而鲜切产品也主要依赖以上条件来实现其延长货架期。

正如预想的那样，与果蔬原料和微加工过程相关的传染病爆发报道比以前更为频繁。鲜切产品货架期的延长可能间接地使致病菌缓慢增殖到一个较多的数量进而导致食源性疾病发生。关注的病原菌并不局限于嗜冷性的食源致病菌，包括单核增生李斯特菌、耶尔森菌、嗜水单胞菌、肉毒梭状芽孢杆菌、沙门菌、大肠杆菌O157：H7和志贺菌。

本章将主要介绍涉及鲜切产品和鲜切水果已知食源性疾病爆发相关微生物的重要性。

## 4.2 气调包装（MAP）

随着消费者健康意识的增强，对便捷的微加工即食果蔬的需求也越多。完整的和原料状产品销售后不加工就被消费掉。然而，即使新鲜产品只经过了轻微加工其货架期仍然会缩短。为延长新鲜和鲜切产品的货架期，MAP 系统被用于取代包装袋内的气体而使包装袋内达到理想的混合气体（活性 MAP），或根据所选薄膜所具有的氧气传输速率（OTR）并以产品呼吸和气体通过薄膜的扩散形成理想气体环境（被动MAP)(Moleyar and Narasimham, 1994；Lee et al., 1996)。

早期的报道指出，MAP 通过改变正常空气成分来创造一个适合食物或农产品的气调环境从而延长贮藏时间和提高品质（Moleyar and Narasimham, 1994；Phillips, 1996)。MAP 的基本原则是通过使用气体渗透膜如聚乙烯膜（PE）等来减少包装中的氧气含量从而达到理想化的平衡气体环境。商业上 MAP 用于包装原料或鲜切产品，通过减缓其呼吸速率、乙烯生成量和乙烯敏感性、软化和成分变化、减少腐烂、抑制腐败微生物的生长等从而最终延长产品的货架期。

替代性的气体混合法被用来探索提高 MAP 效果。例如，Koseki 和 Itoh（2002）检测了利用氮气（$N_2$）包装鲜切蔬菜（生菜和白菜）作为 MAP 的一种方式来延长鲜切蔬菜的货架期。氮气包装延缓了鲜切蔬菜外观的衰变，这一作用使得以氮气包装的鲜切蔬菜外表在低于 5℃下贮藏 5 天后仍然保持在可接受的程度。

合适的低温环境依然是气调包装延长货架期的一个最重要因素。已经证实，气调包装在合适的温度和湿度下可有效保持新鲜果蔬的品质（Kader and others，1989)。从农场到餐桌的温度调控对于 MAP 能够达到最有效控制包装中微生物的生长至关重要。

然而，冷藏期间如果没有 MAP，鲜切产品将在病原菌达到产生毒素的临界值前便已腐烂。MAP 条件下，$CO_2$ 上升与 $O_2$ 下降的结合抑制了决定产品货架期终点时间的腐败微生物生长，而 MAP 产品可能更利于病原菌生长。已经证实，下降的 $O_2$ 与上升的 $CO_2$ 可能会促进病原性微生物的生长，或甚至当氧气水平达到极端情况时（＜1％）也会促进如肉毒杆菌等厌氧病原性微生物的生长。这样的情况在鲜切产品的气调包装中并不少见，并且被因无氧呼吸而产生的异味所证明（Austin and others, 1998)。

## 4.3　MAP 鲜切果蔬中的腐败微生物

众所周知，新鲜蔬菜携带有许多不同类型的微生物（Lee and others，1996)。清洗能使初始微生物基数得到一定程度的减少（Odumeru and others，1997)。然而，MAP 产品所带的初始微生物数量取决于许多不同的因素，如原材料所携带的微生物基数、原料蔬菜处理前的时间、加工操作和清理步骤的有效性。

由于鲜切产品是来自于农场的微加工和没有杀菌步骤的农产品，产品中存在一定数量的腐败菌甚至致病菌等微生物符合实际情况。除了酵母和霉菌,成团肠杆菌、草生欧文菌、黄杆菌属、乳酸杆菌、假单胞杆菌是原料果蔬中最常见的微生物(Nguyen-the and Carlin,1994;Zagory,1999)。冷藏果蔬中最易发现的微生物是嗜冷菌,嗜温微生物的数量会减少(Nguyen-the and Prunier,1989)。

总体说来,根据产品类型和加工过程中清洗程度不同,鲜切产品有1~3周的货架期。含有高达200mg/kg氯或可检测残留游离氯的氯水是鲜切蔬菜干燥和包装前最常用的清洗剂。氯水清洗的持续时间/切割产品的接触时间和清洗水的振荡涡旋水平以增加接触机会等在不同的加工设备中差别很大。加工过程中某鲜切产品所能承受的清洗力是影响微生物减少的另一个关键因素,结球生菜和长叶生菜比菠菜和菊苣等具有较多嫩叶的其他产品耐受性更强。清洗时间和搅动水平与原料原始微生物数量一起决定MAP鲜切产品初始微生物数量。

除了微生物的数量,其他外在因子或如贮藏温度和采收和加工期间的污染也会影响初产品微生物品质。微生物菌落减少的速率可能还受到鲜切产品准备制作成沙拉的如卷心菜等其他成分的影响,成分间的相互作用必然为试图控制存在于成品中的有害病原菌增加了复杂性。

有报道指出,虽然总微生物量在7℃(44.6°F)的减少率比在14℃(57.2°F)时更显著,然而两个温度下的品质劣变速率则相同(King et al.,1976)。以菊苣丝沙拉(Nguyen-the and Prunier,1989)和胡萝卜丝(Carlin et al.,1989)的研究中也获得相似的结果,研究中嗜温菌菌落总数随温度下降而减少。低温贮藏不仅降低食源性病原菌的生长速率,而且通过增加食物周围液相中$CO_2$溶解度增强MAP的抑制效果。

根据Molin(2000)的研究,MAP对酵母的影响不大,而对霉菌生长的控制取决于袋中$CO_2$的浓度,因几乎所有的霉菌都是好氧的(Marchant and others,1994)。$CO_2$浓度达10%就会发现霉菌被抑制,但这种抑制并不会导致霉菌的清除(Littlefield et al.,1996)。另一项研究评估了5℃和10℃下以氯水浸泡和MAP对鲜切生菜中酵母和霉菌生长的影响(Beuchat and Brackett,1990),结合或不结合氯水处理的MAP(3% $O_2$和97% $CO_2$)均没有发现明显的抑制效果,5℃下目标微生物持续缓慢生长。

由于MAP的本质是增加$CO_2$和降低$O_2$含量,其通常有利于乳酸菌的生长。MAP对多种乳酸菌生存的影响取决于MAP包装的类型,对如菊苣叶和胡萝卜等易感乳酸菌的产品腐败可能加快(Nguyen-the and Carlin 1994),而可以忍受较高$CO_2$(>50%)的食源性致病菌可能在MAP环境中存活甚至超过腐败微生物的水平(Bennik et al.,1998)。

## 4.4 MAP 鲜切产品中的食源性致病菌

蔬菜的污染可能会通过多种方式产生，交叉污染的途径可能来自灌溉的水、种植土壤、动物废弃物、昆虫、受污染的设备和人工处理。采前污染会因使用未消毒的肥料而产生，粪便污染则来自于本地动物或家畜以及农业操作人员、被污染的灌溉用水、一般人员的作业活动。所有的这些最终成为原材料加工成鲜切成品质量的决定性因素。

采收和加工处理如常规清洗也可能成为交叉污染的来源。以鲜切产品生产设备进行的如修剪、切割、清洗、干燥和包装等过程都会提供清洗前后的产品表面被污染的机会。采收和采后期间，污染的清洗水或冰、手工操作、动物、污染的设备或运输车、交叉污染、不充分的减菌处理是控制污染的关键点（National Advisory Committee on Microbiological Criteria for Foods，1999）。更重要的是，田间用于洗去污垢的常用清洗系统可能是另一污染源，被污染的系统在随后用于清洗时可污染产品。

许多最近的污染爆发报道证实，受污染的产品因采用配送中心和集中加工的方式而具有长距离传播的能力。贮藏和配送期间温度不适宜也可能导致存活致病菌的生长。大肠杆菌、沙门菌、志贺菌和李斯特菌等微生物及肝炎 A 等肠病毒以前都在产品中爆过，因此，需密切关注 MAP 条件下它们的反应（Amanatidou and others，1999）。

更加深入的讨论建立在以下方面：MAP 鲜切产品的食品安全是否明显？MAP 环境造成的潜在问题是否很大？或对于购买这些产品的消费者们存在潜在的威胁？许多涉及农产品、鲜切产品、MAP 鲜切产品相关的食源性微生物爆发都被追溯到大肠杆菌 O157：H7、沙门菌、单核增生李斯特菌、肠病毒，而每当预防食源性疾病爆发时这些微生物总是位于名单的前列。另一方面，弯曲杆菌、肉毒杆菌等可在人为设定的 MAP 低氧环境下生长，气单胞菌属可在低氧和冷藏条件下生长使得它成为引起潜在食源性疾病的微生物之一。最后，鲜切产品中不常见的志贺菌和耶尔森菌等细菌经常与食源性疾病的爆发相联系，这与其他食物共用载体如灌溉用水、动物粪便和人工处理设备等有关。

### 4.4.1 直接关注的微生物

（1）大肠杆菌 O157：H7

直到二十几年以前，大肠杆菌 O157：H7 才与许多食源性疾病的爆发联系到一起，并且认为新鲜产品中爆发可能来源其通过间接途径产生的交叉污染所致（Delaquis et al.，2007；Harris et al.，2003）。此后，关于大肠杆菌 O157：H7

的爆发与新鲜和鲜切产品相关的报道一直在增加。Maki（2006）报道，1993 年以来至少 26 例大肠杆菌 O157：H7 传染病的爆发都可以追溯到污染的生菜和绿叶蔬菜上；2007 年，美国多个州所爆发的食源性疾病与包装的新鲜菠菜相关，在已确定的由大肠杆菌 O157：H7 所引起的 205 例病患中，有 3 例死亡和 31 例溶血性尿毒症（HUS）患者（California Food Emergency Response Team，2007）；2006 年报道了一起两家餐厅由于消费了预清洗生菜而引起的疾病爆发（Iwamoto，2007）；1993 年所报道的两起由产肠毒素大肠杆菌（ETEC）引起的食源性疾病的爆发，其与在新罕布什尔州餐厅供应的沙拉中胡萝卜、从北卡罗来纳州飞往罗德岛州航班供应的沙拉有关（CDC，1994）。还有报道称，4℃下大肠杆菌 O157：H7 可以在西兰花、黄瓜和绿青椒上存活并在 15℃下快速生长。这些结果表明，包括 MAP 在内的现有用于处理和加工鲜切产品的方法并不足以阻止大肠杆菌 O157：H7 所引起的食源性疾病的爆发。

（2）沙门菌

许多来自于新鲜蔬菜和水果的食源性病原菌中，沙门菌是一个与大多数疾病爆发相关联的病原菌。由沙门菌引起的食源性疾病爆发与哈密瓜、生菜、甜瓜、豆芽、番茄、马铃薯和未经消毒的橙汁等农产品及加工产品相关（Jones and Heaton，2006；DeWaal and Bhuiya，2009）。沙门菌最常见的污染来源是被粪便污染的灌溉用水。苜蓿等多年生的蔬菜在冬季可能被排泄物污染，因此时植物已经凋亡而动物被允许在该地区活动。

全国性配送系统的发展使得生活在南佛罗里达州的消费者现在可以在当地市场买到在北加利福尼亚加工且时间不到一周的 MAP 鲜切混合沙拉，而快速配送系统的负面方面在于被病原菌污染的产品也在很短时间内被快速分散到各州。2000～2002 年春天期间，在多个州爆发的由于食用感染浦那血清型沙门菌所引起的三起疾病与食用从墨西哥进口的哈密瓜有关（CDC，2002）。

另一个报道显示，在多个州爆发涉及沙门菌的疾病有超过 200 例证实是由苜蓿芽引起，总共 252 名严重感染者来自于 44 个州和疾控中心（CDC，2010），污染源最终追溯确认为蒙得维的沙门菌。Alegre 等（2010）研究了 MAP 对 10℃及以上温度下三品种的鲜切苹果中食源性病原菌如大肠杆菌 O157：H7 和沙门菌的影响，发现无论是否使用抗氧化剂或采取 MAP（样品于 25℃下储存 3 天，稳定态时 $O_2$ 为 17%、$CO_2$ 为 6.8%），大肠杆菌和沙门菌均可以生长。他们推断抗氧化物质的加入或使用 MAP 通过减缓化学劣变和腐败微生物的增长而延长鲜切产品货架期。然而，鲜切产品货架期的延长也带来了相关食品安全问题，因在感官上无法认定商品失去价值前，大肠杆菌 O157：H7 和沙门菌在产品中有更长的繁殖时间，尤其是在没有贮藏在低温下时。

（3）单核增生李斯特菌

单核增生李斯特菌为革兰阳性的食源性病原菌，近年来其引起了许多公共健康和食品安全相关的问题。众多植物和农业环境中发现有单核增生李斯特菌，其可在包括低温等一系列环境胁迫下生存（Bell and Kyriakides，2009）。虽然只有有限的李斯特菌爆发与鲜切产品相关的报道，但就食物中单核增生李斯特菌的分离、附着、生存和生长方面有大量的研究（MacGowan，1994；Ukuku and Fett，2002）。

在一项具有挑战性的研究中，Farber 等（1998）报道称市场上销售的大多数鲜切产品上单核增生李斯特菌的数量并不会受到 4℃冷藏低温的影响，而单核增生李斯特菌数量在南瓜中增加、胡萝卜中减少。Beuchat 和 Brackett（1990）报道称单核增生李斯特菌可以在生菜丝上生长，即使这些生菜经过了氯水的清洗并采用 MAP 包装。Carrasco 等（2007）指出，在他们最新的调查中称节省时间和便利性是消费者购买即食沙拉的两个重要原因。近十分之一的调查对象称他们并没有完全遵循鲜切沙拉规定的食用日期。李斯特菌是能在冷藏温度下生长的致病菌，其潜在的危险的增加应予以考虑；另一方面，发现低温能抑制胡萝卜和甘蓝中的李斯特菌（Jacxsens et al.，1999）。Castillejo Rodriguez 等（2000）报道，单核增生李斯特菌的数量在贮藏于 2℃和 4℃下空气中修剪过的新鲜绿芦笋中减少，而贮藏于 8℃下时其数量会增加；与之相反，较高 $CO_2$ 和较低 $O_2$ 的 MAP 并不会影响单核增生李斯特菌的生长。另一项独立的研究表明，温度对于李斯特菌的生长有显著影响，对于鲜切产品贮藏温度应低于 4℃以确保产品安全（Garcia-Gimeno et al.，1996）。

Francis 和 O'Beirne（1998）以琼脂表面进行试验来评估贮藏温度对包括单核增生李斯特菌在内的几种微生物的影响，发现单核增生李斯特菌的生长速率可能与MAP 的条件相关（5%～20% $CO_2$、3% $O_2$ 并以 $N_2$ 平衡）。这项研究中虽然因假单胞菌的存在使得单核增生李斯特菌的生长速率没有受到显著影响，但 Liao 和 Sapers（1999）发现荧光假单胞菌在多种食品中可促进单核增生李斯特菌的生长，这是因为假单胞菌可产生潜在的营养物。有研究表明，单核增生李斯特菌在含有 3% $O_2$（商业 MAP 的常规水平）MAP 下比接种在试验环境中的其他菌生长快。贮藏温度升高的 MAP 环境下苹果片和去皮马铃薯上单核增生李斯特菌的生长结果进一步证实，该菌就 MAP 鲜切果蔬产品而言存在公共安全风险。

（4）肠病毒

诺瓦克病毒和肝炎 A（HAV）、肠病毒通常都与大规模食源性疾病爆发有关。然而源于 MAP 新鲜产品的肠病毒并没有被报道过（Beuchat，1996）。许多鲜切加工产品中肠病毒的研究已经开始。Beuchat（1996）报道称 14 起病毒性肠胃炎中 36%确认为以沙拉作传运者。根据 Bidawid 等（2000）的报道，大多数相关案例的这些病毒都是通过受感染的食品工作者借助于粪便途径传播；他们还报道，HAV接种在生菜上后存放于不同MAP和常规气体条件，贮藏在4℃和室温下均没有发现显著差别。

2003年11月一次甲肝A的大规模爆发认为与绿洋葱有关，并被追溯到宾夕法尼亚州的一家餐厅。该事件共有601例病人受感染，并有3例死亡，至少124人住院。检测证实餐厅工作人员并非这次爆发的传播者，用于制备沙拉的绿洋葱被证明在运达餐厅前已被污染并引起了这次非同寻常的大规模甲肝A食源性疾病的爆发（Wheeler and others，2005）。一家肯塔基州餐厅通过市场所购得的鲜切生菜（非MAP）也造成HAV的爆发，共有202人受到感染，追溯发现污染为配送前所致。

### 4.4.2 MAP（低$O_2$）和/或冷藏温度条件下生长的病原菌

（1）空肠弯曲菌

弯曲菌为微量需氧微生物，5% $O_2$、10% $CO_2$和85% $N_2$是其适宜生长环境。过去十几年间分离技术的改进使研究得以进行（Kärenlampi and Hänninen，2004）。因具备低$O_2$特性，MAP鲜切产品可能不经意地为弯曲菌存活甚至繁殖提供了环境。Tran等（2000）的报道称，采用初始量$10^6$CFU/g的空肠弯曲菌接种在芫荽、青椒和长叶莴苣上并用MAP或真空包装后可使其在4℃下存活15天。

Doyle和Schoeni（1986）报道，市场上购得的新鲜蘑菇空肠弯曲菌污染率达1.5%。以上结果并不完全出乎意料，因蘑菇的栽培使用的是巴氏灭菌的包括家禽草垫等有机物制成的基质；另外，采收的蘑菇常不清洗，水会造成蘑菇早衰并减少控制可能污染的机会。另一项Kärenlampi和Hänninen（2004）的研究报道称，如果鲜切哈密瓜、胡萝卜、黄瓜、结球生菜和草莓被从人和鸡中收集的活空肠弯曲菌菌株污染，则可能对消费者产生威胁。

也有报道称，农贸市场受污染的产品样品中含有较高比例的弯曲菌。这个发现可能间接地证明了工业化采收和真空或水冷却等清洗过程可在早期承担将病原菌从新鲜蔬菜上清除的角色，进而防止零售时发生严重污染（Park and Sanders，1992）。另一方面，这些污染也可能就发生在农贸市场。一项独立的研究表明，296种鲜切即食产品和65种原料蔬菜（如西兰花、胡萝卜、花椰菜、芹菜、青椒片或生菜等）中均未发现空肠弯曲菌（Odomeru et al.，1997）。

Tran等（2000）证实，空肠弯曲菌可在气体组成为2% $O_2$、18% $CO_2$和80% $N_2$的MAP鲜切芫荽和生菜中很好地生存。这不仅提供了空肠弯曲菌可能成为MAP鲜切产品消费安全风险的证据，也证实了该菌可以在MAP条件下生存即使不是其最佳生长条件。

(2) 肉毒杆菌

创造一个低氧环境对于 MAP 是一个最为重要的方面，但我们不得不考虑如肉毒杆菌这类兼性和厌氧微生物在包装内存活甚至繁殖的潜在可能。

Austin 等（1998）开展的前瞻性研究是，对鲜切产品人工接种蛋白水解菌株和非蛋白水解菌株的两种肉毒杆菌，证明即使有肉毒素的存在洋葱和南瓜两者其感官上仍可接受。这个报告验证了一个最为担心的问题，即：像肉毒杆菌这样的厌氧微生物不仅可以在 MAP 下生存，并且即使在 MAP 包装中产生了最强毒性的毒素后对产品感官方面仍没有或仅有小的影响。研究中也证实了不同产品中检测到的肉毒杆菌毒素不同，所有测试样品中，南瓜上的非蛋白水解菌株是唯一能在 5℃下 21 天产生神经毒素的，而 5℃是常见的商业贮藏温度。15℃贮藏条件下，蛋白水解菌株在除了凉拌卷心菜以外的南瓜、混合沙拉、洋葱、长叶生菜、芜菁甘蓝、搅拌什锦菜中也依然能够产生毒素（Austin et al.，1998）。

Larson 和 Johnson（1999）研究了不同接种温度和包装体系下肉毒杆菌在切块包装甜瓜上的产毒素能力。刚切的块状甜瓜表面接种可蛋白水解和非蛋白水解的肉毒杆菌孢子，用聚乙烯袋在空气中松散包装后密封，置于 7℃或 15℃培养至 21 天。培养期间，7℃培养下的任何一种哈密瓜样品和蜜露甜瓜样品中均没有检测到肉毒素；而 15℃培养 9 天后一些甜瓜样品中检测到了肉毒素，且有毒的蜜露甜瓜严重变质、感官也不能被接受。Petran 等（1995）研究了分别于 4.4℃、12.7℃和 21℃下贮藏至 28 天的通气和非通气包装的长叶生菜和包菜丝中肉毒杆菌的生长和毒素的产生。切分、清洗好的长叶生菜和包菜接种肉毒杆菌孢子并置于聚酯袋中，存放于 4.4℃和 12.7℃均未检测到毒素；21℃下非通气包装的长叶生菜中 14 天后孢子开始生长并产生毒素，通气包装的产品 21 天后出现毒性；而 21℃下非通气包装的包菜 7 天后便检测出毒素。所有毒素检测阳性的样品在毒素被检测出来前已被认为不可食用。Hao 等也研究了分别包装于高 [7000cm$^3$/(m$^2$·24h)] 和低 [3000cm$^3$/(m$^2$·24h)] 相对氧渗透率的聚乙烯膜中鲜切包菜和生菜上蛋白水解型肉毒杆菌混合产生毒素的情况。包装袋采用真空密封，并且分别贮藏于 4℃、13℃和 21℃下直至 21 天（包菜）和 28 天（生菜）。两种包装膜和各实验温度下均未检出肉毒素。

(3) 嗜水气单胞菌

嗜水气单胞菌是一种广泛传播的产气单胞菌，它在水、牲畜和诸如禽、生肉等食品中均有存在，其引起疾病报道最多的症状为肠胃炎和坏血病。虽然该菌在鲜切产品中并不常见，但其对灌溉水、农场或野生动物的潜在污染也可能使原料产生污染从而将其携带到鲜切产品中（Kirov，1997；Daskalov，2006）。

嗜水气单胞菌具有在有氧和厌氧环境中生存的能力，还能在冷藏温度下生长，并产生外毒素、细胞毒素和其他毒素。不同的研究均报道了嗜水气单胞菌可在冷藏温度下生长（Kirov，1997；Francis et al.，1999）。厌氧条件下嗜水气单胞菌生长的能力必然需要引起关注，因为 MAP 通常要保持低氧。这也证明了 MAP 鲜切产品生产时，从农田到餐桌过程的原材料阶段清除人体病原菌的重要性。研究表明，该微生物的生长速率并不会受到低 $O_2$（1.5%）和高达 50% $CO_2$ 的影响（Francis et al.，1999）。

Fricker 和 Tompsett（1989）调查了 97 份沙拉预制品，发现其中 21.6% 含有嗜水气单胞菌。另一项研究中 Hudson 和 De Lacy（1991）研究了 30 份不同的预制沙拉并在一份不含蛋黄酱的沙拉中发现了嗜水气单胞菌。因方便和口感的追求，使用 MAP 鲜切蔬菜作为主要成分制备的沙拉越来越普遍。然而，沙拉中加入的其他成分也对病原菌有作用，这一额外因素可能影响沙拉中该病原菌的生存。虽然如蛋黄酱等材料对制成品具有酸化作用，并且可能有助于减少甚至消除沙拉中的一些微生物，但它不应该作为潜在食品安全问题的解决方法。Garcia-Gimeno 等（1996）报道，接种嗜水气单胞菌的蔬菜沙拉于 4℃ 贮藏时，菌量随 pH 降低和 $CO_2$ 上升而减少，但这一环境并不能根除该菌。

### 4.4.3 其他相关病原菌

（1）志贺菌

虽然志贺菌在产品中并不常见，其作为污染物通过人类携带、灌溉水或其他途径进行扩散。1986 年报道的志贺菌爆发涉及从市场上所购买的 MAP 包装生菜丝，该事件在德州导致了 300 多人的感染（Davis et al.，1988）。Martin 等（1986）也报道了于 1983 年 10 月在两个德州大学校园内爆发的另外两起与索氏志贺菌有关的肠胃炎案例，这两个校园中的疾病都涉及油拌沙拉产品。这种情况下，已证明是疾病爆发源的鲜切产品被认为是主要元凶。MAP 的应用是否将抑制该菌在鲜切产品中的生长还不得而知，需要更多的研究来更好地了解 MAP 鲜切产品面对的潜在危险。

作为探索性研究的一部分，Fernandez-Escartin 等（1989）检测了三种志贺菌菌株在鲜切番木瓜、凉薯和西瓜表面的生长能力，将接种过的样品置于室温下 6h，菌落数显著增加。虽然像志贺菌这样的微生物能够在它们适合的生长环境下快速繁殖，但此研究证实鲜切产品能够促进其生长。

（2）耶尔森菌

虽然没有任何耶尔森菌爆发与 MAP 鲜切产品有关的案例，但耶尔森菌的食品安全问题确实存在，因它们可在农场动物的肠及水源中生存。这种情况下，随污染的灌溉用水、肥料或是野生动物粪便的使用，蔬菜易被污染（Barton et al.，1997）。

Johannessen 等（2002）开展的比较研究中，采用 PCR 方法从一些生菜样品中分离出耶尔森菌，传统的稀释平板法并不能得到耶尔森菌，表明受污染的程度低。该确切的分离结果证明，来自于农场的生菜中确实存在耶尔森菌。

Escudero 等（1999）的研究结果表明，MAP 鲜切产品受耶尔森菌污染最可能的途径是原料携带；对人工接种耶尔森菌的生菜丝除菌时，应用浓度高达 100mg/kg 氯水或 0.5% 乳酸浸泡清洗方法可有效控制耶尔森菌且效果最好。然而，今天针对 MAP 鲜切产品中耶尔森菌生存的研究依然很有限，对此需要展开更多的研究。

## 4.5　总结

对于鲜切产品成功应用 MAP 技术的准则应从原料开始到适宜的控制温度结束。一般认为，有毒素病原菌存在情况下，鲜切产品使用传统包装（非 MAP）在毒素产生前就会腐坏。导致鲜切产品腐坏的正常微生物群落会随产品种类和贮藏条件而有很大不同。有害微生物的清除或显著减少将会无意地增强病原菌在 MAP 产品上的生长能力。对于商业鲜切产品制造商而言，认识到 MAP 产品的潜在食品危险是极为重要的，尤其是在需要具有非常短时间内将产品运输至全国能力的当代。

虽然 MAP 被证明是一项能延长产品货架期的技术，但它的应用并不能够根除包装中微生物的产生。虽然 MAP 能够推迟一般腐烂微生物的生长，但能创造一个产品在感官上（如看着和闻着好）能够被认可但确实含有危害病原菌的环境。这并非故意的结果，需要进行进一步研究，以期能够更好地对其进行认识和管理。

大肠杆菌 O157：H7 和沙门菌将会持续被关注，与食品安全风险相关的李斯特菌、嗜水气单胞菌、耶尔森菌和非蛋白水解肉毒杆菌等可繁殖的食源性致病菌需要更多的加以关注，以确保消费者的安全。

Alegre I, et al. 2010. Factors affecting growth of foodborne pathogens on minimally processed apples. Food Microbiol 27:70–76.

Amanatidou A, Smid EJ, and Gorris LGM. 1999. Effect of elevated oxygen and carbon dioxide on the surface growth of vegetable-associated micro-organisms. J Appl Microbiol 86:429–438.

Austin JW, et al. 1998. Growth and toxin production by *Clostridium botulinum* on inoculated fresh-cut packaged vegetables. J Food Prot 61(3):324–328.

Barton MD, Kolega V, and Fenwick SG. 1997. *Yersinia entercolitica*. In: Hocking AD, et al., editors. Foodborne Microorganisms of Public Health Significance. Tempe, Australia: Trenear Printing Service, pp. 493–520.

Bell C and Kyriakides A. 2005. Background. In: Bell C and Kyriakides A, editors. Listeria: A Practical Approach to the Organism and Its Control in Foods, 2nd ed. Hoboken, N. J.: Wiley-Blackwell, pp. 1–21.

Bennik MHJ, et al. 1998. The influence of oxygen and carbon dioxide on the growth of prevalent Enterobacteriaceae and Pseudomonas species isolated from fresh and controlled-atmosphere-stored vegetables. Food Microbiol 15:459–469.

Beuchat LR. 1996. Pathogenic microorganisms associated with fresh produce. J Food Prot 59:204–216.

Beuchat LR and Brackett RE. 1990. Survival and growth of *Listeria monocytogenes* on lettuce as influenced by shredding, chlorine treatment, modified atmosphere packaging and temperature. J Food Sci 55:755–758, 870.

Bidawid S, Farber JM, and Sattar SA. 2000. Contamination of foods by food handlers: Experiments on hepatitis A virus transfer to food and its interruption. Appl Environ Microbiol 66:2759–2763.

California Food Emergency Response Team 2007. Investigation of an *Escherichia coli* O157:H7 outbreak associated with Dole pre-packaged spinach. Final March, 2007. Sacramento, Calif.: California Dept of Health Services; Washington, D. C.: US Food and Drug Admin; Available online: http://www.marlerclark.com/2006_Spinach_Report_Final_01.pdf/.

Carlin F, et al. 1989. Microbiological spoilage of fresh ready-to-use grated carrots. Sci Aliments 9:371–386.

Carrasco E, et al. 2007. Survey of temperature and consumption patterns of freshcut leafy green salads: risk factors for listeriosis. J Food Prot 70:2407–2412.

Castillejo Rodriguez AM, et al. 2000. Growth modelling of Listeria moncytogenes in packaged fresh green asparagus. Food Microbiol 17:421–427.

CDC (Centers for Disease Control and Prevention). 1994. Foodborne outbreaks of enterotoxigenic Escherichia coli—Rhode Island and New Hampshire, 1993. Morbid Mortal Wkly Rep (MMWR) 43(05):81, 87–88. http://www.cdc.gov/mmwr/preview/mmwrhtml/00025017.htm.

CDC. 2002. Morbid Mortal Wkly Rep (MMWR) Nov 22, 2002. 51:1044–1047. http://www.cdc.gov/mmwr/preview/mmwrhtml/mm5146a2.htm (accessed Apr 1, 2010).

CDC. 2010. Investigation Update: Multistate Outbreak of Human *Salmonella* Montevideo Infections. http://www.cdc.gov/salmonella/montevideo/index.html (accessed Apr 10, 2010).

Conway WS, et al. 1998. Survival and growth of *Listeria monocytogenes* on fresh-cut apple slices. Phytopathology 88:S18.

Das E, Gurakan GC, and Bayindirli A. 2006. Effect of controlled atmosphere storage, modified atmosphere packaging and gaseous ozone treatment on the survival of *Salmonella Enteritidis* on cherry tomatoes. Food Microbiol 23:430–438.

Daskalov H. 2006. The importance of *Aeromonas hydrophila* in food safety. Food Control 17:474–483.

Davis H, et al. 1988. A shigellosis outbreak traced to commercially distributed shredded lettuce. Am J Epidemiol 128:1312–1321.

Delaquis P, Bach S, and Dinu LD. 2007. Behavior of *Escherichia coli* O157:H7 in leafy vegetables. J Food Prot 70:1966–1974.

DeWaal CS and Bhuiya F. 2009. Outbreaks by the Numbers: Fruits and Vegetables 1990–2005. Washington, D. C.: Center for Science and the Public Interest. http://www.cspinet.org/foodsafety/IAFPPoster.pdf (accessed Mar 29, 2009).

Doyle MP and Schoeni JL. 1986. Isolation of *Campylobacter jejuni* from retail mushrooms. Appl Environ Microbiol 51:449–450.

Escudero ME, et al. 1999. Effectiveness of various disinfectants in the elimination of *Yersinia enterocolitica* on fresh lettuce. J Food Prot 62:665–669.

Farber JM, et al. 1998. Changes in populations of *Listeria monocytogenes* inoculated on packaged fresh-cut vegetables. J Food Prot 61:192–195.

Fernandez Escartin EF, Castillo Ayala A, and Saldana Lozano J. 1989. Survival and growth of Salmonella and Shigella on sliced fresh fruit. J Food Prot 52:471–472.

Francis GA and O'Beirne D. 1998. Effects of storage atmosphere on *Listeria monocytogenes* and competing microflora using a surface model system. Int J Food Sci Technol 33:465–476.

Francis GA, Thomas C, and O'Beirne D. 1999. The microbiological safety of minimally processed vegetables [review article]. Int J Food Sci Technol 34:1–22.

Fricker CR and Tompsett S. 1989. *Aeromonas* spp. in foods: A significant cause of food poisoning? Int J Food Microbiol 9:17–23.

Garcia-Gimeno RM, et al. 1996. Behaviour of *Aeromonas hydrophila* in vegetable salads stored under modified atmosphere at 4 and 15°C. Food Microbiol 13:369–374.

Hao YY, et al. 1998. Microbiological quality and the inability of proteolytic *Clostridium botulinum* to produce toxin in film-packaged fresh-cut cabbage and lettuce. J Food Prot 61:1148–1153.

Harris LJ, et al. 2003. Outbreaks associated with fresh produce: incidence, growth and survival of pathogens in fresh and fresh-cut produce. Compr Rev Food Sci Food Saf 2:78–141.

Ho JL, et al. 1986. An outbreak of type 4b *Listeria monocytogenes* infection involving patients from eight Boston hospitals. Arch Intern Med 146; 520–524.

Hudson JA and De Lacy KM. 1991. Incidence of motile *Aeromonads* in New Zealand retail foods. J Food Prot 54:696–699.

Iwamoto M. 2007. Taco Bell and Taco Johns *Escherichia coli* in lettuce outbreaks 2006. CDC Outbreak Response and Surveillance Team Enteric Diseases Epidemiology Branch. In: Proceedings of the International Association of Food Protection's 94th Annual Meeting (IAFP 2007), Disney's Contemporary Resort, Lake Buena Vista, FL, July 8–11, 2007. Des Moines, Ia.: IAFP.

Jacxsens L, et al. 1999. Behavior of *Listeria monocytogenes* and *Aeromonas* spp. on fresh-cut produce packaged under equilibrium-modified atmosphere. J Food Prot 62:1128–1135.

Johannessen GS, Loncarevic S, and Kruse H. 2002. Bacteriological analysis of fresh produce in Norway. Int J Food Microbiol 77:199–204.

Jones K and Heaton J. 2006. Microbial contamination of fruit and vegetables: evidence and issues. Microbiologist 7:28–31.

Juneja VK, Martin ST, and Sapers GM. 1998. Control of *Listeria monocytogenes* in vacuum-packaged pre-peeled potatoes. J Food Sci 63:911–914.

Kader AA, Zagory D, and Kerbel EL. 1989. Modified atmosphere packaging of fruits and vegetables. Crit Rev Food Sci Nutr 28:1–30.

Kärenlampi R and Hänninen ML. 2004. Survival of Campylobacter jejuni on various fresh produce. Int J Food Microbiol 97:187–195.

King AD, Jr, et al. 1976. Microbial studies on shelf life of cabbage and coleslaw. Appl Environ Microbiol 31:404–407.

Kirov SM. 1997. *Aeromonas*. In: Hocking AD, et al. editors. Foodborne microorganisms of public health significance. Tempe, Australia: Trenear Printing Service, pp. 474–492.

Koseki S and Itoh K. 2002. Effect of nitrogen gas packaging on the quality and microbial growth of fresh-cut vegetables under low temperatures. J Food Prot 65:326–332.

Larson AE and Johnson EA. 1999. Evaluation of botulinal toxin production in packaged fresh-cut cantaloupe and honeydew melons. J Food Prot 62:948–952.

Lee L, et al. 1996. A review on modified atmosphere packaging and preservation of fresh fruits and vegetables: physiological basis and practical aspects—part 2. Packag Technol Sci 9:1–17.

Liao C-H and Sapers GM. 1999. Influence of soft rot bacteria on growth of *Listeria monocytogenes* on potato tuber slices. J Food Prot 62:343–348.

Littlefield NA, et al. 1996. Fungistatic effects of controlled atmospheres. Appl Microbiol 14:579–581.

MacGowan AP, et al. 1994. The occurrence and seasonal changes in the isolation of Listeria spp. in shop bought food stuffs, human faeces, sewage and soil from urban sources. Int J Food Microbiol 21:325–334.

Maki D. 2006. Don't eat the spinach—controlling foodborne infectious disease. New Engl J Med 355:1952–1955.

Martin DL, et al. 1986. Contaminated produce—a common source for two outbreaks of S*higella* gastroenteritis. Am J Epidemiol 124:299–305.

Marchant R, Nigam P, and Banat IM. 1994. An unusual facultatively anaerobic filamentous fungus isolated under prolonged enrichment culture conditions. Mycol Res 98:757–760.

Moleyar V and Narasimham P. 1994. Modified atmosphere packaging of vegetables: an appraisal. J Food Sci Technol 31:267–278.

Molin G. 2000. Modified atmospheres. In: Lund BM, Baird-Parker TC, and Gould GW, editors. The microbiological safety and quality of food. Gaithersburg, Mass.: Aspen Publishers. pp. 214–234.

National Advisory Committee on Microbiological Criteria for Foods. 1999. Microbiological safety evaluations and recommendations on fresh produce. Food Control 10:117–143.

Nguyen-the C and Carlin F. 1994. The microbiology of minimally processed fresh fruits and vegetables. Crit Rev Food Sci Nutr 34:371–401.

Nguyen-the C and Prunier JP. 1989. Involvement of pseudomonads in deterioration of "ready-to-use" salads. Int J Food Sci Technol 24:47–58.

Odumeru JA, et al. 1997. Assessment of the microbiological quality of ready-to-use vegetables for healthcare food services. J Food Prot 60:954–960.

Park CE and Sanders GW. 1992. Occurrence of thermotolerant campylobacters in fresh vegetables sold at farmers' outdoor markets and supermarkets. Can J Microbiol 38:313–316.

Petran RL, Sperber WH, and Davis AB. 1995. *Clostridium-botulinum* toxin formation in romaine lettuce and shredded cabbage—effect of storage and packaging conditions. J Food Prot 58:624–627.

Phillips CA. 1996. Review: modified atmosphere packaging and its effects on the microbiological quality and safety of produce. Int J Food Sci Technol 31:463–479.

Rosenblum LS, et al. 1990. A multifocal outbreak of hepatitis A traced to commercially distributed lettuce. Am J Public Health 80:1075–1079.

Schlech WF, et al. 1983. Epidemic listeriosis evidence for transmission by food. New Engl J Med 308:203–206.

Tran TT, et al. 2000. Fate of Campylobacter jejuni in normal air, vacuum, and modified atmosphere packaged fresh-cut vegetables [abstract]. In: 114th Annual Meeting, Association of Official Analytical Chemists; Sep 10–14, 2000; Philadelphia, Pa. Gaithersburg, Md.: AOAC. p. 86.

Ukuku DO and Fett W. 2002. Behaviour of Listeria monocytogenes inoculated on cantaloupe surfaces and efficacy of washing treatments to reduce transfer from rind to fresh-cut pieces. J Food Prot 65:924–930.

US FDA 2007. Guide to Minimize Microbial Food Safety Hazards of Fresh-cut Fruits and Vegetables. http://www2a.cdc.gov/phlp/docs/US%20FDA_CFSAN_Food%20Safet.pdf (accessed October 2010).

Wheeler C, et al. 2005. An outbreak of hepatitis A associated with green onions. N Engl J Med 353:890–897.

Zagory D. 1999. Effects of post-processing handling and packaging on microbial populations. Postharvest Biol Technol 15:313–321.

# 第 ⑤ 章
# MAP鲜切果蔬产品感官及其相关品质

*作者*：Hong Zhuang、 Xuetong Fan、 Margaret Barth

*译者*：郁志芳、薛研君、姜丽

## 5.1 引言

鲜切果蔬是一类经过部分加工或微加工以保持其新鲜状态（包括外观、风味和质地）且无需额外准备的产品。消费者期望的鲜切产品具有可接受的感官品质和良好的营养价值，前者包括新鲜的外观（无脱水和变色）、无瑕疵（如生菜干死、鲜切菠萝褐斑）、可接受风味（无异常变味）和质地及吸引人的特性（鲜切番茄和罗马甜瓜无半透明物质，生菜和苹果无褐变，无明显微生物生长和腐败现象）。

MAP 包括被动 MAP（通过匹配商品呼吸速率和包装薄膜的透气性来达到 $O_2$ 和 $CO_2$ 选择的水平）和主动 MAP（操作有抽真空，初始时以气体冲洗或者包装内引入气体净化系统以加速或控制包装内气体成分的变化），其在鲜切产品发展和市场上的成功方面发挥了关键作用。MAP 提高了即用鲜切产品的安全性并有效保持了产品的可接受品质。MAP 对鲜切产品品质或货架期的效用包括：①最大程度地减少水分蒸发；②降低呼吸作用；③抑制组织褐变；④改变了微生物菌群，抑制需氧微生物的生长；⑤抑制如黄化和软化等与成熟衰老相关的变化。

MAP 也可能对鲜切果蔬的品质产生有害影响，如高 $CO_2$ 伤害（包装的西兰花有异臭产生），以及 MAP 鲜切产品因无氧呼吸产生异味和异臭。

以下的例子说明了 MAP 如何影响不同鲜切产品的颜色、微生物数量等感观及相关的品质，选择的产品由其在美国零售和食品供应中的市场占有率确定。

## 5.2 鲜切水果

### 5.2.1 苹果

鲜切苹果（*Malus×domestica* Borkh）为市场上常见产品，也常用于快餐店和学校午餐计划。鲜切苹果大部分为带皮或去皮的楔形块，包装贮藏于低透氧率

（OTR）的聚合物包装袋或带盖盒装容器内。用于鲜切的最主要苹果品种为青苹果（Granny Smith）和嘎啦果（Gala）。与其他鲜切水果相比，苹果含酸较多、果肉坚实，因此鲜切产品具有稳定的品质和货架期可长达三周。鲜切苹果品质的劣变常与质地损失（软化）、褐变、发酵气味的形成、肉眼可见的腐烂和微生物生长有关。Kim 等（1993）用 12 种未经抗褐变处理的苹果品种制备鲜切苹果样品，将样品置于未封口聚乙烯薄膜包装内 2℃下贮藏 12 天。无论哪种品种，苹果片的硬度贮藏前 7 天内逐渐下降而后快速下降。苹果片颜色（$L^*$值代表亮度）贮藏前 3 天快速变化。Rojas-Grau 等（2007）研究了 4℃冷藏条件下成熟期和气调对鲜切富士苹果品质及货架期的影响，发现无论成熟期、抗褐变处理和气调处理如何变化，43 天的贮藏期间成熟苹果片的硬度和 $L^*$ 值（值越高外观越亮）连续下降、乙醇形成增加。作者的研究与上述报告结果一致且表明，冷藏期间红星苹果片包装内乙醇和乙酸乙酯对其他酯类的比率持续增加（图 5.1），贮藏 21 天货架期的终止与可见变色、腐败和微生物生长有关（如图 5.2 所示）。

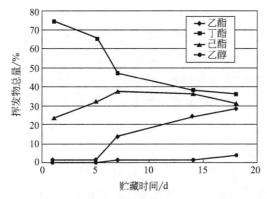

图 5.1　鲜切苹果贮藏期间挥发性物质的改变

被动 MAP 红星楔形块 4℃下贮藏 18 天

Fan 等（2005）将苹果切片包装于 $O_2$ 和 $CO_2$ 传递速率分别为 4650mL/（$m^2 \cdot 24h \cdot atm$）和 20150 mL/（$m^2 \cdot 24h \cdot atm$）（23℃）的聚酯薄膜保鲜袋内，观察得到 MAP 条件下 10℃下贮藏的鲜切嘎啦苹果货架期由于褐变、潮湿外观和微生物生长无法达到三周。MAP 对鲜切苹果的效果随抗褐变处理和原料成熟度而变化。如 Rojas-Grau 等（2007）的研究表明，以 1% $N$-乙酰半胱氨酸处理鲜切富士苹果并采用被动 MAP 封装，无论苹果的成熟度如何，贮藏期间它的 $L^*$ 值都会降低；然而，当样品置于主动 MAP 中（热封前用 2.5% $O_2$ 和 7% $CO_2$ 冲洗），贮藏期间绿熟苹果片的 $L^*$ 值无变化，成熟苹果片的 $L^*$ 值与被动 MAP 相

图 5.2　贮藏期间和销售陈列期间苹果楔形物品质劣变——褐变和腐烂

鲜切嘎啦苹果 7℃贮藏 18 天

似而表现出下降。同实验中，无论其成熟阶段如何，1％抗坏血酸处理的富士苹果片采用主动和被动 MAP 贮藏期间 $L^*$ 值无差别。Soliva-Fortuny 等（2002）研究了 4 种不同包装的 MAP 对鲜切金冠苹果品质的影响。四种处理分别为：100％ $N_2$ 低 $O_2$ 渗透袋 ［15mL/（$m^2$·24h·bar）（1bar＝0.98atm）包装，温度 23℃，0％ RH］、2.5％ $O_2$＋7％ $CO_2$ 低 $O_2$ 渗透袋包装、100％ $N_2$ 中 $O_2$ 渗透袋 ［30mL/（$m^2$·24h·bar），温度 23℃，0％ RH］包装和 2.5％$O_2$＋7％$CO_2$ 中 $O_2$ 渗透袋包装。结果显示，开始 100％ $N_2$ 环境和使用透氧率为 15mL/（$m^2$·24h·bar）膜包装阻止了细胞结构的崩溃，是保持苹果原始品质的最佳方式。随后该研究团队（Soliva-Fortuny et al.，2004）采用同样包装处理研究鲜切苹果的微生物稳定性，认为 100％ $N_2$ 密封袋包装推迟了好氧微生物引起鲜切苹果腐败的时间。Cantwell 和 Suslow（2002）总结得出，对鲜切苹果有效的气体环境是 $O_2$ 小于 1％并且 $CO_2$ 无需固定。美国当前的鲜切加工中，用来防止鲜切苹果产生褐变的抗坏血酸溶液浓度可高达 9％，此浓度显著高于大多数实验室研究发表的结果。当鲜切苹果片用这样高浓度的抗坏血酸处理时，MAP 对保色影响并不明显。Fan 等（2005）报道，用 7％抗坏血酸钙处理嘎啦苹果，即使包装内 $CO_2$ 和 $O_2$ 水平分别平衡在 4～5kPa 和 3～4kPa，贮藏三周内其 $L^*$ 值仍增加。

### 5.2.2　罗马甜瓜

罗马甜瓜（*Cucumis melo* L.，网状类）也称网皮甜瓜或厚皮甜瓜，在美国广受欢迎。鲜切罗马甜瓜常见于美国超市和供应餐饮业的自助水果沙拉。零售市场鲜切罗马甜瓜包括带皮或去皮切片、带皮切半和块状以任一种或混合水果中销售。块状罗马甜瓜通常采用包装于塑料容器中且用高聚物保鲜膜或密封盖进行密封。鲜切罗马甜瓜货架期或品质通常受异味和/或臭味、半透明状、水分散失和可见微生物生长/腐败所制约。O'Connor-Shaw 等（1994）发现，水果外观在贮藏结束时（4℃贮藏 11 天）比开始时暗淡，并观察到水果上有白色菌落、半透明且检测到恶心臭味。Ayhan 和 Chism（1998）以整个罗马甜瓜进行四种处理：未清洗、无氯水清洗、200mg/kg 氯水清洗和 2000mg/kg 氯水清洗。水果块密封于充入 95％ $N_2$ 和 5％ $O_2$ 气体的多层尼龙薄膜包装内，样品置于 2.2℃下 20 天。他们发现 10 天后经无氯水处理的样品有腐烂味形成，未清洗的罗马甜瓜切块外表呈半透明状。无论哪种处理，所有样品的外观和芳香得分在贮藏期间均下降。Portela 等（1997）发现，当罗马甜瓜切块贮藏于空气中时，可见腐败在贮藏于 10℃下第 9 天时较为严重、5℃下第 15 天时达到严重程度；腐败得分与乙醇产生呈正相关，与整体感官品质呈负相关。Bett-Garber 等（2003）观察了贮藏于 4℃条件下长达 14 天不同成熟度鲜切罗马甜瓜霉变和腐败味产生情况。Beaulieu 等（2004）称鲜切罗马甜瓜贮藏期间水分流失显著增加。Fan 等（2008）发现，鲜切罗马甜瓜于 4℃条件下贮藏 10 天，其成型容器内 $O_2$ 水平可低于 2％而 $CO_2$ 水平高于 10％（如图 5.3 所示）。

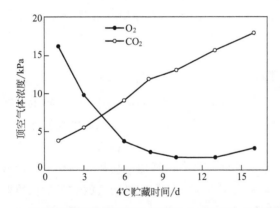

图 5.3　4℃贮藏鲜切甜瓜成型包装顶空 $O_2$ 和 $CO_2$ 水平的变化

　　贮藏 16 天内，鲜切罗马甜瓜菌落总数或酵母菌和霉菌总数无明显变化，而外观和芳香得分在贮藏期间快速下降。这一研究提示，MAP 条件下的芳香和外观决定了鲜切罗马甜瓜的货架期长短。O'Connor-Shaw 等（1996）研究了贮藏于气调（CA）条件下无菌罗马甜瓜小方块的感官品质变化。罗马甜瓜小方块在 4.5℃下分别贮藏于 6（0、5.8％、9.4％、14.9％、19.5％和 26.2％$CO_2$）×6（3.3％、6.2％、10.6％、13.0％、15.4％和 17.2％ $O_2$）种气体组合、被动 MAP 和空气环境 28 天。他们的研究结果表明，9.5％ $CO_2$＋3.5％ $O_2$、6％ $CO_2$＋6％ $O_2$ 和 15％ $CO_2$＋6％ $O_2$ 处理的果品，贮藏期间整体品质与第 0 天无差异，而其余处理均导致品质显著下降。除 15% $CO_2$ + 3.5% $O_2$、15% $CO_2$ + 6% $O_2$ 处理外，其余处理在贮藏 28 天期间均导致风味品质下降，下降最多的处理是 $CO_2$ 浓度为 0、19.5% 和 26%。28 天中果品质地得分或软化下降最大的为 19.5% 或 26% 浓度 $CO_2$ 处理。他们因而得出结论，罗马甜瓜小方切块在 6% $CO_2$ + 6% $O_2$、9.5% $CO_2$ + 3.5% $O_2$、15% $CO_2$ + 6% $O_2$ 的气体环境、4.5℃ 下贮藏 28 天，整体品质并未明显损失。Portela 等（1997）报道，罗马甜瓜片在单独低 $O_2$ 条件或空气中于 5℃ 和 10℃ 贮藏 9 天后其整体感官品质均不可接受。提高 $CO_2$ 浓度（7.5% 或 15%）的气调处理减少了微生物总数，保持无腐烂状态，最大程度地减少了异臭味的产生并延长了货架期。他们概括得出，提高 $CO_2$ 浓度有利于保持品质，但在高 $CO_2$ 浓度下减少 $O_2$ 浓度几乎没有效果。Bai 等（2001）将鲜切罗马甜瓜块置于薄膜密封容器内，容器内气体为自发调节（被动 MAP）、以 4 kPa $O_2$ + 10 kPa $CO_2$（主动 MAP）冲洗或以打孔薄膜维持与大气水平相近，样品于 5℃ 条件下贮藏。由于组织半透明化和/或腐败味的产生，置于打孔薄膜包装内的鲜切罗马甜瓜的货架期只有 5~7 天，而被动和主动 MAP 均能保持货架期达 9 天，且在维持样品颜色、减少半透明化、降低呼吸速率和减少微生物菌群方面，主动 MAP 比被动 MAP 能更好地维持品质。Cantwell 和 Suslow 等给出 3%~5% $O_2$ 和 5%~15% $CO_2$ 作为鲜切罗马甜瓜最佳气体浓度。

### 5.2.3 蜜露甜瓜

蜜露甜瓜（*Cucumis melo* L.，Lnodorus 类）是一年生、纤弱、攀爬的葫芦科植物，其果实甜而味浓、淡绿、肉色白或粉色。鲜切蜜露甜瓜块是鲜切果品中的一种常见成分，其在美国可周年供应。零售市场上鲜切蜜露甜瓜包括带皮或去皮切片、带皮切半果和块状产品。像鲜切罗马甜瓜一样，鲜切蜜露甜瓜块盛放在塑料容器中并以聚合膜或刚性盖子密封。鲜切蜜露甜瓜的保质期和质量取决于异味/异臭、透明性和微生物增长。O' Connor-Shaw 等（1994）发现，温度 4℃ 下鲜切蜜露甜瓜感官品质的下降与外观透明度、异味和可见霉菌的生长有关。Ayhan 和 Chism（1998）将蜜露甜瓜片密封于充入 95% $N_2$ 和 5% $O_2$ 气体的分层的尼龙薄膜包装内，样品置于 2.2℃ 黑暗环境下 20 天，发现样品贮藏 10 天后出现异味。Bai 等（2003）提到鲜切蜜露甜瓜质量的下降主要是因存储后期不断地产生透明化和腐败味。事实证明，MAP 有利于保持鲜切蜜露甜瓜的感官质量、延长保质期。Qi 等（1999）将蜜露甜瓜片分为两份，一份置于充满空气或 2% $O_2$ + 10% $CO_2$ 的密封玻璃瓶并贮于 5℃ 下；另一份置于充满空气或 4% $O_2$ + 10% $CO_2$ 的密封玻璃瓶并贮于 10℃ 下；样品质量评为优、良、中、差和不可食用。蜜露甜瓜块的感官品质随贮藏时间增加而劣变，所有样品的质量均值在

3 天内由优变为良或中。10℃下，样品质量在 6 天内变为差，10 天即不可食用；
CA 条件下瓜的质量保持天数比存储于空气中多 6 天。5℃时，存储在空气中的
瓜 6 天后其质量就被判为差，而气调的瓜品质仍为中等；10 天内，置于空气中
的样品被评定为差级，而 CA 下则被评为略低于中级。Bai 等（2003）研究称，
冬季蜜露甜瓜被动 MAP [150g 蜜露甜瓜片采用 LDX-5406 Cryovac 薄膜密封，
OTR 为 26～34mmol/（m²·h·Pa）] 能延长货架期 1.3～3.7 天；与那些置于
穿孔 PEP 容器（平衡状态下约 0% $CO_2$ 和 20% $O_2$）中的蜜露甜瓜相比，主动
MAP（5% $O_2$＋5% $CO_2$）能延长其保质期 1.3～6.3 天，保质期的长短则取决
于处理时的温度（一直保持 5℃或 10℃，或先在 5℃ 2 天再移至 10℃ 9 天）。夏
季蜜露甜瓜被动 MAP 能够延长其货架期 2 天，而主动 MAP 能够延长其货架期
3 天。这两种 MAP 都能显著降低蜜露甜瓜的半透明化程度和微生物的数量。这
些结果表明，MAP 可通过抑制蜜露甜瓜外观半透明化、微生物的增长而延长鲜
切蜜露甜瓜的货架期，主动 MAP 或许比被动 MAP 延长蜜露甜瓜切片货架期的
效果更好。Cantwel 和 Suslow（2002）得出结论：贮藏蜜露甜瓜切片的有效环境
是 $O_2$ 2%～3% 和 $CO_2$ 5%～15%。

### 5.2.4 菠萝

菠萝（*Ananas comosus* L. Merrill）是世界上最广泛和常见的非柑橘类的热
带和亚热带水果。鲜切菠萝在美国超市和水果色拉吧常见，其因口感、风味和多
汁而受欢迎（Kader，2006）。零售市场，去芯、切片、块状的鲜切菠萝常被装
于塑料容器中并以聚合膜或刚性盖子密封。鲜切菠萝的货架期或品质劣变取决于
如透明化、褐变等外观以及异味和/或异臭及可见微生物生长。

O'Connor-Shaw 等（1994）研究报道，4℃条件下置于圆形聚丙烯容器里
的鲜切菠萝小块贮藏前 7 天其感官品质未发生变化，而至第 11 天发生褐变，第
14 天出现异臭。20℃条件下，鲜切菠萝片的褐变在第 4 天就发生；货架期结束
时，果片上出现发酵气味并观察到霉菌。

Marrero 和 Kader（2006）发现，冷藏贮存 15 天的鲜切菠萝片的主要变化包
括色度（表面颜色的强度）和 $L^*$ 值（表面观察到的亮度）下降及汁液流失增
加。Montero-Calderon 等（2008）也报道，贮藏期间（5℃下贮藏 20 天），所有
包装条件下的鲜切菠萝其颜色参数 $L^*$ 值和 $b^*$（黄）值都随着汁液量的累积而
显著降低，并直接导致了水果果肉的半透明现象。然而，质构分析（TPA）参
数并没有随贮藏时间而发生显著改变。

Chonhenchob 等（2007）发现，在 10℃贮藏 6～13 天后，可观察到的真菌
生长是不同聚合物托盘包装的鲜切菠萝的主要限制因素。Iversen 等（1989）报

道，鲜切菠萝的变质尤其是异臭和果肉褪色的出现与微生物菌落生长而出现的呼吸活性增加相关。MAP 已被证实可减缓鲜切菠萝品质的下降并延长其货架期。Marrero 和 Kader（2006）发现，当 $O_2$ 水平在 8kPa、5kPa 和 2 kPa（约 8%、5%和 2%）时，菠萝片的黄色保持比用空气处理的样品好，而将 $CO_2$ 水平升高到 10kPa（或 10%）时会导致样品菠萝贮藏期间褐变度下降 25%～50%。他们得出结论，冷藏温度为 5℃或更低时，MAP 方法贮藏 2 周，鲜切菠萝片品质参数没有发生明显变化。

Iversen 等（1989）发现，产热量（生物系统的呼吸或代谢指标）增加与菠萝片腐败变质密切相关。与空气相比，纯 $N_2$ 和纯 $O_2$ 推迟了产热量快速增加的时间；与纯 $N_2$ 和纯 $O_2$ 相比，含 $CO_2$ 环境推迟效果更加明显。纯 $O_2$ 环境中，产热量总量大大提高。

在一项包装条件对鲜切菠萝品质和货架期影响的研究中，Montero-Calderon 等（2008）由嗜温菌的数量推断包装于聚丙烯托盘并以 $64\mu m$ 聚丙烯膜封装的"金"鲜切菠萝的保质期是 14 天。无论是高浓度 $O_2$ 含量（40%）或低浓度 $O_2$ 含量（11%）都不能有效减少微生物数量。另外，Santos 等（2005）没有发现 5℃条件下被动 MA 或低 $O_2$（5%和 2%）和高 $CO_2$ 浓度（5%和 10%）环境存储 10 天的鲜切菠萝间有显著差别（$p > 0.05$）。Chonhenchob 等（2007）发现，PET（聚乙烯对苯二酸盐）包装获得的 6% $O_2$ 和 14% $CO_2$ MA 可使鲜切菠萝的保质期由 6 天延长至 13 天。根据 Cantwell 和 Suslow（2002）的研究，贮藏鲜切菠萝的适宜 $O_2$ 和 $CO_2$ 含量分别为 3%～6%和 10%～14%。

### 5.2.5 草莓

草莓（*Fragaria × ananassa*）是美国最常见水果之一。完整草莓具有呼吸速率高、pH 值（3.45～3.55）低和货架期较短等特点。鲜切草莓在美国超市和水果色拉吧常见，切片、切分或去蒂的鲜切草莓密封包装于塑料容器或以混合水果形式用塑料膜包裹包装。鲜切草莓的货架期或品质受白化、软化和微生物生长所制约。Wright 和 Kader（1997）发现，鲜切草莓于 5℃、多种气体条件下贮藏 7 天期间其感官品质下降，草莓片表面干化、质地粉质化，前 3 天 $L^*$ 值逐渐下降。

Rosen 和 Kader（1989）研究报道，不管采用何种包装气体和草莓品种，2.5℃下贮藏的草莓片 7 天后其硬度下降了 30%。作者的研究表明，MAP 条件下鲜切草莓货架期受白化、腐败和/或可见微生物生长影响而结束。加州大学戴维斯分校的 Kader 实验室研究了 MAP 对鲜切草莓品质的影响。Rosen 和 Kader（1989）将草莓切片置于 12% $CO_2$、2% $O_2$ 和 2% $O_2$＋12% $CO_2$ 三种气体条件下并于 2.5℃下贮藏 7 天，发现 MA 效果与草莓品种有关。2.5℃下贮藏 7 天后，

CA 贮藏的 "Pajaro" 草莓片其硬度与常规气体贮藏的无差异；而 12% $CO_2$ 和 2% $O_2$ 两种条件均有利于减少 "G-3" 草莓硬度损失。

Wright 和 Kader（1997）分别用空气、2% $O_2$、空气＋12% $CO_2$ 和 2% $O_2$＋12% $CO_2$ 气体处理 "Selva" 草莓并于 5 下贮藏 7 天，发现无论作何种 MA 处理贮藏 7 天后鲜切草莓品质均失去商品性，各处理间样品硬度无差异，所有 MA 处理贮藏前 3 天均导致 $L^*$ 值降低。然而，贮藏于空气＋12% $CO_2$ 和 2% $O_2$＋12% $CO_2$ 两种气体条件下的草莓片到第 7 天时外观变亮且呈现白化状，贮藏于空气或 2% $O_2$ 气体条件下的草莓片则外观变暗。空气或 2% $O_2$ 气体贮藏时草莓切片 $a$ 值（红色）无明显变化，而空气＋12% $CO_2$ 和 2% $O_2$＋12% $CO_2$ 两种条件贮藏则导致 $a$ 值增加；对 $b$ 值（黄色）而言，空气贮藏的样品无变化，2% $O_2$ 贮藏样品 $b$ 值增加，12% $CO_2$ 或 2% $O_2$＋12% $CO_2$ 条件贮藏样品 7 天后 $b$ 值增加更显著。

Qi 和 Watada（1997）研究报道，去萼草莓置于 5℃贮藏 9 天，空气中硬度下降，而 1% $O_2$ 和 10% $CO_2$ 气调贮藏可维持其硬度，且可减少细菌和霉菌生长速率。

Campaniello 等（2008）利用不同 OTR 包装袋 [$CO_2$ 和 $O_2$ 分别为 3.26× $10^{-19}$ mol/（m² • s • Pa）和 9.23×$10^{-19}$ mol/（m² • s • Pa）的低透气性包装袋，$CO_2$ 和 $O_2$ 分别为 3.36×$10^{-8}$ mL/（cm² • s • atm）和 7.03×$10^{-19}$ mL/（cm² • s • atm）的高透气性包装袋] 包装鲜切草莓，两种袋内的气体条件为高透气性包装内（MAP1）65% $N_2$、30% $CO_2$ 和 5% $O_2$ 以及低透气性包装内（MAP2）气体 80% $O_2$、20% $CO_2$。样品分别贮藏于 4℃、8℃、12℃和 15℃，贮藏期为 15 天。高透氧率包装导致样品更快腐烂，且分别在 8℃贮藏 12 天、12℃贮藏 7 天以及 15℃贮藏 5 天后可观察到霉菌生长。4℃和 8℃时，低透氧包装气调能控制嗜温菌、乳酸菌、酵母菌和霉菌生长。他们总结认为，与低透气性包装相比，高透气性包装因微生物腐败而无法延长草莓货架期。Cantwell 和 Suslow（2002）认为，鲜切草莓最佳 $O_2$ 和 $CO_2$ 浓度分别为 1%～2%和 5%～10%。

### 5.2.6 西瓜

西瓜（*Citrullus lanatus* Thunb、Matsum. 和 Nakai）是葫芦科一年生植物，以其甘甜、多汁和含丰富的植物源化学物质被广泛栽培（Rushing et al.，2001）。鲜切西瓜占西瓜销售总额的 46%（National Watermelon Promotion Board，2005），以带皮四分之一块或半块、带皮或不带皮的片状或块状出售。与其他鲜切水果如蜜露甜瓜、罗马甜瓜类似，鲜切西瓜产品用塑料容器包装并用聚合膜或刚性盖密封。品质下降主要表现为软化（质地损失）、褪色、失甜、水渍状、汁液流失、出现异臭和微生物滋生腐败等。贮藏期间西瓜果肉 $L^*$ 值增加，

但透明度降低 （Cartaxo and Sargent，1997；Fonseca et al.，1999；Perkins-Veazie and Collins，2003）。

McGlynn 等 （2004）发现，切分后的西瓜其硬度贮藏 7～10 天后与新鲜样品相比显著降低；Mao 等 （2006）报道，鲜切西瓜 10℃ 下贮藏 7 天其硬度和可溶性固形物（表示甜度）降低、微生物含量上升。

气调包装 （MAP）对鲜切西瓜质量保持和货架期延长有影响。Cartaxo 等 （1997，1998）将西瓜切成 2.5cm 小块并用聚苯乙烯扣盖塑盒包装，置于 3℃ 通湿润空气的密闭室或可控气调环境中（5% $O_2$＋5% $CO_2$；5% $O_2$＋10% $CO_2$；5% $O_2$＋12% $CO_2$ 和 5% $O_2$＋15% $CO_2$），贮藏期间测定样本的颜色、硬度、汁液流失、感官品质和微生物情况。贮藏 14 天后，空气处理组样本代谢减缓且颜色变得暗红，处理组间硬度无显著差异。贮藏 15 天后，空气处理组样本微生物数量显著上升，达到 7.07 logCFU/g；而 5% $O_2$＋10% $CO_2$、5% $O_2$＋12% $CO_2$ 和 5% $O_2$＋15% $CO_2$ 分别为 3.86 logCFU/g，3.25 logCFU/g 和 3.22 logCFU/g。

贮藏 5 天后，与空气相比，3% $O_2$ 和 20% $CO_2$ 气调样品的汁液流失显著增加；贮藏期间感官品质变化不大。然而，贮藏 15 天后的 5% $O_2$＋10% $CO_2$ 处理样品其质构、风味和整体可接受性得分最高，5% $O_2$＋12% $CO_2$ 和 5% $O_2$＋15% $CO_2$ 处理组得分最低。他们归纳认为，如果西瓜在良好卫生环境下加工且贮藏在 3℃ 下，5% $O_2$＋10% $CO_2$ 气调贮藏可以有效延长鲜切西瓜货架期至 15 天。

## 5.3 鲜切蔬菜

### 5.3.1 青花菜（西兰花）

青花菜 （*Brassica oleracea*）是美国最大众的蔬菜之一。鲜切青花菜也称青花菜花球，通常用塑料袋包装，特别是大包装情况下。青花菜应该整体呈现墨绿色、紧实、脆性好并且花球未开花。青花菜贮藏期间主要关注的品质包括水分损失、花球因叶绿素损失或开花引起的黄化、花球茎切面的褐变、异臭的产生、软腐及霉菌生长等。

Barth 和 Zhuang （1996）研究了包装设计对青花菜花球品质的影响，发现未包装青花菜 5℃ 贮藏 6 天后水分损失 33%，色度角（0＝红色，120＝绿色，240＝蓝色）损失 14 （从 128 到 114）。Zhuang 等 （1995）报道，未经包装处理贮藏 4 天后导致青花菜花球 50% 的叶绿素损失。Cabezas 和 Richardson （1997）研究了贮藏温度和包装薄膜类型对鲜切青花菜品质的影响，如不考虑贮藏温度，低 OTR 薄膜袋 ［<9000mL/ （m$^2$·24h·atm）］ 包装的青花菜有不良气味以及 $CO_2$ 伤害症状发生。Makhlouf 等 （1989）报道，10% $CO_2$＋2.5% $O_2$ MAP 贮藏期间，青花菜切分处有严重的不良气味和变色现象。

MAP 有利于青花菜叶绿素、水分含量及货架寿命的保持，测定的 $O_2$ 和 $CO_2$ 含量随贮藏温度而变化。Barth 和 Zhuang（1996）报道，11.2％ $O_2$ ＋ 7.5％ $CO_2$ MAP 对 5℃贮藏 6 天青花菜水分和色泽的保留有效果。Cabezas 和 Richardson（1997）发现，不管采用何种 OTR 聚合膜，贮藏 21 天后叶绿素保留率均优于敞口包装袋包装，5℃或 10℃贮藏青花菜 MAP 处理效果更优；然而，$CO_2$ 高于 11％时开始产生不良气味。

Izumi 等（1996a）分别将青花菜贮藏于 0℃、5℃和 10℃的空气中、低 $O_2$ 环境（0.25％、0.5％和 1％）或者高 $CO_2$ 环境（3％、6％和 10％），发现低 $O_2$ 浓度或高 $CO_2$ 浓度可抑制 $O_2$ 的消耗或 $CO_2$ 的生成；10℃下低 $O_2$ 或高 $CO_2$ 贮藏的青花菜色泽优于空气中贮藏的，但在 0℃和 5℃却没有此类效果。低 $O_2$ 或高 $CO_2$ 可有效抑制青花菜的软烂和褐变，但所有温度下 0.25％ $O_2$ 和 10℃ 0.5％ $O_2$ 处理的青花菜出现了不良气味。他们由此推论，最适 $O_2$ 和 $CO_2$ 水平为：0℃和 5℃贮藏温度下 $O_2$ 0.5％、$CO_2$ 10％；10℃贮藏温度下，$O_2$ 为 1％、$CO_2$ 为 10％。Cantwell 和 Suslow's（2002）总结，鲜切青花菜的适宜气调条件为 3％～10％ $O_2$ 和 5％～10％ $CO_2$。

### 5.3.2 甘蓝（绿）

甘蓝（*Brassica oleracea* L. Capitata）是世界上常见的蔬菜。鲜切甘蓝大都用于制备凉拌菜，产品形式包括切块、切丝等，切割尺寸一般在 1/4～3/8in（0.63～0.95cm）之间。鲜切甘蓝（块或丝）可与胡萝卜混合包装或者单独包装零售或出售给餐饮客户。用高 OTR 薄膜袋包装［＞12000 mL/（$m^2$·24h·atm）］的鲜切甘蓝叶片外观上易出现萎蔫和变色，而低 OTR 薄膜袋［＜3000mL/（$m^2$·24h·atm）］包装的甘蓝易出现不良气味，这些是鲜切甘蓝贮藏期间品质劣变的主要表现类型。Pirovani 等（1997）研究了鲜切甘蓝用塑料薄膜袋包装后品质的变化。将切碎的甘蓝样品分装到以下三种不同类型的薄膜袋中：定向聚丙烯薄膜袋（OPP）、由 PO 膜包裹的聚乙烯（PE）托盘和由 PVC（聚氯乙烯）膜包裹的 PE 托盘，发现 3℃贮藏温度下 PO-PE 包装和 PVC-PE 包装鲜切甘蓝的货架期因受感官品质、萎蔫及褐变等因素的制约只有 6～7 天，而 OPP 包装产品货架期则因产生异味被限制在 9～10 天。

Cliffe-Byrnes 和 O'Beirne（2005）研究了氯处理和包装条件对 MAP 凉拌混装甘蓝质量及货架期的影响。凉拌混装甘蓝（80％甘蓝和 20％胡萝卜）包装于 $35\mu m$ 厚微孔 OPP 薄膜袋中并置于 4℃或 8℃下保藏 9 天。忽略包装膜类型，水洗凉拌甘蓝与色泽相关的货架期 4℃下约为 6 天，8℃下为 4～6 天；与芳香相关的货架期 4℃下约为 5 天，8℃下约为 3 天。Gomez-Lopez 等（2007）也报道，4℃下水洗鲜切甘蓝的货架期由整体感官品质确定只有 9 天左右，7℃下只有 6 天，而用中性电解质处理过的甘蓝根据整体感官品质、褐变和失水等可确定货架期达 9 天。

MAP 对鲜切甘蓝品质的影响与包装膜种类和贮藏温度有关。Pirovani 等（1997）发现 OPP 袋内各种成分的传输速率分别是 $O_2$ 在 23℃时为 2000mL/（$m^2$·24h·atm）、$CO_2$ 在 23℃时为 6000～7000mL/（$m^2$·24h·atm）和水蒸气在 37℃ RH 90％时为 3～5g/（$m^2$·24h·atm），当用于鲜切甘蓝包装时，可达到 2％ $O_2$ 和 13％ $CO_2$ 的平衡状态，与气体交换低于 3％ 的包装处理相比，鲜切产品的货架期延长了 3 天，且感官品质、萎蔫及褐变现象显著改善（$p < 0.05$）。Hu 等（2007）报道了打孔薄膜（PEP）包装且通入低于 10kPa $O_2$ 的甘蓝在色泽保持和品质方面明显优于用阻隔膜包装并进行被动 MAP 的甘蓝，打孔膜包装的鲜切甘蓝褐变现象被有效抑制，初始 $O_2$ 分压维持在 5 kPa 左右（主动 MAP）；低 $O_2$ 初始浓度下 PFP 膜包装甘蓝表面的微生物生长速度也低于阻隔膜包装处理。

5℃和 20℃贮藏条件下打孔膜和阻隔膜包装的甘蓝，其风味也有显著差异。Kawano 等（1984）发现，贮藏期间包装甘蓝丝的 PE 袋中检测到乙醇而产生异味，因而建议贮藏鲜切甘蓝 $O_2$ 应控制在 2.2％～4.3％。Kaji 等（1993）研究指出，维持 $O_2$ 控制在 2.5％～10％，$CO_2$ 从 0 上升到 15％可有效抑制鲜切甘蓝的褐变，$O_2$ 浓度的增加能明显推迟不良气味产生的时间。Hiroaki 等（1993）提出了 5％～7.5％ $O_2$ + 15％ $CO_2$ 为甘蓝丝合适的气调组合；温度 5℃贮藏 6 天的时间内，$O_2$ 低于 5％会引起发酵细菌的快速增殖并产生异味。Pirovali 等（1997）发现，低密度 PE 袋包装的混合凉拌甘蓝发酵菌侵染比率与甘蓝和胡萝卜混合的比例及贮藏温度相关，5℃下甘蓝和胡萝卜以 70：30 比例混合，$O_2$ 含量为 1.8％时即达到厌氧状态，而 10℃下 $O_2$ 含量为 3％才达到需氧微生物的生长需求。

### 5.3.3 胡萝卜

鲜切胡萝卜（*Daucus carota* L.）是最普通的鲜切蔬菜之一。鲜切胡萝卜包括去皮（如小胡萝卜）、条状、片、丝、泥和丁，其可单独包装也可与甘蓝和生菜混合包装在聚合袋中，或与芹菜、青花菜、花菜和/或樱桃番茄混合包装于鲜切蔬菜托盘中。小胡萝卜包装后可达 20 天以上的保质期，但若萝卜原料品质太差或处理不当会使其保质期减少至 4～5 天（Carlin et al.，1990）。品质劣变包括由细菌产生的白毛状斑霉变、腐败气味/风味（酸）和黏稠表面等。Amanatidou 等（2000）研究气调对胡萝卜片的影响，检测到贮藏期的第 1 天和 4 天间白度指数会增加并肉眼可见白化现象。用蒸馏水清洗的鲜切胡萝卜 8℃下贮藏 4 天后发生腐败，8 天后观察到明显的软化和褐变。空气中贮藏 12 天后，鲜切胡萝卜发生的品质下降与其质地和颜色变化及腐烂率增加相关。

Barry-Ryan 等（2000）指出不良气味、微生物污染量、果实表面软化和变黏等感官指标的变化是贮藏期胡萝卜品质等级划分的主要因素，并且 $O_2$ 的消耗对劣变速度的作用大于 $CO_2$ 升高。Lavelli 等（2006）的研究表明，应用感官评价来比较研究鲜切胡萝卜的微生物生长时，外观白化和香味的消失发生在最大可接受微生物污染（$5 \times 10^8$ CFU/g）之前，而气味变化与外观变化相关。

多年来，表面变白和腐败气味/风味的产生一直是鲜切胡萝卜品质的制约因素（Tatsumi et al.，1991；Cismeros-Zevallo et al.，1995；Andersson et al.，1984；Carlin et al.，1989；Bolin and Huxsoll，1991；Howard and Griffin，1994）。因白霉斑形成和微生物的生长或发酵所需的水分含量与鲜切果蔬包装内的水分含量要求相反，MAP 对鲜切胡萝卜品质的影响是复杂的。Galetti 等（1997）在真空度为 450mbar 下把胡萝卜片置于 3 个不同透氧率（OTR）的塑料袋中，发现贮藏期间胡萝卜脱色会增加，在高透氧率 [>4000mL/（$m^2 \cdot 24h \cdot atm$），23℃] 的包装中尤为明显；相对于低透氧率 [3～6mL/（$m^2 \cdot 24h \cdot atm$），5℃] 的塑料膜，拥有 4000mL/（$m^2 \cdot 24h \cdot atm$）的塑料膜能使鲜切胡萝卜在贮藏 14 天后依然有可接受度。由此推论，低 OTR 塑料袋不适用于鲜切胡萝卜的贮藏。

Izumi 等（1996b）发现 2%～5% $O_2$ + 15%～20% $CO_2$ 气调对鲜切胡萝卜有一定帮助。更低 $O_2$ 或更高 $CO_2$ 会促进黏性产生、加快乳酸菌的生长、加速微生物腐败和产生酒精。Carlin 等（1990）研究报道，2～10℃下高透氧率膜 [10000～20000mL/（$m^2 \cdot 24h \cdot atm$），25℃] 气调包装下，鲜切胡萝卜丁能贮藏 10 天；低透氧率膜 [950mL/（$m^2 \cdot 24h \cdot atm$）] 会对鲜切产品造成低氧伤害。2%～10% $O_2$ 和 10%～40% $CO_2$ 环境下，产品的糖分会比在空气中贮藏时保持更高，但因乳酸菌快速增长而致使腐败。

Barry-Rya 等（2000）研究表明，包装薄膜的透气性对鲜切胡萝卜丝的品质具有直接的影响，保持鲜切产品品质最好的气调条件是：贮藏温度 3℃ 时，10% $CO_2$ 和 10% $O_2$（P-plus 膜，微孔膜）；温度 8℃ 时，28% $CO_2$ 和 1% $O_2$ [OPP 膜，OTR 为 1200 mL/（$m^2 \cdot 24h \cdot atm$）]。不考虑贮藏温度，3% $CO_2$ 和 <1% $O_2$ 条件下贮藏 [Pebax 薄膜，OTR 为 6500mL/（$m^2 \cdot 24h \cdot atm$）] 的鲜切胡萝卜丝感官得分最低，P-plus 膜 [OTR>23000mL/（$m^2 \cdot 24h \cdot atm$）] 包装的样品其香气得分最高；16% $CO_2$ 和 1% $O_2$ [聚酯嵌段酰胺膜，OTR 为 13000mL/（$m^2 \cdot 24h \cdot atm$）] 条件下香气得分最低，3% $CO_2$ 和 1% $O_2$（Pebax 薄膜）条件下香气得分中等。鲜切胡萝卜丝于 28% $CO_2$ 和 1% $O_2$ 的 OPP 袋中贮藏，因过高的 $CO_2$ 其分值第 7 天后会大幅度下降。

微生物数量统计表明，3% $CO_2$ 和 18% $O_2$ 条件下贮藏的胡萝卜丝中需氧菌、酵母菌和霉菌最多 [穿孔 P-plus 膜，OTR 为 200000 mL/（$m^2 \cdot 24h \cdot atm$）]。鲜切胡萝卜丝分别在 10% $CO_2$ 和 10% $O_2$ [P-plus 膜，OTR 为 25000mL/（$m^2 \cdot 24h \cdot atm$）] 与 16% $CO_2$ 和 1% $O_2$（聚酯嵌段酰胺膜）下贮藏，需氧菌第 5 天后低 0.5log CFU/g；而分别在 28% $CO_2$ 和 <1% $O_2$（OPP

薄膜）与 3% $CO_2$ 和 1% $O_2$（Pebax 薄膜）下贮藏，其需氧菌数最少。28% $CO_2$ 和 1% $O_2$（OPP）与 16% $CO_2$ 和 1% $O_2$ 气调包装袋中贮藏的胡萝卜碎丁含酵母菌和霉菌数最少，且这两种气调膜的效果无显著差异。Amanatidou 等（2000 年）的研究表明，鲜切胡萝卜在 50% $O_2$＋30% $CO_2$ 环境下 8℃贮藏 8～12 天后的品质与在 1% $O_2$＋10% $CO_2$ 贮藏时基本一致或更好一些；当 $O_2$ 在 70% 以上并与 10%～30% $CO_2$ 混合包装会导致产品质量下降；而当 $O_2$ 浓度为 50% 时，胡萝卜能够耐受浓度高达 30% 的 $CO_2$。

Ayhan 等（2008）研究了不同大气成分如低 $O_2$ 环境（5% $O_2$，10% $CO_2$，85% $N_2$）和高 $O_2$ 环境（80% $O_2$，10% $CO_2$，10% $N_2$）的被动与主动 MAP 对鲜切胡萝卜的品质影响。微加工的胡萝卜置于聚丙烯（PP）托盘上并覆盖一层聚丙烯薄膜，发现 4℃下 21 天贮藏期间胡萝卜中都没有发现酵母菌和霉菌，但所有样品中都发现嗜温需氧细菌。胡萝卜在高 $O_2$ 和被动 MAP 下贮藏其品质要优于低 $O_2$ 环境，21 天贮藏期间产品的白度指数没有明显变化。贮藏期 14 天后，被动和主动 MAP 胡萝卜的品质都会下降。基于包装袋 $O_2$ 浓度和感官结果，高 $O_2$ 和被动 MAP 下胡萝卜的货架期推荐为 7 天；而低 $O_2$ MAP 下其货架期会降至 2 天。Cantwell 和 Suslow（2002）的结果显示，鲜切胡萝卜适宜的气体条件为 0.5%～5% $O_2$ 和 10% $CO_2$。

### 5.3.4　芹菜

鲜切芹菜（*Apium graveolens* L.）是最常见的鲜切蔬菜之一。芹菜段是餐馆中开胃小菜和超市鲜切蔬菜最常用配菜之一，块状或片状芹菜常用来做汤。鲜切芹菜非常容易腐败，产生髓腐病，表现为因组织受伤产生失水胁迫而使组织发白、空隙增大、芹菜叶柄末端切口维管组织因 PPO 相关反应发生褐变、切口末端髓部细胞膨胀而开裂外翻、薄壁细胞层和髓部组织破裂。Johnson 等（1974）的研究表明，如要品质没有明显变化，鲜切芹菜在 4.4℃下只能贮存 6 天。Fan 和 Sokorai（2008）研究发现，4℃贮藏 14 天的鲜切芹菜出现腐烂或褐变、外观差。Robbs 等（1996）将鲜切芹菜密封在薄膜袋中并于 2℃下贮藏 21 天再移至 5℃下贮藏 11 天，发现贮藏期间有腐败。症状开始于芹菜切口水分增多，袋中不断地累积水分；贮藏期末，鲜切芹菜完全湿润、变色，有时甚至组织崩溃。

Loaiza-Velarde 等（2003）报道，鲜切芹菜的货架期终止不是因为组织的褐变而是由切口端的脱水和腐败而决定。10℃下贮藏 3 周的鲜切芹菜腐败是一个严重的问题，5 周可发现一半以上的组织大量的腐败（组织充满大量水分）。贮藏 2 周内，芹菜切口末端水分的流失会导致薄壁皮层组织崩溃。

Gomez 和 Artes（2005）利用 MAP 来改善鲜切芹菜的品质。将样品置于 3 种密封的塑料袋中：LDPE［25μm 厚，在 23℃时，OTR 7000mL/（m²•24h•atm），$CO_2$ 透过率（$CO_2$ TR）35000mL/（m²•24h•atm）］、OPP［35μm 厚，在 23℃时，OTR 5500mL/（m²•24h•atm），OT $CO_2$ 10000mL/（m²•24h•atm）］和聚乙烯穿孔袋（孔直径 6mm，气调），置于 4℃下贮藏 15 天。$O_2$ 从 20.8%（大气中 $O_2$ 浓度）下降至 9kPa（LDPE 袋）和 6kPa（OPP 袋）并保持平衡，贮藏第 8 天达到平衡的 $CO_2$ 分别是 7kPa（OPP 袋）和 5 kPa（LDPE 袋）。打孔包装袋保持了袋中 $O_2$ 和 $CO_2$ 水平与空气相似，上述几种包装处理中，虽然鲜切芹菜都没有香味流失或褐变发生，但 OPP 包装的芹菜比 LDPE 袋具有更好的风味、色泽、香味和质地，因而商品性更好；打孔包装的样品发生了髓腐病，而 MAP 样品有白化现象。MAP 对鲜切芹菜外观品质的改善与其腐败发生（空气中有 10%）相关，该研究表明，MAP 可延缓冷藏期间鲜切芹菜品质劣变。Suslow 和 Cantwell（2000）总结，鲜切芹菜适宜贮藏条件：2～4℃下，2～5kPa $O_2$ 和 5～10kPa $CO_2$。

### 5.3.5 生菜

鲜切结球生菜（*Lactuca sativa* L.）已成为消费者、色拉行业及快餐业需求量日益增加的产品之一。包括结球生菜、散叶生菜和球形生菜、绿叶或红叶等鲜切生菜占鲜切产品总产量约 80% 以上。作为餐饮供应的鲜切结球生菜主要是生菜丝，零售市场鲜切结球生菜大多与其他鲜切蔬菜混合包装以制作即用沙拉如田园沙拉等。鲜切结球生菜的货架期取决于褐变、微生物腐败和异味/不良气味形成等。Lopez-Galvez 等（1996）分析了 5oC 贮藏 16 天鲜切结球生菜的多种感官品质变化，发现表面和切面的褐变是造成鲜切生菜贮藏期间品质下降的主要因素。Zhuang 和 Barth（1999）报道了沙拉托盘包装的市售鲜切生菜货架期因褐变，23℃下不足 24h、10℃下为不足 48h。Beltran 等（2005）发现，4℃空气贮藏 9 天后水洗或氯水处理过的鲜切生菜发生明显褐变。

Bolin 和 Huxsoll（1991）指出，平衡时 0～2%$O_2$ 和 0～10% $CO_2$ 的 MA 可造成真空包装生菜不良气味的产生。Smyth 等（1998）报道，尽管低 $O_2$ 看似可抑制褐变，但 $O_2$ 低于 0.5%或 $CO_2$ 高于 20%可导致产品发酵。Hagenmaier 和 Baker（1997）发现，密封的袋中鲜切结球生菜在 22℃几天后，因腐烂味、胀袋、质地和感官的改变、汁液浸出等失去食用价值。Lopez-Galvez 等（1996）将结球生菜沙拉丝置于 5℃空气或 3% $O_2$＋10% $CO_2$ MA 环境保藏 16 天，发现贮藏 8 天后空气处理和 MA 的生菜品质差异明显，12 天后空气处理生菜失去商品价值，MA 感官质量维持在正常水平。

Peiser 等（1997）报道，5℃下空气中遮藏的鲜切生菜货架期是 5 天，3% $O_2$ 贮藏期为 8 天，而 0.2% $O_2$ 贮藏期为 12 天；提高 $CO_2$ 浓度可增强低氧效果，

0.2％ $O_2$ 和 7％～15％ $CO_2$ 组合可延长货架期至 16 天。5℃下鲜切生菜采用 3％ $O_2$ ＋5％～6％ $CO_2$ MA 货架期为 14 天左右。Ke 和 Saltveit（1989）及 Mateos 等（1993）研究显示，高 $CO_2$ 可通过抑制酚类物质的产生进而延缓产品褐变。鲜切生菜包装一般控制 $O_2$ 水平＜1％来有效延缓褐变，同时控制 $CO_2$ ＞10％来抑制微生物生长（Cantwell and Suslow，2002）。McDonald 等（1990）指出，当 $CO_2$ 约 20％、$O_2$ 为 1％～4％时，真空包装后被动 MA 的鲜切生菜不会发生变色或发酵。为减缓产品褐变和避免不良气味产生，鲜切生菜包装常采用充入预混气体或氮气等以快速达到上述低 $O_2$ 或高 $CO_2$ 水平。Ballantyne 等（1988）证明，初始用低 $O_2$ 和高 $CO_2$ 气体充气有利于快速建立起 1％～3％ $O_2$ 和 5％～6％ $CO_2$ 的平衡 MA 环境，并与不充气密封保藏相比显著地延长了贮藏时间。

### 5.3.6　双孢蘑菇

双孢蘑菇（*Agaricus bisporus*）也称为波多贝罗蘑菇、栽培蘑菇或者按钮蘑菇，是可食用的担子菌真菌，也是世界上栽培最为广泛的菇类之一。双孢蘑菇可用于披萨、砂锅和填馅中，也可以作为沙拉和各种不同形式菜肴的原料。由于顾客对新鲜即食产品日益增长的需求，超市鲜切蘑菇或者蘑菇片越来越普遍。蘑菇片经常用泡沫盘装并以塑料膜包装出售，并在冷藏温度下贮藏。最常用的商业包装膜是打孔和无孔 PVC（Kim et al.，2006）。鲜切蘑菇的货架期或品质由外部和切面的褐变、深色凹陷损伤或褐斑、腐败菌的生长、脱水（或失重）和变形（如菌幕和菌盖的打开与菌柄伸长）所决定。

Sapers 等（1994）在鲜切蘑菇褐变控制的研究中用 CIELAB $L^*$ 作为变色的指标，发现 4℃贮藏期间的开半蘑菇（未经处理的对照）切面 $L^*$ 显著降低（从 0 天 96.4 到 5 天 86.3）。鲜切蘑菇贮藏第 3 天就发生严重褐变，第 5 天就出现黑色凹陷损伤。Brennan 等（1999，2000）报道，4℃贮藏 19 天期间随时间的推移（9 天、14 天、19 天），水洗蘑菇片的 $L^*$ 值下降，蘑菇片的白色消失、变黄，并先变硬然后变软，并在 19 天时超过 80％个体有微生物腐败迹象。

Jacxsens 等（2001）报道，气调包装下鲜切蘑菇制约感官品质或者货架期指标是变色。Koorapati 等（2004）发现，4℃条件下第 7 天开始蘑菇片的表面会有少量的深褐色斑点和深色物质，$L^*$ 值从初始的 89 减少至第 10 天的不到 70；第 9 天时黑色斑点变为深褐色、黏滑有凹陷斑块，并出现假单胞菌腐败特征。此时，蘑菇高度腐败，货架期结束。Simon 等（2005）发现，4℃下贮藏 13 天，PVC 膜包装的蘑菇片 $L^*$ 值和重量都显著降低，12 天后嗜温菌、耐冷菌和假单胞菌数超过 10 log CFU/g；因菌盖打开和菌柄伸长而观察到蘑菇片的变形。Kim 等（2006）指出，用塑料容器包装的蘑菇片在 12℃贮藏 6 天后会有严重的变形和变色，失重超过 7%。Cliffe-Byrnes 和 O'Beirne（2008）报道，以微孔 OPP 膜袋包装的蘑菇片 4℃贮藏 7 天，因白度值减少（$L^*$ 值降低）和菌盖内外部切面及菌柄不均匀褐变的联合作用造成感官品质损失。

Simon 等（2005）研究了 MAP 对蘑菇片感官和微生物品质的影响。蘑菇片置于聚苯乙烯盘并用四种不同薄膜进行外包装，四种膜分别是多孔 PVC、透氧率为 25000mL/（$m^2$·24h·atm）的无孔 PVC、透氧率分别为 45000mL/（$m^2$·24h·atm）的 OPP 微孔膜 1（PP1）和 2400mL/（$m^2$·24h·atm）的 PP2。4℃、RH85%~90%条件下贮藏 13 天的蘑菇，贮藏 3 天后包装盒的顶空气体组分达到平衡，这几乎不能调整的组分与用 PVC 多孔薄膜包装的托盘里的空气相似。无孔 PVC 膜和 PP1 膜包装内的 $CO_2$ 均约为 2.5%；PP1 膜使 $O_2$ 约为 20%，无孔 PVC 的 $O_2$ 在 10%~15%之间；PP2 膜包装内 $CO_2$15% 和 $O_2$<0.1%。MAP 对蘑菇片的 $L^*$ 值没有显著影响。与多孔 PVC 包装（气体组成与空气相似）的蘑菇片相比，含 2.5% $CO_2$ 和 10%~20% $O_2$ MAP 不能防止蘑菇变形，但减少了微生物总数和蘑菇片外部褐斑的形成。含 15% $CO_2$ 和<0.1% $O_2$ MAP（PP2 膜托盘包装）抑制了蘑菇变形、褐斑形成和微生物生长，但会导致包装内产生异臭味。

Kim 等（2006）研究了气调包装对蘑菇片货架期的影响。鲜切蘑菇或是置塑料容器内并用 PVC［OTR 13650 mL/（$m^2$·24h·atm）］包裹，或置聚烯烃膜 PD-941［OTR 36000 mL/（$m^2$·24h·atm）］和 PD-961［19000~22000 mL/（$m^2$·24h·atm）］袋内，12oC 下顶空气体组分贮藏 2 天时达到平衡。PVC 包装容器内，$O_2$ 在 16%~20% 之间，$CO_2$ 在 0%~4% 之间。PD-941 和 PD-961 两种袋中 $O_2$ 均在 6%~12% 之间，$CO_2$ 在 0%~5% 之间。$L^*$ 值方面，PD-961 有最好的颜色并失重最少和变形最小，其次是 PD-941 薄膜；变形与包装内的 $CO_2$ 浓度无关而与贮藏第 6 天的 $O_2$ 浓度有关，高渗透性的裹包膜和 PD-941 膜比 PD-961 导致更为显著的形态变化。

Jacxsens 等（2001）比较了高 $O_2$ MAP 与被动 MAP 对鲜切蘑菇微生物与感官品质的影响。蘑菇片包装在高 $O_2$ 处理的阻隔膜袋内用，或者在 12.5℃、RH 90%条件下透氧率为 914mL/（$m^2$·24h·atm）的 OPP 膜 MAP 袋内，包装样品在 4℃下贮藏。包装在高 $O_2$（初始 $O_2$ 为 95%的主动 MAP 体系）条件的鲜切蘑菇贮藏 6 天不能食用，而包装在被动 MAP（平衡浓度为 3% $O_2$ 和 5% $CO_2$）内 3 天因蘑菇显著变色而不能食用。这两种气调环境没有对质地与味觉特性造成显著差别；然而，7 天的试验中，蘑菇用 95% $O_2$ 进行冲洗可保持其新鲜气味，但进行被动 MAP 的蘑菇片却在第 6 天产生了无法接受的气味。

Day（2001）描述，基于感官质量与异臭味，8℃下包装在 80% $O_2$ 和 20% $N_2$ 的蘑菇片有 12 天以上的货架期，而包装在平衡时保持低 $O_2$ 环境的 OPP 袋

78

内鲜切蘑菇只有 2 天的货架期。根据 Cantwell 和 Suslow（2002）的报道，蘑菇片适宜的气体环境是 3% $O_2$ 和 10% $CO_2$，实践中因考虑肉毒杆菌生长的安全性问题，鲜切蘑菇包装常用大孔聚合膜来保证货架期包装内高 $O_2$ 含量。

### 5.3.7 洋葱（黄皮葱头）

洋葱（*Allium cepa* L.）在全球被广泛地用为增味剂。洋葱圈、洋葱片和洋葱块等鲜切洋葱为消费者或者餐饮服务备餐提供便利，而且常用塑料袋进行包装。

Liu 和 Li（2006）发现，贮藏期间不论温度是多少，洋葱片变黄、轻微透明并散发出令人不愉快气味情况会同时出现。Howard 等（1994）报道，臭异味的产生、粉色脱去和腐败菌的增殖是限制 MAP 洋葱块货架期和可接受性的决定因素。Blanchard 等（1996）发现，褐变、黄变和半透明的形成是影响洋葱块视觉感官品质的主要因素。MAP 洋葱块在 1℃ 下贮藏 18 天，观察到风味和质感的显著损失（Toivonen，1997）。Langerak（1975）报道，用打孔膜包装的鲜切洋葱烹饪后变褐并不受欢迎。Liu 和 Li（2006）研究了气调包装洋葱片的货架期。洋葱片用 LDPE 膜 [30 $\mu$m，透氧率为 15mL/（$m^2 \cdot 24h \cdot atm$）] 袋包装、用或不用 40% $CO_2$＋1% $O_2$ 和 59% $N_2$ 充气后，分别置 2℃、4℃ 和 10℃ 下避光贮藏，包装内 $O_2$ 和 $CO_2$ 需要 5 天达到平衡。被动 MAP（不充气）和主动 MAP（充气），$O_2$ 平衡在 3%~7% 之间，$CO_2$ 平衡在 3%~5% 之间。MAP 对鲜切洋葱感官品质和微生物生长的影响取决于贮藏温度，颜色和硬度上两种 MAP 洋葱没有差别。

Blanchard 等（1996）将洋葱块置含 $O_2$ 与 $CO_2$ 百分比例为 20/0、2/0 或 2/10 的连续氮气气流下，并于 4℃ 和高 RH 条件下贮藏。气调环境下微生物的生长被推迟，尤其是耐冷菌群。与贮藏于空气中比较，高 $CO_2$ 和低 $O_2$ 推迟了呼吸的加快和蔗糖含量的减少，烹饪后的褐变随贮藏期延长而增加，但 10% $CO_2$ 条件下却被延迟；贮藏 14 天后，CA 显著改变了感官品质和气味。2% $O_2$/10% $CO_2$ 气体环境下，鲜切洋葱感官品质最好。降低 $O_2$ 水平有利于视觉评估，但是对气味没有影响；提高 $CO_2$ 水平对两个品质都有所改善。Day（2001）也发现提高 $CO_2$ 水平可延迟洋葱块劣变。Cantwell 和 Suslow（2002）认为，对洋葱片和洋葱块有利的空气环境是 2%~5% $O_2$ 和 10%~15% $CO_2$。

### 5.3.8 甜椒

鲜切甜椒（*Capsicum annum*）常用于食品服务业，其通常在加工后用塑料袋包装而后运送至消费者。降低鲜切甜椒视觉感官品质的缺陷包括切面的综合外观（如褐变）、失水/渗漏、组织软化和腐烂。El-Bassuoni 和 Cantwell（1994）报道，软化和渗漏是甜椒片的主要问题。Lopez-Galvez 等（1997）报道，鲜切青椒和红椒的缺陷包括青色或红色果肉的变暗、切面褐变或变白和微生物腐烂，甜椒小块比甜椒片更易腐败。Jacxsens 等（2003）发现，基于感官特性（酸臭味和风味）、产生大量的失水和脆度，鲜切、混合甜椒在第六天就不能被接受。

Gonzalez-Aguilar 等（2004）报道，失水是影响鲜切甜椒品质重要的不利因素。鲜切甜椒分别真空贮藏于 5℃ 和 10℃，贮藏期间果汁流出量（g/100 g 鲜重）持续增加，并在贮藏 21 天分别达到了 12 % 和 20%；货架期结束时，鲜切甜椒出现腐烂和微生物生长。Conesa 等（2007a，b）发现，空气和 100 kPa $O_2$ 下的鲜切甜椒因不良的视觉外观（变色）而不被消费者接受；采用 0kPa、0.5kPa 和 1kPa $O_2$ 遮藏的鲜切甜椒，不管贮藏温度是多少都会产生不良气味。

Lopez-Galvez 等（1997）将鲜切青椒和红椒置于玻璃罐内，以空气或 CA 环境（空气或者 3% $O_2$ 和 0%、5% 或 10% $CO_2$）分别贮藏于 0℃、5℃ 和 10℃ 下长达 20 天。结果显示，含有 5% 或 10% $CO_2$ 的气体环境延长了 5℃ 下甜椒块的货架期；而 0℃ 和 5℃ 下高 $CO_2$ 也会导致组织软化和质膜透性的增加。CA 条件下鲜切甜椒的芳香得分比在空气中贮藏的下降更快；5℃ 下 3% $O_2$ 和 10% $CO_2$ 的可使鲜切甜椒货架期从 8 天延长至 12 天。

Gonzalez-Aguilar 等（2004）比较了真空包装加隔离袋 [1.2mL/（$m^2$ · 24h·atm）] 和非真空高透氧率 [6000～8000mL/（$m^2$·24h·atm）] 袋 MAP 对鲜切青椒品质的影响，他们发现，与真空包装加隔离特性的包装袋相比，非真空 MAP 对 5℃ 下 21 天贮藏期间鲜切甜椒整体品质保持更有效；与 10℃ 相比，5℃ 下 MAP 能更明显地减少质地损耗；10℃ 和 5℃ 下 MAP 贮藏的鲜切甜椒没有任何漏汁现象，而相同温度下真空贮藏甜椒漏汁现象持续地增加。

Conesa 等（2007a）利用控制空气和混合气体的压力比（kPa，$O_2/CO_2/N_2$）分别为 100/0/0、80/15/5、60/0/40、50/15/35 和 20/15/65 的高 $O_2$ 和 $CO_2$ 条件，研究其对鲜切甜椒微生物和感官品质的影响，新鲜甜椒小块 5℃ 贮藏可达 9～10 天。结果显示，80kPa 或 50kPa $O_2$ 结合 15kPa $CO_2$ 可维持主要感官品质因子和抑制腐败微生物生长；5℃ 贮藏 9 天后，空气和 100/0/0 以及 60/0/40 条件下的鲜切甜椒其商品性均低于流通极限，而其他处理下的鲜切甜椒在感官上对消费者却是可接受的；5℃ 贮藏 9 天，80/15/5 和 50/15/35 环境下的甜椒块香气和味道是适合销售的，但其他处理的甜椒块却不适合销售。0kPa $CO_2$ 环境（空气和 100/0/0）贮藏的样品有中度的干瘪，而 15kPa $CO_2$ 贮藏的样品只有轻微干瘪；20/15/65、50/15/35 和 80/15/5 的环境抑制微生物生长比 20/15/65 更加有效，但空气和没有 $CO_2$ 的高 $O_2$ 环境并不能抑制微生物生长，这表明了贮藏环境中高 $CO_2$ 的必要性。他们推断，对 5℃ 贮藏 9～10 天的鲜切甜椒来说，80kPa 或 50kPa $O_2$ 与 15kPa $CO_2$ 结合是维持鲜切甜椒感官和微生物品质的最好气体条件。

Conesa 等（2007b）用不同混合气体处理鲜切甜椒，这些不同的混合气体 $O_2$（kPa）/$CO_2$（kPa）/$N_2$（kPa）包括：100/0/0、80/20/0、60/0/40、50/20/30、20/20/60 和 20/0/80（和空气相似）、0/0/100、0.5/0/99.5、1/0/99、3/0/97、9/0/91 和 0/20/80。20kPa $CO_2$ 结合超大气 $O_2$ 环境有利于鲜切甜椒视觉外观和气味的保持，而所有温度下 0kPa、0.5kPa 和 1kPa $O_2$ 环境和 0/20/80 下的样品都产生了不良气味。与空气处理鲜切甜椒有轻微的变色相比，所有低 $O_2$ 处理的鲜切甜椒均有优良的外观；超过 3kPa $O_2$ 环境下的鲜切甜椒没有不良气味。他们建议 50～80kPa $O_2$ 结合 20kPa $CO_2$ 有利于甜椒块保质期的延长。Cantwell 和 Suslow（2002）推荐维持鲜切青椒质量的 MAP 条件为：0～5℃下 3kPa $O_2$ 结合 5～10kPa $CO_2$。

### 5.3.9 菠菜（整片叶子、切碎的叶子）

鲜切菠菜（*Spinacia oleracea* L.）在美国用于沙拉越来越普遍。鲜切菠菜主要是嫩菠菜叶并通常以 MAP 袋包装，有的销售时则以大孔袋包装。鲜切菠菜叶的主要质量问题与嫩叶组织的机械损伤、不良气味形成和微生物腐败有关。Ferrante 等（2004）声称颜色是影响消费者选择鲜切绿叶蔬菜的一个非常重要的指标。Allende 等（2004）发现以阻隔膜 [OTR＝0 pmol/（$m^2 \cdot s \cdot Pa$）] 包装的鲜切菠菜嫩叶贮藏末期会有很强烈的臭味并失去新鲜度。Gomes 等（2008）指出，由消费者评定专家组对鲜切菠菜颜色、气味、质地和综合质量进行评定，发现只有气味在 15 天的冷藏期间持续变差。Pirovani 等（2003）发现，7 天贮藏期间所有嗜温微生物种群的数量增加达 9～10log CFU/g，鲜切菠菜的切面和由挤压或离心折叠造成组织破坏的部位发生了褐变。

Babic 和 Watada（1996）发现，贮藏于 5℃ 和 10℃ 空气和 CA 中的鲜切菠菜叶微生物数量增加，初始微生物数量为 $10^7 \sim 10^8$ CFU/g，主要为嗜温和嗜冷微生物及假单胞菌。贮藏 7 天后，5℃ 下的嗜温、嗜冷微生物和假单胞菌分别增加到 $10^{10}$ CFU/g、$4 \times 10^8$ CFU/g 和 $5 \times 10^8$ CFU/g。

多项研究都旨在研究 $CO_2$ 和 $O_2$ 对于保持鲜切菠菜质量的好处。Izumi 等（1997）研究了贮藏在低 $O_2$ CA 环境中鲜切菠菜的品质。菠菜叶贮藏在 0℃、10℃ 和 20℃ 的空气和低 $O_2$ CA（0.5%、1% 和 2%）环境中，发现无论贮藏温度是多少，低 $O_2$ 并不影响绿色保留率、腐败的发生以及嗜温需氧微生物和乳酸菌的数量。Babic 和 Watada（1996）比较了 5℃ 或 10℃ 下鲜切菠菜贮藏在空气与 0.8% $O_2$ 或 0.8% $O_2$＋10% $CO_2$ 下 9 天或 7 天的微生物数量，发现 5℃ 下与空气相比，0.8% $O_2$ 或 0.8% $O_2$＋10% $CO_2$ 的环境可使鲜切菠菜叶中的需氧微生物和嗜冷微生物的数量减少 10～100 倍，而这些气体环境并不影响 10℃ 下鲜切菠菜叶中微生物的数量；5℃ 9 天或者 10℃ 7 天的低 $O_2$ 并不会影响菠菜的质地。

Allende 等（2004）把 200g 切好的菠菜包装到两种不同 OTR 的聚乙烯薄膜袋（48cm×65cm）中，一种 OTR 是 15pmol/（$m^2 \cdot s \cdot Pa$）（渗透袋），另一种 ORT 是 0pmol/（$m^2 \cdot s \cdot Pa$）（阻隔膜袋）。处理包括对渗透袋和阻隔膜袋用空气、80kPa 或 100 kPa $O_2$ 冲刷，以有 6 个 1cm 直径的打孔袋作对照；所有样品都在 5℃贮藏 12 天。阻隔膜袋以空气包装，大约贮藏第 6 天达到平衡状态，此时袋中 $O_2$ 为 0.07kPa 和 $CO_2$ 为 15kpa；渗透袋中，$O_2$ 是 2.5kPa、$CO_2$ 是 7kPa；超高 $O_2$ 袋中，第 6 天 $CO_2$ 量与那些用空气包装的相似，$O_2$ 量超过了 50%。以上结果表明，阻隔膜大大减少了需氧嗜温微生物的生长，但诱导了强烈的不良气味和组织完整性的损失。虽然以高 $O_2$ 冲刷袋中 $CO_2$ 与阻隔膜袋相似，与被动 MAP 的样品相比，电解质渗出率更低、产品的感官品质更好。此外，与贮存于打孔袋中的样品相比，100% $O_2$ 主动 MAP 样品表现出需氧微生物显著减少的现象。总体上，所有阻隔膜包装的样品贮存结束时综合品质最低，其次为渗透袋中的样品。Cantwell 和 Suslow（2002）建议，保持鲜切菠菜品质的环境为 1%～3% $O_2$ 和 8%～10% $CO_2$。

### 5.3.10 番茄

番茄（*Lycopersicon esculentum* Mill.）是世界上销售量仅次于马铃薯的第二蔬菜。鲜切番茄主要是片或小粒，其在餐饮服务业中被广泛用于色拉、三明治和玉米馅饼。鲜切番茄应该具有一致的红色和坚硬质地。贮藏期间鲜切番茄水浸状半透明组织（图 5.4）、质地改变和软化都降低了其品质。另外，种子发芽、带小室的凝胶损失（图 5.5）和/或包装袋中汁液积聚使得番茄片品质下降。虽然番茄产品的高酸度抑制了微生物的生长，但酵母菌和霉菌的增长也会降低品质或引起腐败（图 5.4 和图 5.5）。

图 5.4　贮藏期间番茄薄片品质下降——半透明状（2℃贮藏 8 天的株上成熟番茄薄片）

Hong 和 Gross（2001）发现，无论包装方法如何，5℃贮藏 19 天或者 10℃贮藏 10 天后 100% 的番茄片表现了程度不同的真菌增长症状。Watada 和 Qi

82

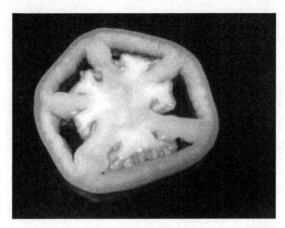

图 5.5　贮藏、零售展示期间番茄片品质损失——胶损失

(1999) 报道，与整果相比，鲜切番茄更易受到腐败的影响。Mencarelli 和 Saltveit (1988) 报道称番茄切片对于导致软化的失水非常敏感。Artes 等 (1999) 发现，10℃下番茄片有显著的外观品质、香气和质地的损失，10℃贮藏 10 天后即不可食用，脱水的外观是最重要的缺陷。Gil 等 (2002) 报道，鲜切番茄最常见的失调是半透明水浸区域的出现；转色期番茄进行鲜切加工，贮藏期间种子可能萌芽。

Artes 等 (1999) 用聚丙烯薄膜袋 [在 23℃、75% RH 时，OTR$<$2.35$\times$ $10^{-14}$mol/ (m$^2$·s·Pa)，TR CO$_2$$<$6.11$\times$10$^{-14}$mol/ (m$^2$·s·Pa)] 包装番茄片，采用主动和被动 MAP (7.5% O$_2$+0% CO$_2$) 方法，并贮藏在 2℃或 10℃下 10 天，以带有 33 个 2 mm/dm$^2$ 孔的聚丙烯膜 (35$\mu$m 厚) 作为对照。2℃和 10℃贮藏的第 10 天，主动 MAP 中的 O$_2$ 分别降至 6%和 1.5%，CO$_2$ 增加到 6%和 14%；贮藏 10 天后 2℃下的番茄片品质没有区别，但 10℃贮藏的被动和主动 MAP 降低了番茄片成熟率。最好的结果发生在 10℃贮藏的主动 MAP。

Gil 等 (2002) 把鲜切番茄包装在打孔聚丙烯薄膜袋 (作为对照)、复合薄膜 [与 1999 年 Artes 等使用的膜相同，在 23℃、75% RH 时 80$\mu$m 厚膜的通透性为 O$_2$$<$2.4$\times$10$^{-14}$mol/ (m$^2$·s·Pa)、CO$_2$$<$6.1$\times$10$^{-14}$mol/ (m$^2$·s·Pa)] 或双向聚丙烯膜 [在 3℃、90% RH 时膜的通透性 O$_2$ 为 3.3$\times$10$^{-12}$mol/ (m$^2$·s·Pa)、CO$_2$ 为 3.1$\times$10$^{-9}$mol/ (m$^2$·s·Pa)]。复合、双向袋进行主动 MAP 通过以 12～14kPa O$_2$ 和 0kPa CO$_2$ 加 N$_2$ 平衡的混合气体冲刷进行，样品在 0℃或 5℃下贮藏 10 天。0℃下，鲜切番茄的品质并不受膜的种类影响；高 CO$_2$ 和低 O$_2$ 抑制酵母菌和霉菌的生长，并不会产生异味。5℃贮藏 10 天鲜切番茄获得优良品质需要 12 kPa O$_2$、0 kPa CO$_2$结合低渗透率膜的主动 MAP 条件。

Aguayo 等（2004）将番茄片和楔形块采用被动和主动（3 kPa $O_2$＋0 kPa $CO_2$ 与 3 kPa $O_2$＋4 kPa $CO_2$）MAP 后在 0℃和 5℃下贮藏，14 天后被动 MAP 的气体成分分别为番茄片 11～13 kPa $O_2$＋5.5～6 kPa $CO_2$、楔形番茄块 8～9.5 kPa $O_2$＋10.5～11.5 kPa $CO_2$，两温度下两类鲜切番茄的主动 MAP 气体成分大约为 7～10.5kPa $O_2$ 和 7～9kPa $CO_2$；两种 MAP 处理的番茄片品质并无差别，并与对照相比具有更好的外观和整体品质；0℃下货架期延长到 14 天时，为保持优良风味、综合品质和质地必需 MAP。

Hakim 等（2004）也发现，与空气中贮藏 5～10 天番茄组织相比，CA 贮藏的番茄组织表现出更好的质量，差异体现在味道、失重、呼吸速率和电解质渗出率等方面；CA 贮藏的番茄片没有种子脱色现象，但贮藏在空气中却出现了这一现象。Hong 和 Gross（2001）研究了 5℃下不同 MAP 条件对鲜切番茄片品质的影响。与低 OTR 膜 [60.0 mL/（$m^2$·h·atm），5℃] 相比，高 OTR 膜 [87.4 mL/（$m^2$·h·atm），5℃] 密封容器中番茄水浸状况更加严峻。容器初始气体成分为空气、4% $CO_2$＋1% 或 20% $O_2$、8% $CO_2$＋1% 或 20% $O_2$、或 12% $CO_2$＋20% $O_2$ 均有真菌在番茄片上生长，但却不在 12% $CO_2$＋1% $O_2$ 环境下生长；5℃下 MAP 保持了番茄片的良好品质，使其保质期达 2 周或更长。根据 Cantwell 和 Suslow（2002）总结，3% $O_2$ 和 3% $CO_2$ 对番茄片有利。

## 5.4 结论

已经进行了大量 MAP 对不同鲜切产品品质和保质期影响的工作，这些研究表明 MAP 对鲜切果蔬是有益的，虽然评估和贮存温度下 MAP 有利影响和达到气体平衡时的成分会随鲜切商品不同而有差异。对一些果蔬益处是巨大的，但对另外一些果蔬来说益处却极为有限。越来越多的研究对 MAP 创新，如主动 MAP 结合高 $O_2$。然而，当我们回顾本章的科学文献发现，大多数情况下针对特定商品精心设计的 MAP 和支持大气成分有益的证据非常有限。因鲜切产品的营养和功能品质已不再是鲜切加工者对市场货架期考虑的主要问题，MAP 条件下外观、质地、香味和如 $L^*$ 值及微生物数量等与感觉有关的品质变化是本综述的焦点。新鲜农产品是维生素 C、酚类等许多植物化学成分的丰富来源。随着对健康食品关注的增长，MAP 对营养素和如青花菜中芥子油苷的功能性植物化学成分的保存研究结果可能成为下一个新的研究领域。另外，鲜切产品大部分的研究专注于鲜销的和如烹饪或腌制等加工前的品质，MAP 对包括旺火炒或做汤等具有不同最终用途鲜切产品品质影响的研究也很有兴趣。用于旺火炒或做汤的新鲜沙拉可能需要不同的品质评价方法。

84

 ·····································································································································

Aguayo E, Escalona V, and Artes F. 2004. Quality of fresh-cut tomato as affected by type of cut, packaging, temperature and storage time. Eur Food Res Technol 219:492–499.

Allende A, et al. 2004. Microbial and quality changes in minimally processed baby spinach leaves stored under super atmospheric oxygen and modified atmosphere conditions. Postharvest Biol Technol 23:51–59.

Amanatidou A, et al. 2000. High oxygen and high carbon dioxide modified atmospheres for shelf-life extension of minimally processed carrots. J Food Sci 65:61–66.

Andersson R. 1984. Characteristics of the bacterial flora isolated during spontaneous fermentation of carrots and red beets. Lebensm-Wiss Technol 17:282–286.

Artes F, et al. 1999. Keeping quality of fresh-cut tomato. Postharvest Biol Technol 17:153–162.

Ayhan Z and Chism GW. 1998. The shelf-life of minimally processed fresh cut melons. J Food Qual 21:29–40.

Ayhan Z, Esturk O, and Tas E. 2008. Effect of modified atmosphere packaging on the quality and shelf life of minimally processed carrots. Turk J Agric For 32:57–64.

Babic I and Watada AE. 1996. Microbial populations of fresh-cut spinach leaves affected by CAs. Postharvest Biol Technol 9:187–193.

Bai J, et al. 2001. Modified atmosphere maintains quality of fresh-cut cantaloupe (*Cucumis melo* L.). J Food Sci 66:1207–1211.

Bai J, Saftner RA, and Watada AE. 2003. Characteristics of fresh-cut honeydew (*Cucumis x melo* L.) available to processors in winter and summer and its quality maintenance by modified atmosphere packaging. Postharvest Biol Technol 28:349–259.

Ballantyne A, Stark R, and Selman JD. 1988. Modified atmosphere packaging of shredded lettuce. Int J Food Sci Technol 23:267–274.

Barry-Ryan C, Pacussi JM, and O'Beirne D. 2000. Quality of shredded carrots as affected by packaging film and storage temperature. J Food Sci 65:726–730.

Barth MM and Zhuang H. 1996. Packaging design affects antioxidant vitamin retention and quality of broccoli florets during postharvest storage. Postharvest biol Technol 9:141–150.

Barth MM, et al. 2009. Microbiological spoilage of fruits and vegetables. In: Sperber WH and Doyle MP, editors. Compendium of the Microbiological Spoilage of Foods and Beverages. New York, N. Y.: Springer Science+Business Media LLC, pp. 135–183.

Beaulieu JC, et al. 2004. Effect of harvest maturity on the sensory characteristics of fresh-cut cantaloupe. J Food Sci 69:S250–S258.

Beltran D, et al. 2005. Ozonated water extends the shelf life of fresh-cut lettuce. J Agric Food Chem 53:5654–5663.

Bett-Garber KL, Beaulieu JC, and Ingram DA. 2003. Effect of storage on sensory properties of fresh-cut cantaloupe varieties. J Food Qual 26:323–335.

Blanchard M, et al. 1996. Modified atmosphere preservation of freshly prepared diced yellow onions. Postharvest Biol Technol 9:173–185.

Bolin HR and Huxsoll CC. 1991. Control of minimally processed carrot (*Daucus carota*) surface discoloration caused by abrasion peeling. J Food Sci 56:416–418.

Brennan M, et al. 1999. The effect of sodium metabisulphite on the whiteness and keeping quality of sliced mushrooms. LWT—Food Sci Technol 32:460–463.

Brennan M, Le Port G, and Gormley R. 2000. Post-harvest treatment with citric acid or hydrogen peroxide to extend the shelf life of fresh sliced mushrooms. LWT—Food Sci Technol 33:285–289.

Cabezas A and Richardson DG. 1997. Modified atmosphere packaging of broccoli florets of temperature and package type. In: Gorny JR, editor. Proceedings Seventh International Controlled Atmosphere Research Conference, Volume 5. Davis, Calif.: Univ. of California. Postharvest Hortic Ser 19:8–15.

Campaniello D, et al. 2008. Chitosan: Antimicrobial activity and potential applications for preserving minimally processed strawberries. Food Microbiol 25:992–1000.

Cantwell MI and Suslow TV. 2002. Postharvest handling system: Fresh-cut fruits and vegetables. In: Kader AA, editor. Postharvest Technology of Horticultural Crops. Oakland, Calif.: Univ. of California, pp. 445–464.

Carlin F, et al. 1989. Microbial spoilage of fresh, "ready-to-use" grated carrots. Sci Aliments 9:371–386.

Carlin F, et al. 1990. Modified atmosphere packaging of fresh, "ready-to-use" grated carrots in polymeric films. J Food Sci 55:1033–1038.

Cartaxo CBC, et al. 1997. Controlled atmosphere storage suppresses microbial growth on fresh-cut watermelon. Proc Fla State Hortic Soc 110; 252–257.

Cartaxo CBC, et al. 1998. Controlled atmosphere extends shelf-life of fresh-cut watermelon. In: IFT Annual Meeting Book of Abstracts 1998 June 20–24; Atlanta, GA. Chicago Ill.: Institute of Food Technologists, p. 70, Abstr 34B-9.

Chonhenchob V, Chantarasomboon Y, and Singh SP. 2007. Quality changes of treated fresh-cut tropical fruits in rigid modified atmosphere packaging containers. Packag Technol Sci 20:27–37.

Cisneros-Zevallos L, Saltveit ME, and Krochta JM. 1995. Mechanism of surface white discoloration of peeled (minimally processed) carrots during storage. J Food Sci 60:320–323, 333.

Cliffe-Byrnes V and O'Beirne D. 2005. Effects of chlorine treatment and packaging on the quality and shelf-life of modified atmosphere (MA) packaged coleslaw mix. Food Control 16:707–716.

Cliffe-Byrnes V and O'Beirne D. 2008. Effects of washing treatment on microbial and sensory quality of modified atmosphere (MA) packaged fresh sliced mushroom (Agaricus bisporus). Postharvest Biol Technol 48:283–294.

Conesa A, et al. 2007a. High oxygen combined with high carbon dioxide improves microbial and sensory quality of fresh-cut peppers. Postharvest Biol Technol 43:230–237.

Conesa A, et al. 2007b. Respiration rates of fresh-cut bell peppers under superatmospheric and low oxygen with or without high carbon dioxide. Postharvest Biol Technol 45:81–88.

Day B. 2001. Fresh Prepared Produce: GMP for High Oxygen MAP and Non-Sulphite Dipping. Guideline No. 31. Chipping Campden, UK: Campden and Chorleywood Food Research Association Group, p. 76.

El-Bassuoni R and Cantwell M. 1994. Low temperatures and CAs maintain quality of fresh cut bell pepper. HortScience 29:448.

Fan X and Sokorai KJB. 2008. Retention of quality and nutritional value of 13 fresh-cut vegetables treated with low-dose radiation. J Food Sci 73:S367–S372.

Fan X, et al. 2005. Quality of fresh-cut apple slices as affected by low dose ionizing radiation and calcium ascorbate treatment. J Food Sci 70:S413–S148.

Fan X, et al. 2008. Effect of hot water surface pasteurization of whole fruit on shelf-life and quality of fresh-cut cantaloupe. Food Sci 73:M91–M98.

Ferrante A, et al. 2004. Color changes of fresh-cut leafy vegetables during storage. J Food Agric Environ 2:40–44.

Fonseca JM, Rushing JW, and Testin RF. 1999. Shock and vibration forces influence the quality of fresh-cut watermelon. Proc Fla State Hortic Soc 112:147–152.

Galetti L, et al. 1997. Modified atmospheres and ascorbic acid for minimum process of carrot slices. In: Gorny JR, editor. *Proceedings Seventh International Controlled Atmosphere Research Conference, Volume 5. Davis, Calif.: Univ. of California. Postharvest Hortic Ser 19*; 139–144.

Gil M, Conesa M, and Artés F. 2002. Quality changes in fresh-cut tomato as affected by modified atmosphere packaging. Postharvest Biol Technol 25:199–207.

Gomes C, et al. 2008. E-Beam irradiation of bagged, ready-to-eat spinach leaves (*Spinacea oleracea*): An engineering approach. J Food Sci 73:E95–E102.

Gomez PA and Artes F. 2005. Improved keeping quality of minimally fresh processed celery sticks by modified atmosphere packaging. Lebensm-Wiss Technol 38:323–329.

Gomez-Lopez VM, et al. 2007. Shelf-life of minimally processed cabbage treated with neutral electrolyzed oxidizing water and stored under equilibrium modified atmosphere. Int J Food Microbiol 117:91–98.

Gonzalez-Aguilar GA, et al. 2004. Effect of temperature and modified atmosphere packaging on overall quality of fresh-cut bell peppers. LWT—Food Sci Technol 37:817–826.

Hagenmaier RD and Baker RA. 1997. Low-dose irradiation of cut iceberg lettuce in modified atmosphere packaging. J Agric Food Chem 45:2864–2868.

Hakim A, et al. 2004. Quality of fresh-cut tomatoes. J Food Qual 27:195–206.

Hiroaki K, Masayuki U, and Yutaka O. 1993. Storage of shredded cabbage under dynamically CA of high $O_2$ and high $CO_2$. Biosci Biotechnol Biochem 57:1049–1052.

Hong JH and Gross KC. 2001. Maintaining quality of fresh-cut tomato slices through modified atmosphere packaging and low temperature storage. J Food Sci 66:960–965.

Howard LR and Griffin LE. 1993. Lignin Formation and surface discoloration of minimally processed carrot sticks. J Food Sci 58:1065–1067.

Howard LR, et al. 1994. Quality changes in diced onions stored in film packages. J Food Sci 59:110–112, 117.

Hu W, et al. 2007. Effects of initial low oxygen and perforated film package on quality of fresh-cut cabbages. J Sci Food Agric 87:2019–2025.

Iversen E, Wilhelmsen E, and Criddle RS. 1989. Calorimetric examination of cut fresh Pineapple metabolism. J Food Sci 54:1246–1249.

Izumi H, Watada AE, and Douglas W. 1996a. Optimum $O_2$ or $CO_2$ atmosphere for storing broccoli florets at various temperatures. J Am Soc Hortic Sci 121:127–131.

Izumi H, et al. 1996b. CA storage of carrot slices, sticks and shreds. Postharvest Biol Technol 9:165–172.

Izumi H, Nonaka T, and Muraoka T. 1997. Physiology and quality of fresh-cut spinach stored in low $O_2$ CAs at various temperature. In: Gorny JR, editor. Proceedings Seventh International Controlled Atmosphere Research Conference, Volume 5. Davis, Calif.: Univ. of California. Postharvest Hortic Ser 19:130–133.

Jacxsens L, et al. 2001. Effect of high oxygen modified atmosphere packaging on microbial growth and sensorial qualities of fresh-cut produce. Int J Food Microbiol 71:197–210.

Jacxsens L, et al. 2003. Relation between microbiological quality, metabolite production and sensory quality of equilibrium modified atmosphere packaged fresh-cut produce. Int J Food Microbiol 83:263–280.

Johnson CE and von Elbe JH. 1974. Extension of postharvest storage-life of sliced celery. J Food Sci 39:678–680.

Kader AA. 2006. Pineapple. Recommendations for maintaining postharvest quality. Postharvest Technology Research and Information Center. Davis, Calif.: Univ. of California. http://postharvest. uc-davis.edu/Produce/ProduceFacts/Fruit/pineapple.shtml.

Kaji H, Ueno M, and Osajima J. 1993. Storage of shredded cabbage under a dynamically controlled atmosphere of high oxygen and high carbon dioxide. Biosci Biotechnol Biochem 57:1049–1052.

Kawano S, et al. 1984. Cold storage of shredded cabbage. Rep Natl Food Res Inst 45:86–91.

Ke D and Saltveit ME. 1989. Carbon dioxide induced brown stain development as related to phenolic metabolism in iceberg lettuce. J Am Soc Hortic Sci 114:789–794.

Kim DM, Smith NL, and Lee CY. 1993. Quality of minimally processed apple slices from selected cultivars. J Food Sci 58:1115–1117.

Kim KM, et al. 2006. Effect of modified atmosphere packaging on the shelf-life of coated, whole and sliced mushrooms. LWT—Food Sci Technol 39:365–372.

Koorapati A, et al. 2004. Electron-beam irradiation preserves the quality of white button mushroom (*Agaricus bisporus*) slices. J Food Sci 69:SNQ25–SNQ29.

Langerak DI. 1975. The influence of irradiation and packaging on the keeping quality of prepared cut endive, chicory and onions. Acta Aliment 4:123–138.

Lavelli V, et al. 2006. Physicochemical, microbial, and sensory parameters as indices to evaluate the quality of minimally-processed carrots Postharvest Biol Technol 40:34–40.

Liu F and Li Y. 2006. Storage characteristics and relationships between microbial growth parameters and shelf life of MAP sliced onions Postharvest Biol Technol 40:262–268.

Loaiza-Velarde JG, et al. 2003. Heat-shock reduces browning of fresh-cut celery petioles. Postharvest Biol Technol 27:305–311.

Lopez-Galvez G, Saltveit M, and Cantwell M. 1996. The visual quality of minimally processed lettuces stored in air or CA with emphasis on romaine and iceberg types. Postharvest Biol Technol 8:179–190.

Lopez-Galvez, G, et al. 1997. Quality of red and green fresh-cut peppers stored in CAs. In: Gorny JR, editor. Proceedings Seventh International Controlled Atmosphere Research Conference, Volume 5. Davis, Calif.: Univ. of California. Postharvest Hortic Ser 19:152–157.

Makhlouf J, et al. 1989. Long-term storage of broccoli under CA. HortScience 24:637–639.

Mao L, et al. 2006. Physiological properties of fresh-cut watermelon (*Citrullus lanatus*) in response to 1-methylcyclopropene and post-processing calcium application. J Sci Food Agric 86:46–53.

Marrero A and Kader AA. 2006. Optimal temperature and modified atmosphere for keeping quality of fresh-cut pineapples. Postharvest Biol Technol 39:163–168.

Mateos M, et al. 1993. Phenolic metabolism and ethanolic fermentation of intact and cut lettuce exposed to $CO_2$-enriched atmospheres. Postharvest Biol Technol 3:225–233.

McDonald RE, Risse LA, and Barmore CR. 1990. Bagging chopped lettuce in permeability films. HortScience 25:671–673.

McGlynn WG, Bellmer DD, and Beilly SS. 2003. Effect of precut sanitizing dip and water jet cutting on quality and shelf–life of fresh-cut watermelon. J Food Qual 26:489–498.

Mencarelli F and Saltveit ME. 1988. Ripening of mature-green tomato fruit slices. J Am Soc Hortic Sci 113:742–745.

Montero-Calderon M, Rojas-Grau MA, and Martin-Belloso O. 2008. Effect of packaging conditions on quality and shelf-life of fresh-cut pineapple (*Ananas comosus*). Postharvest Biol Technol 50:182–189.

National Watermelon Promotion Board. 2005. Available at: www.watermelon.org (accessed December 2005).

O'Connor-Shaw RE, et al. 1994. Shelf life of minimally processed Honeydew, kiwifruit, papaya, pineapple and cantaloupe. J Food Sci 59:1202–1206.

O'Connor-Shaw RE, et al. 1996. Changes in sensory quality of sterile cantaloupe dice stored in controlled atmosphere. J Food Sci 61:847–51.

Peiser, G, Lopez-Galvez G, and M. Cantwell M. 1997. Changes in aromatic volatiles during storage of packed salad products. In: Gorny JR, editor. Proceedings Seventh International Controlled Atmosphere Research Conference, Volume 5. Davis, Calif.: Univ. of California. Postharvest Hortic Ser 19:23–28.

Perkins-Veazie P and Collins JK. 2004. Flesh quality and lycopene stability of fresh-cut watermelon. Postharvest Biol Technol 31:159–166.

Pirovani ME, et al. 1997. Storage quality of minimally processed cabbage packaged in plastic films. J Food Qual 20:381–389.

Pirovani ME, Guemes DR, and Piagentini AM. 2003. Fresh-cut spinach quality as influenced by spin drying parameters. J Food Qual 26:231–242.

Portela S, et al. 1997. Changes in sensory quality and fermentative volatile concentrations of minimally processed cantaloupe stored in controlled atmosphere. In: Gorny JR, editor. Proceedings Seventh International Controlled Atmosphere Research Conference, Volume 5. Davis, Calif.: Univ. of California. Postharvest Hortic Ser 19:123–129.

Qi L and Watada AE. 1997. Quality changes of fresh-cut fruits in CA storage. In: Gorny JR, editor. Proceedings Seventh International Controlled Atmosphere Research Conference, Volume 5. Davis, Calif.: Univ. of California. Postharvest Hortic Ser 19:116–121.

Qi L, Wu T, and Watada AE. 1999. Quality changes of fresh-cut honeydew melons during controlled atmosphere storage. J Food Qual 22:513–521.

Robbs PG, et al. 1996. Causes of decay of fresh-cut celery. J Food Sci 61:444–448.

Rojas-Grau MA, Grasa-Guillem R, and Martin-Belloso O. 2007. Quality changes in fresh-cut Fuji apple as affected by ripeness stage, antibrowning agents and storage atmosphere. J Food Sci 72:S36–S43

Rosen JC and Kader AA. 1989. Postharvest physiology and quality maintenance of sliced pear and strawberry fruits. J Food Sci 54:656–659.

Rushing JW, Fonseca JM, and Keinath AP. 2001. Harvesting and postharvest handling. In: Maynard D, editor. Watermelons: Characteristics, Production, and Marketing. Alexandria, Va: Am Soc Hortic Sci Press, pp. 156–164.

Santos JCB, et al. 2005. Evaluation of quality in fresh-cut "Perola" pineapple stored under modified atmosphere. Cienc Agrotecnol 29:353–361.

Sapers GM, et al. 1994. Enzymatic browning control in minimally processed mushrooms. J. Food Sci 59:1042–1047.

Simon A, Gonzalez-Fandos E, and Tobar V. 2005. The sensory and microbiological quality of fresh sliced mushroom (Agaricus bisporus L.) packaged in modified atmospheres. Int J Food Sci Technol 40:943–952.

Smyth AB, Song J, and Cameron AC. 1998. Modified atmosphere packaged cut iceberg lettuce: effect of temperature and $O_2$ partial pressure on respiration and quality. J Agric Food Chem 46:4556–4562.

Soliva-Fortuny RC, Oms-Oliu G, and Martin-Belloso O. 2002. Effects of ripeness stages on the storage atmosphere, color, microbiological and biochemical stability off fresh-cut apples preserved by modified atmosphere packaging. J Food Sci 67:1958–1963.

Soliva-Fortuny RC, Elez-Martinez P, and Martin-Belloso O. 2004. Microbiological and biochemical stability of fresh-cut apples preserved by modified atmosphere packaging. Innovative Food Sci Emerging Technol 5:215–224.

Suslow T and Cantwell M. 2000. Recommendations for postharvest quality. Produce facts. Davis, Calif.: Dept. of Vegetable Crops, Univ. of California.

Tatsumi Y, Watada AE, and Wergin WP. 1991. Scanning electron microscopy of carrot stick surface determines cause of white translucent appearance. J Food Sci 56:1357–1359.

Toivonen PMA. 1997. Quality changes in packaged, diced onions (Alliumcepa L.). In: Gorny JR, editor. Proceedings Seventh International Controlled Atmosphere Research Conference, Volume 5. Davis, Calif.: Univ. of California. Postharvest Hortic Ser 19:1–6.

Watada A and Qi L. 1999. Quality of fresh-cut produce, Postharvest Biol Technol 15:201–205.

Wright KP and Kader AA. 1997. Effect of slicing and controlled-atmosphere storage on the ascorbate content and quality of strawberries and persimmons. Postharvest Biol Technol 10:39–48.

Zhuang H and Barth MM. 1999. Control of browning discoloration in tray-packed fresh-cut iceberg lettuce. 1999 IFT Annual Meeting Technical Program Book of Abstracts. Chicago, Ill.: IFT, p. 226.

Zhuang H, Hildebrand DF, and Barth MM. 1995. Senescence of broccoli buds is related to changes in lipid peroxidation. J Agric Food Chem 43:2585–2591.

第 ⑥ 章

# 控制和改善气氛包装鲜切果蔬的植物化学变化

*作者:* Jun Yang
*译者:* 胡文忠、姜爱丽、穆师洋、闫媛媛、王运照

## 6.1 引言

　　鲜切果蔬或微加工处理果蔬是指经聚合物薄膜密封或托盘包装的新鲜、清洗过、切好的农产品。经这种处理的果蔬产品食用方便,利于健康,不受季节的影响 (Watada et al., 1996)。由于产品品质优、便捷、新鲜,鲜切农产品的市场逐年增加 (Vasconcellos, 2000; Rico et al., 2007)。据估计,在北美餐饮和零售市场,鲜切果蔬销售额每年增长近 120 亿美元,几乎占总农产品销售额的 15% (Gorny, 2003)。鲜切加工处理导致果蔬组织和细胞的整体性被破坏,并伴随着酶活性、呼吸作用和微生物活性升高,植物化学物质减少,可能进一步导致货架期缩短。通过调控适当温度,控制性气调贮藏 (CA) 及自发气调包装 (MAP) 都可以减小上述不良影响。CA 和 MAP 鲜切农产品中植物化学物质的评价可以为注重健康的消费者在挑选方便产品时提供基本信息。

　　果蔬中的植物化学物质与降低慢性病发生风险有关。已有明确的数据表明,氧化胁迫可以导致细胞、组织及器官的损坏,氧化剂及自由基可引起冠心病 (CVD)、动脉硬化、癌症、白内障、二型糖尿病以及衰老等疾病 (Ames et al., 1993)。正常的细胞代谢是内源活性氧自由基 (ROS:单线态氧、超氧阴离子、过氧化物、羟自由基) 和活性氮自由基 (RNS:一氧化氮、过氧硝酸盐) 的来源。这两类物质可以代表正常组织中检测氧化损伤和氮损伤的背景水平。另一方面,正常细胞接触外源致癌物质也能产生活性氧。亲电胁迫对生物体的存活有着显著的影响,大分子物质如脂类、DNA、蛋白质等氧化性损伤是细胞代谢的必然结果,此过程伴随着有毒物质的增加。氧化剂和抗氧化剂失衡会改变自由基产生的风险,当 ROS 水平超过细胞的抗氧化能力时,细胞内的氧化还原平衡就会发生变化,进而导致氧化胁迫 (Halliwell, 1999)。维持体内最佳生理条件的关键问题是保持氧化剂和抗氧化剂之间的平衡,为避免或减缓自由基引起的氧化胁

迫，需要消耗足够数量的抗氧化剂。通常，在活的有机体内存在 ROS/RNS 产生与内源抗氧化防御系统能力的平衡，然而，内源抗氧化防御系统通常不能完全清除 ROS 或 RNS。饮食中的植物化学物质被认为可能参与在氧化剂-抗氧化剂平衡中。果蔬中含有多种多样的抗氧化物质，如酚类物质和类胡萝卜素，这些物质有助于保护细胞系统免受氧化损伤，降低慢性疾病发生的危险。

与 $O_2$ 减少和 $CO_2$ 升高有关的 CA 和 MAP 系统广泛地应用于鲜切果蔬中，可通过减少水分损失、降低呼吸速率、减少乙烯产生、延缓酶促褐变、抑制微生物生长、降低代谢活动、维持外观品质来延长货架期（Kader，1986；Zagory and Kader，1988）。酚类抗氧化剂在果蔬中合成，可以作为防御机理、伤害治疗的防御者，并进一步预防疾病。水果切割后果蔬的内部组织被暴露在 $O_2$ 和光下，使其中的抗氧化成分容易被降解（Huxsoll et al.，1989）。鲜切农产品贮藏期间总酚含量下降是由于过氧化物酶（POD）和多酚氧化酶（PPO）引起酶促降解，低 $O_2$ 和高 $CO_2$ 会导致 PPO 活性的降低。Oms-Oliu 等（2008a）报道了 $O_2$ 充足的条件下会诱导产生 POD，并且认为在 MAP 下 POD 是由呼吸激活的。鲜切果蔬的褐变是由 PPO 作用于切割过程中释放的酚类物质所引起的（Amiot et al.，1995）。褐变会导致形成有颜色的黑色素，并降低营养成分的含量。伤害果蔬组织引起一系列生理失调，为得到新鲜品质的产品，需要将这种生理失调限制到最小，此外，伤害也会导致乙烯产生。业已证明，乙烯是细胞代谢改变的结果，包括脂氧合酶催化的脂肪酸氧化反应以及联合氧化下类胡萝卜素的降解（Watada et al.，1990；Thompson et al.，1987）。

包装新鲜未加工的果蔬对包装技术人员来说是一种挑战。通过降低温度和 $O_2$ 浓度、提高 $CO_2$ 浓度、包装中结合消耗 $O_2$ 及增加 $CO_2$ 等方式可以降低采后果蔬的呼吸作用。CA 及 MAP 中的 $O_2$ 和 $CO_2$ 浓度影响果蔬采后生理，引起其中植物化学物质发生变化。MAP 可通过主动/被动控制或调节在各种样式的薄膜包装的产品周围的气体成分，通过产品的自然呼吸作用以及包装内气体交换之间的相互作用推迟采后农产品变质。鲜切农产品或微加工处理后的农产品经 MAP 和低温贮藏后受到大众欢迎，主要原因是消费者对方便即食、高品质农产品的需求日益增长（Shah and Nath，2006）。果蔬控制性气调及自发 MAP 的目的是通过降低呼吸作用来延长货架期，同时保持产品品质包括植物化学物质。

由于鲜切果蔬方便与有益健康相关的特点，人们对此类食品的需求日益增加。除了质地、颜色、风味及香气的变化之外，人们更加关注 MAP 鲜切果蔬中植物化学物质的变化。尽管消费者对于新鲜或者微加工处理产品的兴趣及选择日益增加，但在植物营养素的组成、含量、稳定性以及 MAP 采后处理对贮藏期间营养价值保留的影响等方面的信息很少，因为在目前鲜切产品或微加工处理产品的发展阶段，保持植物营养素不是主要的任务。

虽然已有大量的研究，但是没有一篇总结采后贮藏和技术处理后的植物化学物质变化的文献综述。本章的目的在于回顾整理关于 MAP 对大众消费的果蔬中植物化学物质含量影响的最新的文献。

## 6.2 果蔬中的植物化学物质

果蔬中除了含有很多维生素、矿物质、纤维素、蛋白质、油以及复杂的碳水化合物之外，还含有一些被称作"植物化学物质"或"植物营养素"的天然化学物质，这类物质是具有生物活性的有机物，能够为果蔬提供颜色、风味、香气、气味，并起到防御疾病的作用。这些生物活性化合物，包括酚类物质、黄酮类、异黄酮类、硫醇、类胡萝卜素、抗坏血酸、生育酚、萝卜硫素、吲哚类、异硫氰酸盐、芥子油苷，可以通过多种机制保护细胞系统免受氧化性损伤，从而降低人体慢性病发生的风险。

表 6.1 列出了果蔬中的 10 类常见植物化学物质，其中的几类包含数百种化合物。例如，多酚化合物产生于主要的次生代谢产物中的一种，衍生于苯丙氨酸和酪氨酸。据估计，已经鉴定出 8000 多种酚类物质（Shahidi and Naczk, 2003），但是其中大部分仍然是未知的，并且在完全了解它们对人体健康的益处之前需要先描述其特征。

表 6.1　植物化学物质的常见类型、健康益处及其来源

| 植物化学物质 | 常见类型 | 健康益处 | 来源 |
| --- | --- | --- | --- |
| 类胡萝卜素 | α-胡萝卜素、β-胡萝卜素、γ-胡萝卜素，叶黄素，番茄红素，玉米黄质、β-玉米黄质，辣椒黄素 | 维生素 A 前体，作为抗氧化剂阻止氧化作用,免受白内障、眼黄斑侵扰,抑制细胞增殖 | 红色/黄色果蔬,胡萝卜,南瓜,番茄,辣椒,深绿色叶菜如菠菜,木瓜 |
| 芥子油苷,吲哚,异硫氰酸酯 | 前致甲状腺肿素,葡萄糖豆瓣菜素,芸薹葡糖硫苷,硫代葡萄糖苷,D-右旋柠檬烯 | 诱导保护酶,阻塞损坏DNA 的致癌物质,或许可以使雌性激素转变为低癌促进的形式,提高谷胱甘肽转移酶活性 | 十字花科蔬菜:西兰花,卷心菜,向日葵 |
| 植酸 | 六磷酸肌醇酯 | 抑制结肠致癌物,抗肿瘤活性 | 鳄梨,葱 |
| 多酚类 | 绿原酸,鞣花酸,香豆素,咖啡酸,黄酮类,花青素,儿茶素 | 减少细胞增殖,抑制氧化和血栓,阻止雌性激素进入细胞,降低乳腺癌、结肠癌或卵巢癌发生的危险,缓解更年期症状,抗炎活性 | 苹果,浆果类,柑橘类水果,葡萄,芹菜,西兰花,洋葱 |

92

续表

| 植物化学物质 | 常见类型 | 健康益处 | 来源 |
|---|---|---|---|
| 萜类 | | 帮助肝脏解毒致癌物,阻止促进肿瘤细胞生长的激素 | 柑橘类水果:橘子,柠檬,柑橘 |
| 植物雌激素 | 异黄酮,染料木黄酮,鹰嘴豆素 A,木质素类 | 抑制癌细胞增长,降低血胆固醇水平和血小板凝聚,作为抗氧化剂阻止氧化作用 | 大豆 |
| 植物甾醇 | 谷甾醇,菜油甾醇,豆甾醇,菜子甾醇 | 降低血清低密度脂蛋白胆固醇水平,预防依赖激素的癌症,减慢结肠癌发展速度 | 浆果类,葡萄,卷心菜,花椰菜 |
| 蛋白酶抑制剂 | 胰蛋白酶,胰凝乳蛋白酶,弹性蛋白酶,羧肽酶抑制剂 | 作为抗癌药,抑制癌细胞的酶活性 | 豌豆,黄豆,马铃薯,茄子 |
| 皂苷 | 乙酰基大豆皂苷 A1,薯蓣皂苷 | 抗癌活性,捆绑胆汁酸和胆固醇以帮助减少胆固醇水平 | 大豆 |
| 含硫和含硫醇化合物 | 莱菔子硫,烯丙基硫化物,二烯丙基硫醚,二硫代硫酮,烯丙基甲基三硫化物 | 刺激抗癌酶,降低血胆固醇,帮助肝脏解毒致癌物质,减少亚硝胺的形成 | 香葱,大蒜,韭菜,洋葱 |

许多流行病学数据、动物试验以及细胞培养等证据表明,果蔬对于预防癌症和心血管疾病有明显益处 (Block et al., 1992;Joshipura et al., 2001;Hu and Willett, 2002;Yang et al., 2004),已有广泛报道表明果蔬的抗氧化能力对于预防癌症和心血管疾病、维持健康具有有益效果。最近的研究表明,植物化学物质预防癌症的作用超过了清除自由基的抗氧化能力。植物化学物质可以有互补性和重叠的通过抗氧化作用的机理;清除自由基;螯合金属离子;抑制或还原端粒酶、环氧酶 (Laughton et al., 1991)、脂肪氧合酶 (Sadik et al., 2003)、黄嘌呤氧化酶 (Van Hoorn et al., 2002)、蛋白激酶 (Agullo et al., 1997) 等;引发解毒、氧化和还原作用中的酶活性;调节血小板活性 (Dutta-Roy, 2002;Birt et al., 2001)、同型半胱氨酸浓度 (Brattstrom et al., 1988) 和血压 (Appel et al., 1997);影响信号转导途径 (Spencer et al., 2003)、细胞受体 (Mueller et al., 2004)、依赖半胱氨酸酶的途径 (Way et al., 2005) 之间的相互作用;细胞增殖、细胞死亡、激素代谢等基因表达的调控;细胞循环中对于依赖细胞周期蛋白的调控干扰 (Fischer and Lane, 2000);亚硝胺形成的抑制;抗肿瘤药物形成底物的确定;消化道中致癌物质的稀释和结合 (Steinmetz and Potter, 1991);抗菌、抗病毒效果 (Dragsted et al., 1993),对维持健康达到互补和叠加的效果。令人信服的数据表明,通过增长食用果蔬降低许多慢性疾病发生率是一种非

常实用的方法。

### 6.2.1　酚类物质

酚类物质（phenolics）是碳水化合物通过莽草酸酯合成途径而形成的一系列次级代谢产物。莽草酸酯合成途径是芳香族氨基酸（苯丙氨酸、酪氨酸和色氨酸）的合成途径，此途径只发生在微生物和植物中（Kerrmann，1995；Shahidi and Naczk，2003）。酚类物质可以充当"合"色素，保护果蔬免受紫外线和虫害等伤害，但它们也是褐变反应的底物。此外，酚类物质对人体健康有特别的意义，其中包括抗氧化、抗诱变和抗癌的作用以及降低冠心病的风险。果蔬中主要的酚类物质可以分成几个结构组：酚酸、黄酮类、芪类、香豆素以及单宁酸。果蔬中还有特殊的酚类物质，如苹果二氢查耳酮、芹菜内酯、柑橘黄烷酮、葡萄白藜芦醇、番茄查尔酮。

果蔬中最常见的酚酸通常被分为两组（见图 6.1）：苯甲酸衍生物（由 7 个碳原子组成，C6-C1）、肉桂酸衍生物（包含 9 个碳原子，C6-C3）。这些化合物主要以羟化形式存在，因此，它们通常被称为羟基苯甲酸和羟基肉桂酸。

1) 苯甲酸

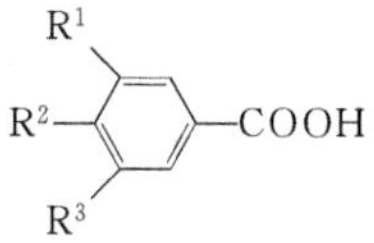

| 苯甲酸衍生物 | 取代基 | | |
|---|---|---|---|
| | $R^1$ | $R^2$ | $R^3$ |
| 对羟基苯甲酸 | H | OH | H |
| 原儿茶酸 | H | OH | H |
| 香草酸 | $OCH_3$ | OH | H |
| 丁香酸 | $OCH_3$ | OH | $OCH_3$ |
| 没食子酸 | OH | OH | OH |

2) 肉桂酸

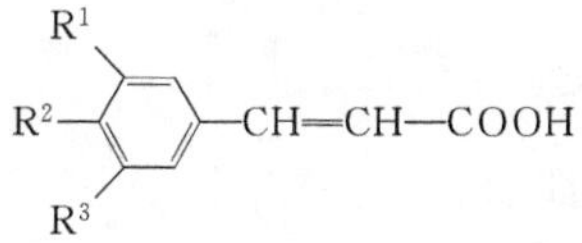

| 肉桂酸衍生物 | 取代基 | | |
|---|---|---|---|
| | $R^1$ | $R^2$ | $R^3$ |
| 对香豆酸 | H | OH | H |
| 咖啡酸 | OH | OH | H |
| 阿魏酸 | $OCH_3$ | OH | H |
| 芥子酸 | $OCH_3$ | OH | $OCH_3$ |

图 6.1　常见酚酸的结构
1）苯甲酸衍生物；2）肉桂酸衍生物

果蔬中的黄酮类物质被广泛研究，这个组群包括至少 8000 种已知的化合物，并且由于各种羟基化、糖基化、甲氧基化和酰化反应导致的结构多样性，这个数字还在持续增长（Rice-Evans and Packer，2003）。黄酮类物质的基本结构由两个芳环（A 环和 B 环）组成，两个环由氧化杂环（C 环）中的三个碳原子连接（见图 6.2）。根据杂环 C 的差异性，黄酮类物质（图 6.3）可分为黄酮醇（槲皮黄酮、山柰酚、杨梅酮）、黄酮（毛地黄黄酮和芹黄素）、黄烷醇（儿茶素、表儿茶素、表焙儿茶素、表儿茶素没食子酸盐、表焙儿茶素没食子酸盐）、黄烷酮类（柚苷配基）、花青素、异黄酮（染料木黄酮、黄豆苷元、二氢黄豆苷元、雌马酚）。大部分天然存在的黄酮类物质与糖基或酯类共轭，也能以苷配基（非糖化合物）形式出现，尤其是经过食品加工后（Hollman and Arts，2000）。

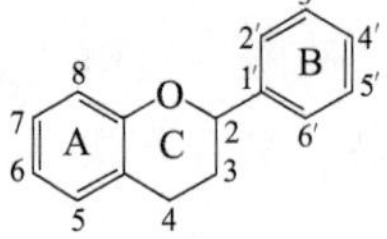

图 6.2　黄酮类的一般结构

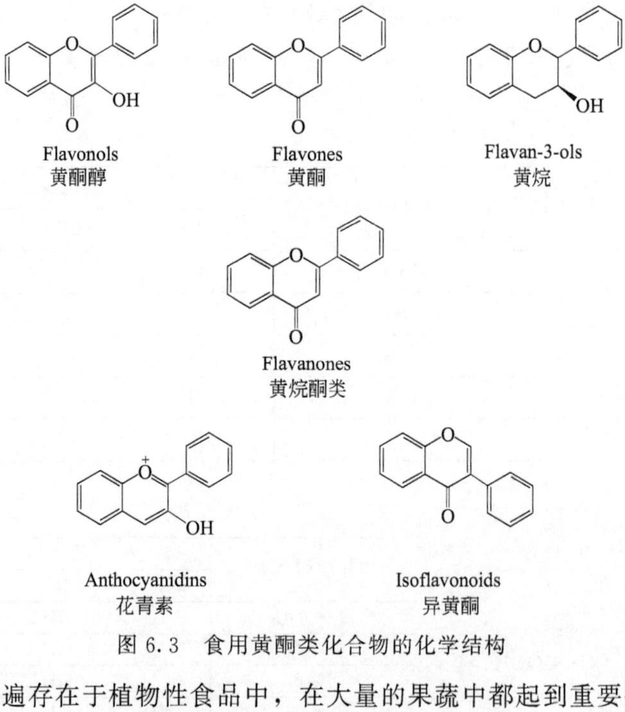

图 6.3　食用黄酮类化合物的化学结构

儿茶素普遍存在于植物性食品中，在大量的果蔬中都起到重要作用。儿茶素属于黄烷-3-醇，黄烷-3-醇是被完全还原的黄酮类物质。反式是（2R，3S）（+）-儿茶素，顺式是（2R，3R）（−）-表儿茶素。儿茶素和表儿茶素是差向异构体，（+）-儿茶素和（−）-表儿茶素是自然界发现的最常见的旋光异构体（见图 6.4）。表焙儿茶素（EGC）和没食子儿茶素（GC）分别与表儿茶素和儿茶素相比，前两种包含一个额外的酚式羟基基团。儿茶素没食子酸盐［如表焙儿

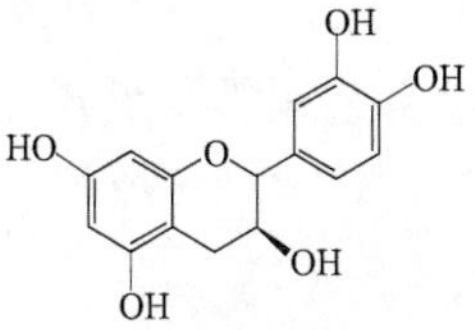

Catechin(C)
儿茶素(C)

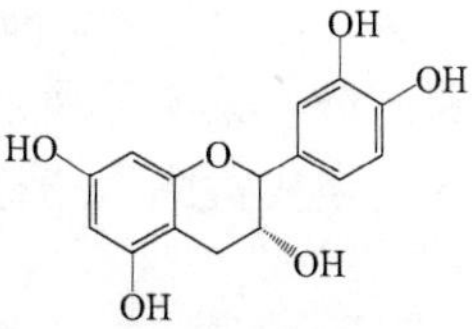

Epicatechin(EC)
表儿茶素(EC)

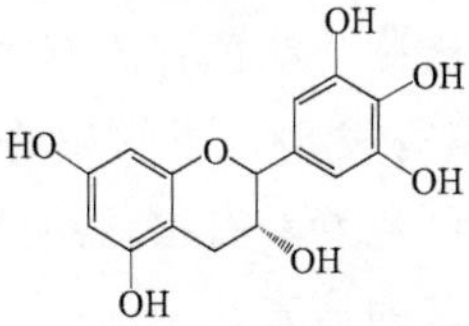

Epigallocatechin(EGC)
表焙儿茶素(EGC)

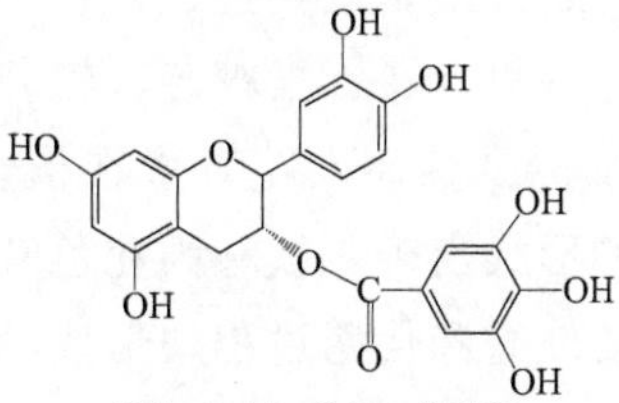

Epicatechin Gallate(ECG)
表儿茶素没食子酸盐(ECG)

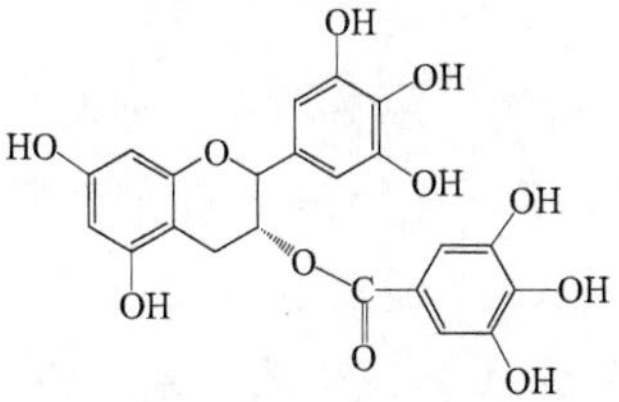

Epigallocatechin Gallate(EGCG)
表焙儿茶素没食子酸盐(EGCG)

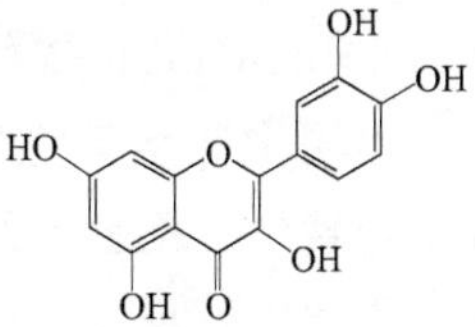

Quercetin
槲皮黄酮

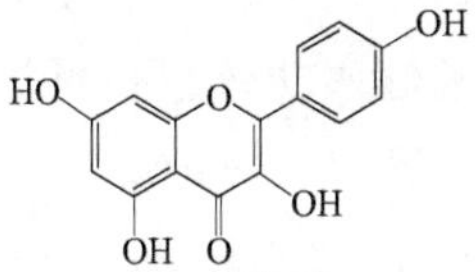

Kaempferol
山柰酚

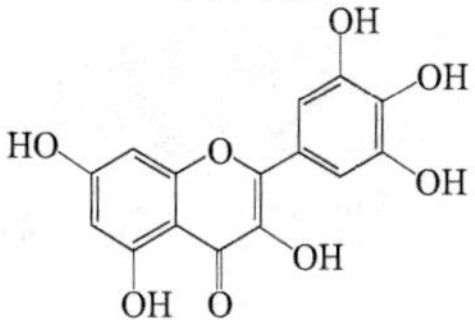

Myricetin
杨梅酮

图 6.4　常见食用黄酮类的化学结构

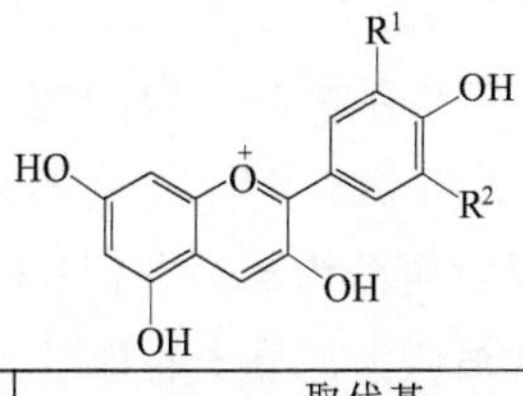

| 花青素衍生物 | 取代基 | | 颜色 |
|---|---|---|---|
| | $R^1$ | $R^2$ | |
| 矢车菊素 | OH | H | 橙色,红色 |
| 飞燕草色素 | OH | OH | 黛青色,红色 |
| 锦葵色素 | $OCH_3$ | $OCH_3$ | 黛青色,红色 |
| 天竺葵色素 | H | H | 橙色 |
| 芍药色素 | $OCH_3$ | OH | 红色 |
| 牵牛花色素 | $OCH_3$ | OH | 黛青色,红色 |

图 6.5　花青素的化学结构

茶素没食子酸盐（EGCG）］是儿茶素的没食子酸酯，儿茶素单体是苦涩的。

槲皮黄酮是一种黄酮醇，黄酮醇通常在植物体内以糖苷形式存在。葡萄中有三种黄酮类苷配基形式：槲皮黄酮、杨梅酮（3′，4′，5′-三羟基）和山奈酚（4′-羟基）（见图 6.4）。

花青素广泛分布于植物界，是一种天然、无毒、水溶性的黄酮类色素，在果蔬中十分常见，是果蔬呈现红色、橙色、蓝色、紫色的原因。花青素本身可分为无糖花青素苷配基以及花青素糖苷，糖苷配基被称为花色苷。有六种常见的花青素结构（见图 6.5）。然而，花青素在植物中罕有发现，植物中通常是以更稳定的糖化衍生物的形式出现，被称为花色苷。这些色素具有很强的抗氧性，有助于保护植物免受紫外光和代谢过程中形成的自由基的伤害。

### 6.2.2 类胡萝卜素

类胡萝卜素（carotenoids）是存在于植物、藻类和光合细菌中的一类天然脂溶性色素，在光合作用中起至关重要的作用。类胡萝卜素在色素母细胞中被发现，是许多果蔬呈现黄色、橙色或红色的原因。这类化合物已被证实对人类健康具有潜在的益处。果蔬中发现大量的维生素 A 源类胡萝卜素，包括 α-胡萝卜素、β-胡萝卜素、β-玉米黄质，这些物质起自由基清除剂的作用。尽管番茄红素不是维生素 A 源化合物，但是已证实它是一种有效的体外单线态氧淬灭剂（Di Mascio et al.，1989）。类胡萝卜素的其他促进健康功效包括可治疗光敏性疾病、增强免疫和降低退行性疾病（如心血管疾病、癌症、白内障）发生的风险（Gaziano and Hennekens，1993；Matthews-Roth 1993；Krinsky and Johnson，2005；Voutilainen et al.，2006）。新鲜果蔬是饮食中维生素 A 原（视黄醇）的重要来源。据估计，在美国，新鲜果蔬提供 50% 的营养需要（Goddard and Matthews，1979），然而，新鲜果蔬对氧化变质非常敏感。类胡萝卜素降解以及随之引起的颜色损失是鲜切农产品存在的主要问题，另一方面，作为天然的抗氧化剂，类胡萝卜素或许可以延长鲜切农产品的货架期。

类胡萝卜素属于四萜类，通常可分为胡萝卜素和叶黄素。在结构上，它们以 40-碳多烯链的形式存在，这种结构被认为是分子的骨架。这种链或许有一个环形结构在末端，可能带有含氧的功能团。未被氧化的类胡萝卜素如 α-胡萝卜素、β-胡萝卜素和番茄红素被称作胡萝卜素类，是因为它们仅包含碳和氢。含氧的类胡萝卜素如叶黄素和玉米黄质被称为叶黄素类。类胡萝卜素由八个类异戊二烯单元组成，这些单元在分子中心的排列是颠倒的，它的特征和功能是由位于其中心的延长共轭双键体系决定的。不同的化学作用可改变类胡萝卜素的基本骨架结构，如氢化作用、脱氢作用、重排、环化作用、链降解或者这些反应综合在一起的作用，这些作用使得类胡萝卜素的结构多种多样。众所周知，天然存在的类胡萝卜素有 600 多种（Ong and Tee，1992），目前仍然有新的类胡萝卜素被发现和鉴定。

　　果蔬中类胡萝卜素的结构和组成非常复杂且多变。绿色蔬菜，包括多叶的及非多叶的绿色蔬菜中的类胡萝卜素包含 β-胡萝卜素、叶黄素、紫黄质和新黄质（Kimura and Rodriguez-Amaya，2002）。类胡萝卜素对果蔬颜色影响的例子包括胡萝卜、南瓜、柑橘类水果的橙色、小辣椒以及番茄的红色等，最常见的类胡萝卜素包括番茄红素和维生素 A 源 β-胡萝卜素。成熟水果中的氢化类胡萝卜素是由脂肪酸酯化而成，类胡萝卜素由于高度不饱和，在鲜切农产品加工和贮藏过程中易受异构化和氧化作用的影响。除受到基因和环境因素的影响外，类胡萝卜素的组成也随着种类、栽培品种、成熟度、气候、季节、地理起源、农耕方式、收获和采后处理、加工、贮藏条件的不同而变化（Rodriguez-Amaya et al.，2008）。果蔬中常见的类胡萝卜素结构见图 6.6。

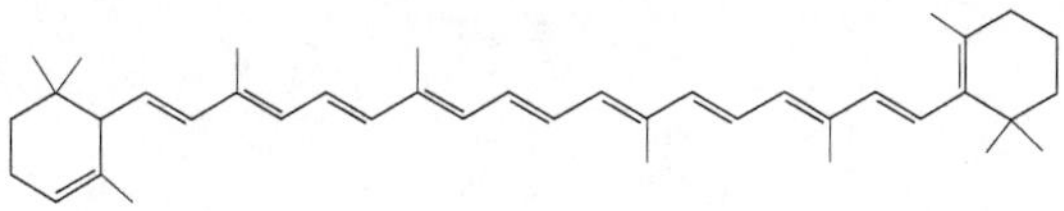

α-carotene
α-胡萝卜素

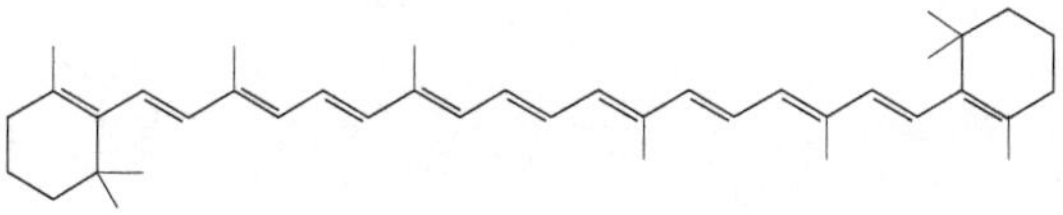

β-carotene
β-胡萝卜素

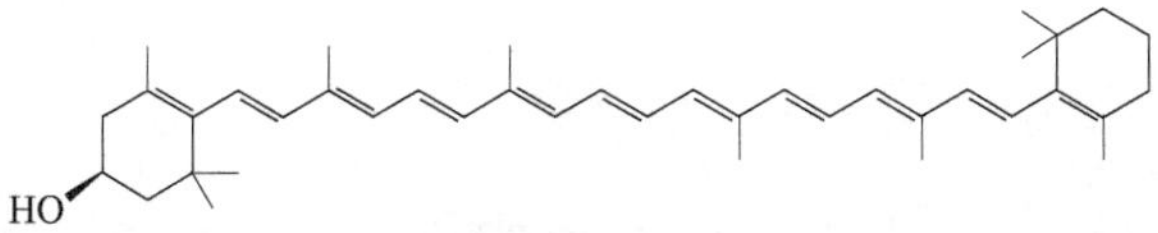

β-cryptoxanthin
β-玉米黄质

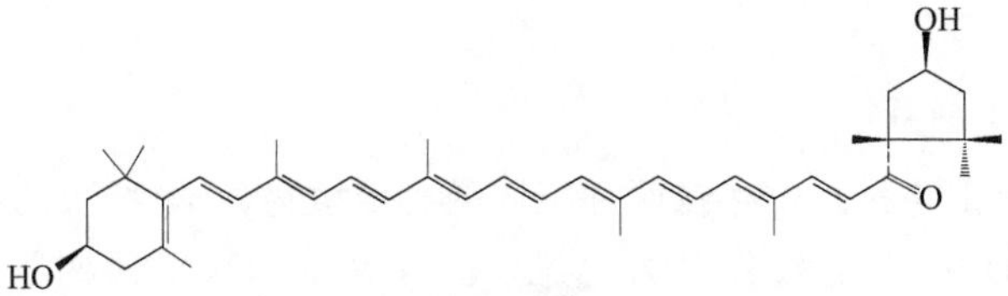

Capsanthin
辣椒黄素

图 6-6

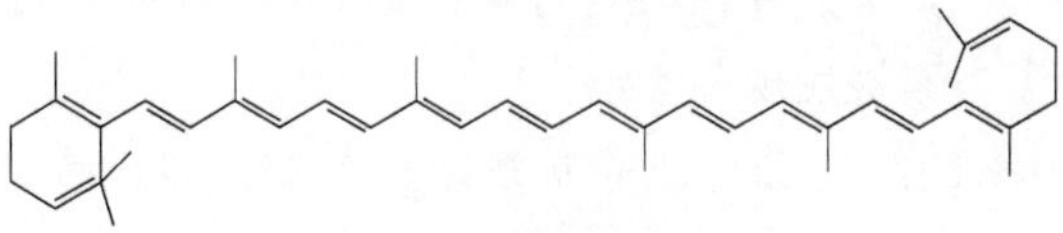

Lycopene
番茄红素

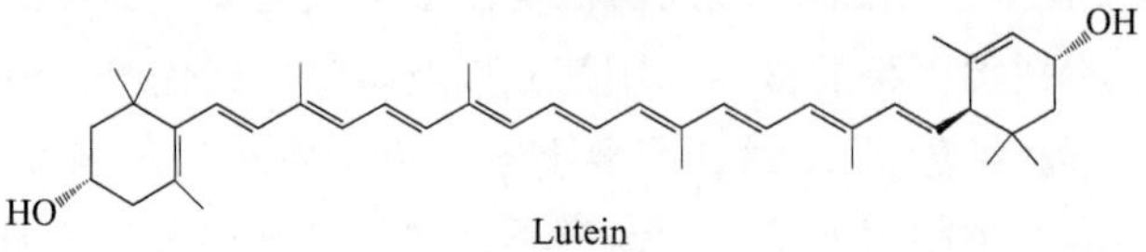

Lutein
叶黄素

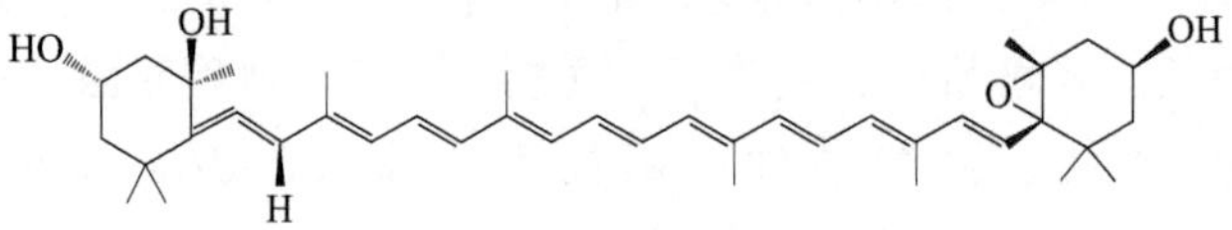

Neoxanthin
新黄质

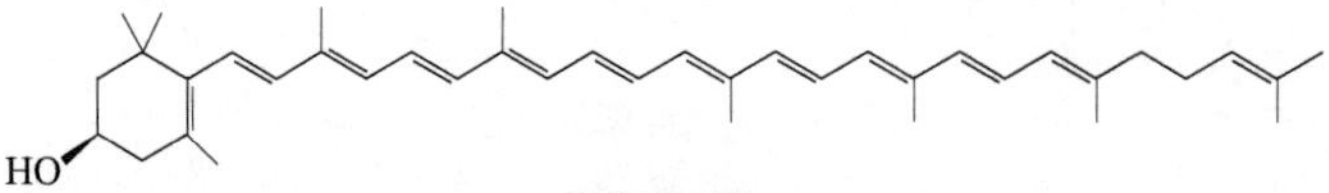

Rubixanthin
玉红黄素

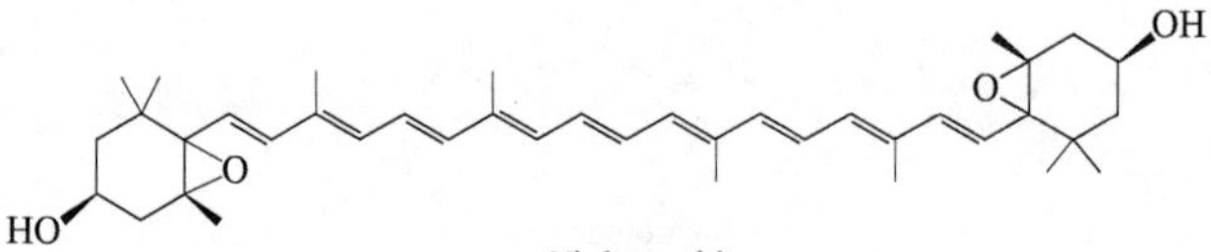

Violaxanthin
紫黄质

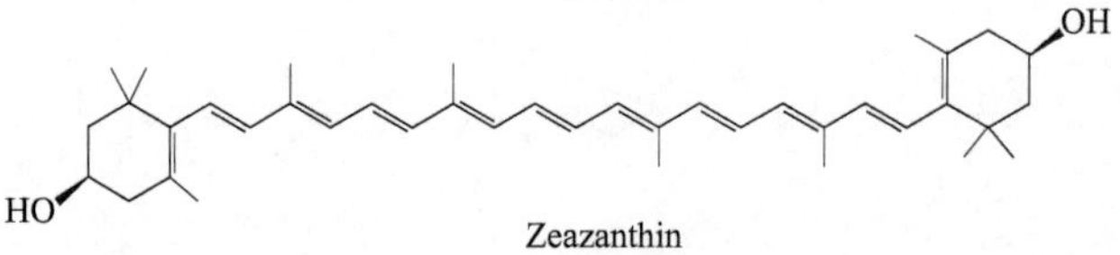

Zeazanthin
玉米黄质

图 6.6　类胡萝卜素的化学结构

### 6.2.3　芥子油苷

在甘蓝（十字花科）中存在两种不同的含硫植物化学物质，分别是芥子油苷（Glucosinolates）和半胱氨酸甲酯。芥子油苷是植物次级代谢物中的一种重要的、独特的类型。天然存在的芥子油苷是（*Z*）-顺式-*N*-含氢肟基硫酸酯，包含一个硫连接的 *β*-D-吡喃葡萄糖部分、磺化的肟部分以及一个氨基酸衍生侧链，它们属于糖苷配基侧链结构不同的含硫苷。芥子油苷包含 100 多种已鉴定的天然存在的硫代葡萄糖苷，硫代葡萄糖苷具有的共同结构是可变的脂肪族、芳香族侧

链（R），以及杂环原子碳骨架（Hansen et al.，1995）。现在植物界已知存在的
100 多种芥子油苷中，大约有 10 种存在于芸薹属植物中，它们是由氨基酸生物
合成衍生而来的。

芥子油苷本身具有相对生物学惰性，然而，在组织破坏后就会发生水解作
用，形成许多不同的结构多样的水解产物，这些产物具有多种多样的生物效应。
蔬菜组织一旦被破坏或者细胞完整性受到损坏，其液泡就会释放芥子油苷，并且
由芥子酶（$\beta$-葡糖硫苷酶，EC 3.2.3.1）迅速水解成葡萄糖和不稳定的硫代氢化
草氨酸乙酯-$O$-磺酸酯中间体。这些中间体由化学条件决定，自发重排形成硫氰
酸酯、异硫氰酸盐和腈（见图 6.7）（Fenwick et al.，1983；Mikkelsen et al.，
2002；Bones and Rossiter，1996；Halkier and Du，1997；Holst and Williamson，
2004；Rask et al.，2000）。

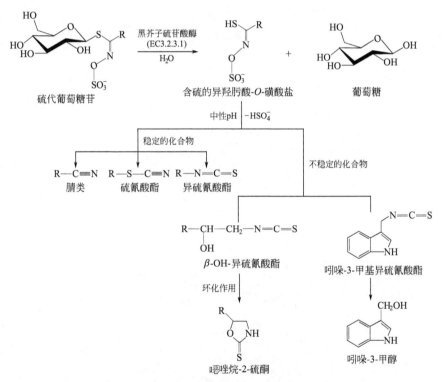

图 6.7　芥子油苷的一般结构以及芥子酶参与的酶法水解

R 表示脂肪族、芳香族或吲哚基团

（改编自 Holst & Williamson，2004；Rask et al.，2000）

水解后的芥子油苷产物由糖苷配基部分、葡萄糖和硫酸盐组成。糖苷配基部
分不稳定，可重排形成异硫氰酸盐、硫氰酸酯、腈类、恶唑烷、表硫化腈，这取

决于芥子油苷的结构和反应条件。在花椰菜中发现的具有生物活性的异硫氰酸盐
主要是萝卜硫素、异硫氰酸烯丙酯和吲哚-3-甲醇。一些水解产物如甲状腺肿素、
硫氰酸离子、腈类等或许有毒性，其他的如异硫氰酸盐中的萝卜硫素在食用富含
十字花科食物饮食中或许具有抗癌的效果（Mithen，2001）。芥子油苷的化学结
构和常见的水解产物见图 6.8。

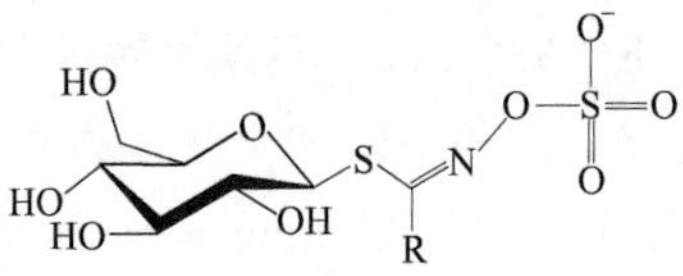

芥子油苷

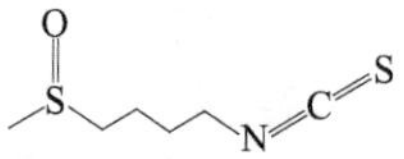

萝卜硫素

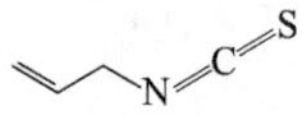

烯丙基异硫氰酸盐

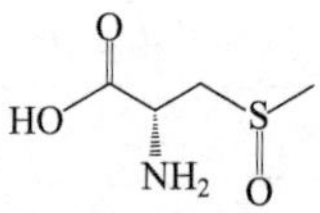

S-甲基半胱氨酸亚砜

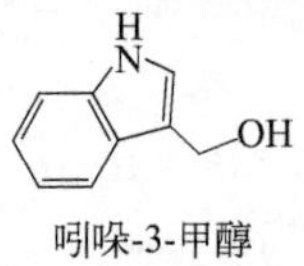

吲哚-3-甲醇

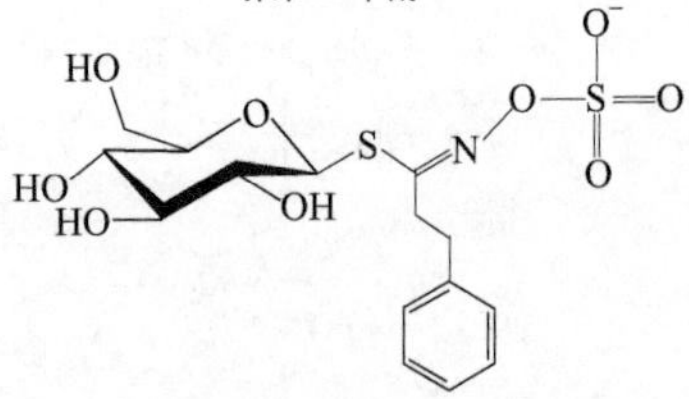

2-苯乙基(豆瓣菜苷)

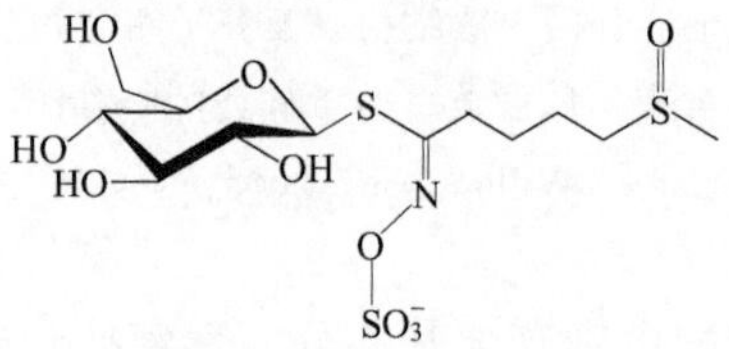

4-甲基-次磺酰丁基(硫代葡萄糖苷)

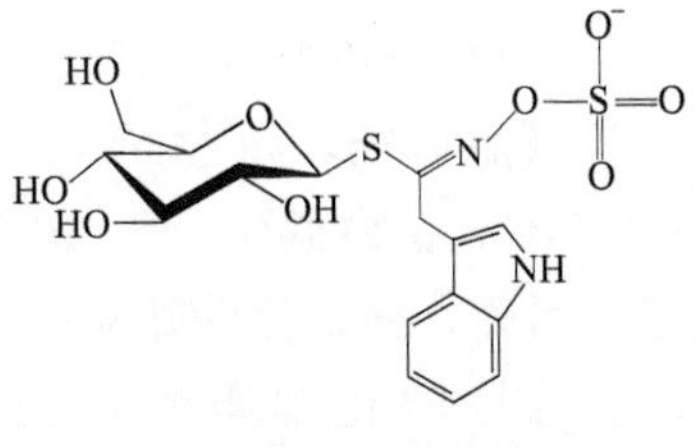

3-吲哚甲基(芸薹葡糖硫苷)

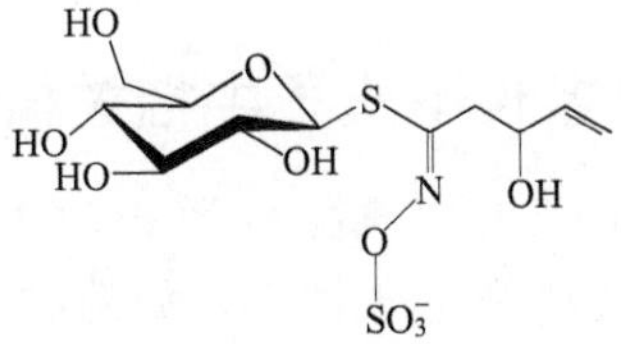

2-羟基-3-烯基(前致甲状腺肿素)

图 6.8 芥子油苷及其水解化合物的化学结构

流行病学的证据表明，食用较多的芸薹属蔬菜如花椰菜等，有助于降低肺癌、胃癌、乳腺癌、前列腺癌、结肠癌、直肠癌发生的风险（Van Poppel，1999；Higdonm et al.，2007）。两篇全面深入的流行病学研究的综述文章显示十字花科蔬菜的摄入与癌症风险之间呈反比例关系（Verhoeven et al.，1996）。例如，芥子油苷的三种水解产物具有抗癌活性，它们是：4-甲基-亚硫酰丁基（硫代葡萄糖苷）、2-苯乙基（水田芥苷）、3-吲哚甲基（芸薹葡糖硫苷）。芸薹葡糖硫苷的一种代谢物——吲哚-3-甲醇，对人体乳腺癌和卵巢癌具有抑制作用。S-半胱氨酸甲酯亚砜以及它的代谢物甲基甲烷硫代亚磺酸酯能够抑制化学诱导基因毒性在老鼠体中产生（Stoewsand，1995；Verhoeven et al.，1997）。在花椰菜中发现的且研究最多的植物化学物质是异硫氰酸盐，这类物质被鉴定为是具有抗癌活性的主要成分。异硫氰酸盐的天然衍生物及合成衍生物达 20 多种，并且所有这些物质都具有抗瘤作用。

与健康功效相关的芥子油苷水解产物的作用机理可能是综合其多种生理作用的结果，这些生理作用包括抗氧化与抗炎症作用，调节雌性激素代谢，诱导阶段 II 酶解毒，抑制阶段 I 酶（主要由细胞色素酶 P450 超基因家族组成，通常是防御外来化合物的酶）降低致癌物质的活化作用，影响细胞循环和细胞分化，增强免疫，诱导细胞死亡，抑制增殖和血管再生（Keck and Finley，2004；Fahey et al. 2001；Clarke et al.，2008；Kim and Milner，2005；Yang and Liu，2009a）。例如，吲哚-3-甲醇及其代谢物二（3′-吲哚）甲烷可引起多重肿瘤细胞的重叠和独特的响应，这些响应包括生长抑制、细胞死亡、抗血管生成活性（Safe et al.，2008）。异硫氰酸盐的化阻作用与对细胞色素 P450（阶段 I）引起的致癌物质代

谢活性抑制及阶段 Ⅱ 解毒酶的诱导作用有关。理论上，阶段 Ⅱ 酶的诱导由抗氧化响应要素（ARE）来调节，而抗氧化响应要素由转录因子 Nrf2 来控制。Nrf2 的潜在调控机制涉及不同的信号激酶途径，如 MAPK（分裂素-活化蛋白激酶）、PI3K（磷脂酰肌醇三激酶）、PKC（蛋白激酶 C）、PERK（PKR-类似内质网激酶），以及不依赖激酶的途径。另外，异硫氰酸盐对一些信号调节分子如 NF-κB 和 AP-1 调控也可能有助于总体的化学阻碍机制（Keuma et al.，2004；Fimognari and Hrelia，2007）。

## 6.3 CA 和 MAP 条件下水果中相关植物化学变化

鲜切水果的加工过程不仅增加氧化应激和微生物侵染，导致质量下降，过度软化，发生褐变，而且植物化学物质，如酚类物质、黄酮类物质、抗坏血酸、类胡萝卜素等，损失严重。CA 和 MAP 可能对保护植物营养素起到了重要作用。

### 6.3.1 苹果

苹果（apple）中主要的黄酮类化合物有儿茶素、黄酮醇、花青素（Lister et al.，1994；Yang and Liu，2009b）。儿茶素主要存在于果皮和果肉中（Arts et al.，2000）；黄酮醇主要存在于果皮中，果肉中的含量较少（Van der Sluis et al.，2001）；花青素仅存在于苹果的果皮中。苹果中还含有其他化合物如绿原酸（一种酚酸）和根皮苷（脱氢查尔酮）。根皮素 2′-葡萄糖苷（根皮苷）和根皮素 2′-（2″-木糖葡萄糖苷）也在苹果中发现（Tomas-Barberan et al.，1993）。苹果酸中还含有咖啡酸、对羟基肉桂酸和阿魏酸。切割对苹果中总酚和 PPO 活性的影响已经被广泛研究（Amiot et al.，1992；Murata et al.，1995；Rocha and Morais，2001），例如，Gil 等（1998a）研究表明，2% 抗坏血酸作为一种防止褐变的有效还原剂，可预防富士苹果切片中总酚含量的降低。

CA 和低温冷藏对酚类物质活性的影响已经被 Van der Sluis 等（2003）检验。将苹果置于 12 kg 塑料盒中贮藏在 4℃ 下，控制气调的对乔纳金、金冠、艾尔斯塔苹果是 $1.2\% O_2 + 2.5\% CO_2$ 在 1.5℃ 贮藏，对考克斯橙色品种是 $1.2\% O_2 + 0.7\% CO_2$。在贮藏过程中苹果的酚类物质，包括总儿茶素（儿茶素和表儿茶素）、总槲皮素苷（槲皮素-3-半乳糖苷、槲皮素-3-芸香苷、槲皮素-3-葡萄苷、槲皮素-3-O-木糖葡萄糖苷、槲皮素-3-阿拉伯糖苷、槲皮素-3-鼠李糖苷）、根皮苷、花青素半乳糖苷和绿原酸的变化被定量测定。结果展示，CA 贮藏对四种品种的槲皮素糖苷、根皮苷、花青素半乳糖苷总量没有显著影响，然而，CA 贮藏导致乔纳金品种的绿原酸含量明显降低。乔纳金、金冠、艾尔斯塔、考克斯的橙色品种总儿茶素的含量保持稳定，这与之前的报道是一致的（Awad and de Jager，2000）。这些结果表明，在冷藏期间 CA 对于不同种类苹果中多数酚类物质含量没有影响，对于特别酚类物质含量的影响因苹果种类而异。

有人研究了溶液浸渍和 MAP 对鲜切金冠苹果（*Malus sylvestris* L.）功能特性的影响。鲜切苹果片浸泡在 1％抗坏血酸和 1％柠檬酸中 3min 后，在 90％ $N_2O$、5％ $O_2$ 和 5％ $CO_2$ 气调条件下进行包装，该样品在 4℃±1℃下贮藏 8d，在 0、1d、2d、4d、6d、8d，苹果中的酚类、抗坏血酸和自由基清除力被测定。研究表明，浸渍处理可以提高苹果片的抗氧化活性，而 MAP 贮藏对抗坏血酸有不利的影响。在贮藏的头两天，所有苹果的总酚类物质含量都降低，可能是由于刚开始贮藏的几天，在 MAP 包装中苹果切割表面总酚与大气中的 $O_2$（21 kPa）接触发生迅速氧化的结果。包装气体中氧对酚类物质的影响可用总酚和 PPO 催化产生的棕色化合物的平衡表达，在样品贮藏两天后此平衡已达到并一直保持到实验结束（总酚和褐变区域之间存在一个显著负相关关系，$p<0.001$），该结果与之前的研究结果相符（Rocha & Morais，2001）。Gil 等（1998a）发现用抗坏血酸浸渍样品的总酚含量比未浸渍样品的含量高，说明在贮藏过程中抗坏血酸对总酚物质的降解有抑制作用。与抗坏血酸（$p<0.001$）一样，总酚（$p<0.05$）和 DPPH（2，2 -二苯基-1-苦基肼）自由基清除活性之间存在正相关关系。这表明，两种生物活性化合物都可以提高经抗褐变处理的鲜切苹果样品的整体抗氧化活性，此结果与之前的报道相同（Boyer and Liu，2004）。

Ke 和 Saitveit 研究了不同 $O_2$ 和 $CO_2$ 浓度的 MAP 对苹果花青素稳定性的影响，样品在 2℃条件下贮藏 30 个星期，包装中高于 70％的 $CO_2$ 浓度导致存在于苹果表皮的矢车菊-3-半乳糖苷、花青素-3-阿拉伯糖苷和矢车菊素阿拉伯糖苷不稳定。Lin 等（1998）也报道自发 MAP 中较高的 $CO_2$ 浓度（大于 70％）导致新红星的果皮中矢车菊素阿拉伯糖很不稳定。

### 6.3.2 樱桃

樱桃（cherry）的常见品种有：甜樱桃和酸樱桃。甜樱桃中含有矢车菊素-3-芸香糖苷、矢车菊素-3-葡萄糖苷、甲基花青素-3-芸香糖苷和甲基花青素-3-葡萄糖苷；酸樱桃含有矢车菊 3-2′-葡糖基芸香糖苷、矢车菊素-3-芸香糖苷和甲基花青素-3-芸香糖苷（Macheix et al.，1990；Mazza and Miniati，1993）。其中酚酸衍生物和 3-咖啡酰奎尼酸是这两个品种中的主要化合物，同时关于表儿茶素和儿茶素也有相关报道。但是两个品种的花色苷含量差别较大，而槲皮素-3-芸香糖苷、山奈酚-3-芸香糖苷以及槲皮素-3-芸香糖苷-4′-葡萄糖苷在两个品种中都可以检测到。

处于商业成熟甜樱桃收获后分别贮藏在不同控制气调、1℃和95％相对湿度的条件下，包括空气处理，2％$CO_2$和5％$O_2$浓度得到的保鲜效果最好，花青素含量保持不变，PPO活性处于最低水平。然而，贮藏在空气中的花青素含量增加（超过60％），表明CA可以抑制这些色素合成（Remón et al.，2003）。

### 6.3.3 葡萄

酚类物质是葡萄（grape）中的重要组成成分，主要包括酚酸、儿茶素、黄酮苷、花青素和二苯乙烯（Threlfall et al.，2005；Yang et al.，2009），所有的化合物已被证明其抗氧化活性有助于身体健康，如预防动脉硬化、中风、冠心病和心脏疾病、某些类型的癌症和其他疾病（Yilmaz and Toledo，2004）。葡萄中最丰富的酚类衍生物是咖啡酰基酒石酸，对香豆酒石酸和阿魏酸酒石酸的含量较小，其他化合物主要有羟基苯甲酸衍生物、肉桂酸、对香豆酰基、水杨酸、没食子酸和阿魏酰基葡萄糖。其中黄酮醇，如3-葡糖苷和3-葡萄糖醛酸苷山奈酚、槲皮素、杨梅素，在红葡萄中也被检测到。花青素主要包括3-葡糖苷、3-乙酰基葡萄糖、3-对香豆素葡糖苷、甲基花青素、花翠素、矮牵牛和二甲花翠素（Tomas-Barberan et al.，2000）。关于葡萄中的二苯乙烯类抗氧化剂——白藜芦醇也有报道（Yang et al.，2009），研究结果表明，葡萄成熟过程中植物化学物质组成发生变化，并逐渐减少。贮藏过程中葡萄质量下降主要是失重、颜色的变化和软化，MAP可以保持鲜食葡萄的感官质量（Martí nez-Romero et al.，2003；Artés-Hernández et al.，2004）。

Valero等（2006）研发出一种活性MAP，在包装中放置75μL的负丁酚或150μL负麝香草酚，鲜食葡萄在这种包装中贮藏了56d，研究葡萄的质量、安全、营养和植物化学物质的变化。果实成熟采摘后果皮中总酚的含量［（362.84±21.92）mg等量没食子酸/100g］比果肉中的总酚含量［（17.39±1.23）mg等量没食子酸/100g］高很多。冷藏期间对照组葡萄果皮和果肉的总酚含量损失严重，相反，处理过的果实果皮中总酚损失较小。冷藏期间，对照果实检测到总花青素有显著减少。与此相反，麝香草酚处理果实的总花青素含量维持不变，而用丁子香酚处理的葡萄可以延迟色素减少。冷冻贮藏可使果实中抗坏血酸含量降低，在贮藏过程中对照果实抗坏血酸含量的损失显著，尤其是开始28天。相反，丁子香酚和尤其是麝香草酚可以减缓抗坏血酸的损失，在MAP中添加丁香酚可以增加果皮的总抗氧化活性。贮藏过程中，丁子香酚和百里香酚处理的果实果肉具有较高的抗氧化活性，其中丁子香酚的作用效果更显著而且和其使用的剂量相关。因此，丁子香酚或百里香酚主动MAP可以减少果皮中总酚和总花青素以及果实果肉中的抗坏血酸损失，而且用百里香酚处理的浆果中，高总酚与花青素含量与其果实果肉和果皮中的抗氧化活性显著相关，这与之前的报道结果一致（Dávalos et al.，2005；Kallithraka et al.，2005）。

### 6.3.4　瓜

Oms-Oliu 等（2008b）用不同起始浓度的 $O_2$ 和 $CO_2$（2.5 kPa $O_2$ ＋7 kPa $CO_2$，7 kPa $CO_2$ ＋10 kPa $O_2$，21kPa $O_2$，30 kPa $O_2$ ＋70 kPa $O_2$）对香瓜（Piel de Sapo melon）进行包装贮藏，4℃贮藏 14 d 后检测鲜切香瓜 POD 活性以及维生素 C 和总酚含量及抗氧化活力。在开始 4～7d 贮藏中起始总酚水平维持不变或稍有下降，在第 9 天时，总酚含量上升至最大值。而 9d 之后，所有包装样品的总酚含量下降并达到最终值，为 9.2～11.1mg 没食子酸/100g 鲜重。2.5 kPa $O_2$ 和 7.5kPa $CO_2$ MAP 可以导致比其他气体条件下更高的酚类含量，这可能是包装内的低 $O_2$ 浓度和高 $CO_2$ 浓度导致的增强氧化应激反应（其诱导酚类化合物的合成）的结果。香瓜在 $O_2$ 为 21kPa、30 kPa 和 70 kPa 条件下贮藏，比 2.5kPa $CO_2$ ＋7 kPa $O_2$ 和 7 kPa $CO_2$ 与 10 kPa $O_2$ 条件下酚类含量较低，尤其是在 70 kPa $O_2$ 条件下时，这可能是在贮藏早期的高 $O_2$ 条件下酚类含量消耗较快。在同一研究中，不管任何包装条件，鲜切香瓜的抗氧化活性在贮藏的前 7 天下降，在第 9 天又显著增加，然后再下降。低氧水平（2.5 kPa $O_2$ ＋7 kPa $CO_2$，10 kPa $O_2$ ＋7 kPa $CO_2$）和 21kPa、30 kPa 及 70 kPa $O_2$ 相比，能增强贮藏鲜瓜的自由基清除活性。贮藏 2 周后，低 $O_2$ 浓度贮藏下的瓜类抗氧化活性较大，而贮藏于 70kPa $O_2$ 水平下样品的抗氧化能力最低。甜瓜的抗氧化能力主要因为其中含有大量的类胡萝卜素（Souci et al.，2000）、维生素 C（Li et al.，2006）和总酚。与 5 kPa $O_2$ ＋5 kPa $CO_2$ 或者 5kPa $O_2$ ＋10 kPa $CO_2$ 的 MAP 相比，$O_2$ 浓度为 21kPa 可以导致野生冬瓜叶片的抗氧化活性降低，这可能是由一些抗氧化剂和酚类化合物的损失所致。在 Oms-Oliu 等的研究中，贮藏前 7 天酚类物质和维生素 C 含量下降，引起抗氧化活性降低，可能是因高 $O_2$ 浓度引致初始总酚和维生素 C 浓度发生降解，作者指出总酚和维生素 C 含量与过氧化物酶活性相关，这些化合物可能被作为酶的底物。贮藏 9d 后，鲜切甜瓜的自由基清除力加强，可能是在被诱导的胁迫新陈代谢下酚类化合物合成的结果，尤其是在 2.5 kPa $O_2$ ＋7kPa $CO_2$ MAP 的环境中。维生素 C 和酚类含量在较低 $O_2$ 水平贮藏过程中维持最大，因此，总酚和维生素 C 含量变化与整个贮藏过程的抗氧化活性表现出显著相关。植物化学物质包括酚酸、黄酮类化合物、抗坏血酸、生育酚、色素可能参与甜瓜的总抗氧化活性。

### 6.3.5 桃

绿原酸和咖啡酸是桃（peach）的主要酚酸衍生物，尽管 3-咖啡酰奎宁、4-咖啡酰奎尼酸、$p$-香豆酰基和阿魏酸奎宁酸的衍生物也有记载，其中在一些品种的果皮和果肉中还检测到花青素、矢车菊素-3-葡萄糖苷和矢车菊素-3-芸香糖苷，在桃的果肉中发现黄烷-3-醇、表儿茶素、没食子儿茶素和儿茶素，果皮中含有槲皮素和山奈酚衍生物（山萘酚、槲皮素-3-葡萄糖苷、3-芸香糖苷和 3-半乳糖苷）(Tomas-Barberan et al.，2000)。

Wright 和 Kader 等（1997）研究表明，鲜切桃类 CA 贮藏对胡萝卜素含量有影响，小仙子埃尔伯塔桃［*Prunus persica* (L.) Batsch］在控制或者空气中 5℃下贮藏 7d 中调查视黄醇当量（RE）和维生素 A 的变化。结果发现，在空气＋12% $CO_2$ 条件下桃片中 β-胡萝卜素和 β-隐黄素含量较低，从而导致视黄醇当量含量比其他包装贮藏条件的低。

### 6.3.6 梨

绿原酸、熊果苷是梨（pear）的主要酚酸衍生物。梨果实中儿茶素，尤其是表儿茶素已有报道。*Pyrus communis* 梨中含有矢车菊素-3-半乳糖苷和矢车菊素-3-阿糖胞苷，果皮中已经发现槲皮素、异鼠李素 3-糖苷（Tomas-Barberan et al.，2000）。

低 $O_2$ 和高 $CO_2$ 浓度或者含高 $O_2$ 的空气并不能有效抑制鲜切梨片表面褐变（Gorny et al.，2002）。然而，根据报道高浓度 $O_2$ 可能导致多酚氧化酶的底物抑制（1996）。Oms-Oliu 等（2008a）报道，用不同的包装条件和浸渍处理，如高 $O_2$（HOA）、主动低 $O_2$ MAP（LOA）以及被动 MAP（PA），在 4℃贮藏 14d 后鲜切梨植物化学物质和抗氧化活性的变化。鲜切梨（Flor de Invierno）经 N-乙酰半胱氨酸加谷胱甘肽溶液浸泡后，在 70kPa HOA、LOA 和 PA 条件下贮藏的植物化学成分和抗氧化活性被深入研究。在包装不同条件下 $O_2$、$CO_2$ 和乙烯在顶空的浓度和鲜切梨中维生素 C、酚醛树脂和抗氧化活性被调查，得出的结论是在 LOA 条件下使用抗氧化剂可以抑制鲜切梨 PPO 诱导褐变，减少乙烯产生，并保持维生素 C、绿原酸和抗氧化能力（见表 6.2）。LOA 处理在整个贮藏过程中通过保护维生素 C 和酚类物质，比 PA 或者 HOA 更有效地维护梨的抗氧化活性。这项研究同时表明，谷胱甘肽在 LOA 条件下可能参与了酚类物质的合成。此外，Williams 梨贮藏在空气中比贮藏在 1% $CO_2$＋1% $O_2$ 和 3% $CO_2$＋3% $O_2$ CA 条件下含有更多的酚类物质，表明 CA 会显著降低梨合成酚类物质的能力（Perez-Ilzarbe et al.，1997）。

表 6.2 鲜切梨"Flor de Invierno"在不同气氛条件 4℃下贮藏 14 天后酚类物质含量和抗氧化能力

| 天数 | 绿原酸 D | 绿原酸 C | 表儿茶素 D | 表儿茶素 C | 阿魏酸 D | 阿魏酸 C | 对香豆酸 D | 对香豆酸 C | 芥子酸 D | 芥子酸 C | 槲皮素 D | 槲皮素 C | 总酚 D | 总酚 C | DPPH D | DPPH C | ABTS D | ABTS C |
|---|---|---|---|---|---|---|---|---|---|---|---|---|---|---|---|---|---|---|
| | | | | | | | | | LOA | | | | | | | | | |
| 0 | 17.4a | 16.8a | 2.0d | 1.9bc | 0.9a | 0.8a | 0.6a | 0.7a | 0.04e | 0.03c | 0.2b | 0.2d | 21.3bc | 20.5a | 21.0a | 17.6a | 20.3a | 18.0a |
| 2 | 16.7b | 15.3b | 2.1d | 2.0bc | 0.9a | 0.6b | 0.4c | 0.4d | 0.05d | 0.05b | 0.2b | 0.2d | 20.4d | 18.5b | 14.0bc | 10.2b | 15.1b | 11.5b |
| 4 | 14.5d | 15.3b | 2.6c | 1.8bc | 0.9a | 0.5c | 0.5b | 0.4d | 0.05d | 0.06a | 0.2b | 0.2d | 18.7e | 18.3bc | 15.2b | 10.6b | 16.1b | 10.0b |
| 7 | 15.8c | 13.0c | 3.4bc | 1.7c | 0.6b | 0.3e | 0.5b | 0.4d | 0.06bc | 0.06a | 0.2b | 0.3c | 20.6cd | 15.9cd | 14.7bc | 9.5b | 15.8b | 11.0b |
| 9 | 17.2ab | 12.5c | 3.3bc | 2.1ab | 0.5c | 0.6b | 0.5b | 0.5c | 0.06c | 0.06a | 0.4a | 0.5a | 21.9ab | 16.2c | 13.7bc | 9.6b | 14.6b | 10.6b |
| 11 | 16.7b | 12.3c | 3.6b | 2.0bc | 0.4d | 0.4d | 0.4c | 0.4c | 0.07b | 0.06a | 0.4a | 0.5a | 21.7b | 15.7d | 13.6bc | 10.0b | 15.5b | 10.7b |
| 14 | 17.4a | 11.9c | 4.5a | 2.4a | 0.2e | 0.6b | 0.6b | 0.1d | 0.08a | 0.04b | 0.4a | 0.4b | 22.7a | 16.1c | 11.4c | 9.9b | 13.0b | 10.1b |
| | | | | | | | | | PA | | | | | | | | | |
| 0 | 17.7ab | 18.0a | 1.9b | 1.9d | 0.9a | 0.9a | 0.6a | 0.6a | 0.04c | 0.03d | 0.2b | 0.2c | 21.3a | 21.6a | 16.4a | 14.3a | 17.7a | 15.7a |
| 2 | 17.0cd | 16.3b | 1.9b | 2.2c | 0.6c | 0.3e | 0.4c | 0.5b | 0.06ab | 0.04c | 0.2b | 0.2c | 20.3c | 19.5b | 15.5b | 11.5b | 16.0ab | 12.1b |
| 4 | 17.6ab | 14.5c | 1.8b | 2.3c | 0.6c | 0.4d | 0.5b | 0.4c | 0.07a | 0.05ab | 0.2b | 0.2c | 20.8abc | 18.0c | 12.0b | 11.9b | 14.1b | 10.7bc |
| 7 | 18.0a | 13.2d | 1.9b | 2.3c | 0.6c | 0.5c | 0.4c | 0.4c | 0.06ab | 0.05ab | 0.2b | 0.4b | 21.2ab | 16.9cd | 12.0b | 9.1c | 10.9c | 9.1cd |
| 9 | 17.2bc | 12.4de | 1.9b | 2.7b | 0.7b | 0.5c | 0.4c | 0.4c | 0.06ab | 0.05ab | 0.4a | 0.5a | 20.8abc | 16.6cd | 11.2bc | 9.1c | 10.2c | 8.2d |
| 11 | 16.9cd | 11.1ef | 2.3a | 2.9b | 0.7b | 0.4d | 0.5b | 0.5b | 0.06ab | 0.06a | 0.4a | 0.5a | 21.0ab | 15.6d | 11.0bc | 8.9c | 10.7c | 7.9d |
| 14 | 16.5d | 10.6f | 2.3a | 3.7a | 0.7b | 0.6b | 0.6a | 0.6a | 0.04c | 0.04c | 0.4a | 0.5a | 20.6bc | 15.9d | 10.0c | 9.0c | 9.8c | 8.3cd |
| | | | | | | | | | HOA | | | | | | | | | |
| 0 | 18.5a | 17.3a | 1.8b | 2.0c | 0.9a | 0.8a | 0.7a | 0.7a | 0.03d | 0.04bc | 0.2c | 0.2c | 22.0a | 21.1a | 20.9a | 15.8a | 20.0a | 14.8a |
| 2 | 15.5bc | 14.5b | 1.7b | 3.0b | 0.7c | 0.5d | 0.4c | 0.4c | 0.05bc | 0.06a | 0.2c | 0.3b | 18.6c | 18.8b | 15.4b | 9.6b | 14.6b | 10.4b |
| 4 | 14.3d | 14.4b | 1.8b | 3.0b | 0.8b | 0.6c | 0.4c | 0.4c | 0.05bc | 0.06a | 0.2c | 0.3b | 17.6d | 18.8b | 12.9c | 9.4bc | 12.7bc | 9.6bc |
| 7 | 14.8cd | 13.7b | 2.0ab | 2.8b | 0.4e | 0.4e | 0.4c | 0.4c | 0.06ab | 0.06a | 0.3b | 0.5a | 17.9d | 17.9c | 11.9cd | 6.6d | 10.9c | 7.2cd |
| 9 | 16.0b | 12.7bc | 1.7b | 2.9b | 0.5d | 0.5d | 0.4c | 0.5d | 0.06ab | 0.07a | 0.4a | 0.5a | 19.2b | 17.1c | 11.8cd | 5.9d | 11.3c | 7.4cd |
| 11 | 11.0e | 10.1cd | 2.2a | 2.9b | 0.5d | 0.7b | 0.5b | 0.7b | 0.06ab | 0.05b | 0.4a | 0.5a | 14.7e | 14.8d | 10.4de | 5.7d | 11.9c | 5.8d |
| 14 | 11.1e | 9.5d | 2.2a | 3.9a | 0.4e | 0.7b | 0.5bb | 0.5b | 0.07a | 0.03d | 0.4a | 0.5a | 14.6e | 15.2d | 9.6e | 7.1cd | 10.2c | 5.6d |

注: 1. 高氧环境 (HOA)、低氧环境 (LOA)、被动气调 (PA)。

2. 同一列中相同字母代表的数值通过邓肯多重分析得到的平均值不显著 ($p<0.05$)。

3. HOA, 70kPa $O_2$; PA, 2.5kPa $O_2$+7kPa $CO_2$; LOA, 被动气调; D: 样品浸泡在 0.75w/v 半胱氨酸+0.75%w/v 合脱甘肽; C: 样品浸泡在去离子水中; 用 HPLC 测定总酚含量 (值为每部分之和的结果)。

### 6.3.7 草莓

新鲜草莓（strawberry）保质期较短，其保质期长短主要取决于品种、成熟度、收获条件、处理和贮藏条件，水果保质期的限制因素是外观、味道、质地和微生物生长联合作用的结果。MAP 或 CA 贮藏通过影响草莓的外观质量、质地质量和风味特征来延长保质期，并影响植物化学物质。

草莓中主要的酚酸衍生物是对香豆酰基葡萄糖，虽然对香豆酰基葡萄糖苷、绿原酸、咖啡酰葡萄糖、葡萄糖阿魏酸酯、4-羟基糖苷、儿茶酸和香草酸也被发现（Tomas-Barberan et al.，2000）。草莓中主要的花青素为花葵素-3-葡萄糖苷、花葵素-3-芸香糖苷和氰化-3-葡萄糖苷（Bakker et al.，1994）；主要的黄烷-3-醇类是本儿茶素、表儿茶素和没食子儿茶素。山奈酚和槲皮素的衍生物 3-葡萄糖醛酸和 3-葡萄糖苷，是草莓外部组织中的主要黄酮成分；鞣花酸异构体也被发现在草莓中，为单宁（梧单宁和鞣花单宁）水解的产物（Maas and Galletta，1991）。

气调中增加 $CO_2$ 浓度可以降低草莓腐变，延长收后贮藏期。Gil 等（1997）对高浓度 $CO_2$ 中贮藏的草莓中花青素和酚类物质的变化进行了研究，研究中，新鲜收获的草莓被放入大口瓶中于 5℃贮藏 10d，水果被暴露在空气或者含有 10%、20%、40% $CO_2$ 的空气连续通风的条件下，结果表明 $CO_2$ 浓度升高可以降低内部颜色，而空气条件下贮藏可以保持水果的红色。酚类物质在草莓内部和外部存在差异，表 6.3 显示了草莓整体、内部组织和外部组织总花青素的变化，塞尔瓦草莓包含三种花青素：矢车菊-3-葡萄糖苷、花葵素-3-葡萄糖苷和花葵素-3-芸香糖苷。其中，花葵素-3-葡萄糖苷是一种主要成分，在不同贮藏条件下的草莓中初始浓度没有显著差异。

空气中贮藏的草莓花青素含量较高，尤其是贮藏 5d 之后，然而，贮藏 5~10d 之间，花青素含量并没有显著差异。$CO_2$ 增强气调中贮藏的草莓花青素含量比空气中低。虽然变化很大，草莓花青素含量在贮藏过程中能够有所增加，尤其是在空气中。贮藏在空气中的草莓花青素与初始值或贮藏在高 $CO_2$ 浓度相比，内部与外部的花青素含量有很大不同。贮藏在空气中的草莓内部组织和外部组织中花青素含量均有所升高，可能是因为在空气包装中花青素合成所致。在高 $CO_2$ 浓度与空气中贮藏的两种样品外部组织的花青素含量没有显著不同，而 10%、20% 和 40% $CO_2$ 浓度下贮藏的草莓内部花青素含量有所下降。通过高效液相色谱分析花青素的组成，发现在整草莓中每种花青素单体的相对含量没有不同，但草莓内部组织和外部组织中花青素的组成存在差异。升高 $CO_2$ 浓度，内部组织中花葵素糖苷含量降低，这与空气中的结果正好相反。矢车菊素-3-葡萄糖苷比橙色的花葵素衍生物稍红，在内部组织中并未检测到，表明在组织内部大

**表 6.3 处理后的草莓果实在 5℃贮藏 10 天过程中花青素和酚类含量变化**

| 处理方式 | 总花青素/(μg/g) | | | 其他酚类/(μg/g) | | | |
|---|---|---|---|---|---|---|---|
| | 整个果实 | 外部组织 | 内部组织 | 槲皮素衍生物 | 山奈酚衍生物 | 鞣花酸 | 对香豆酰葡萄糖 |
| 初始值 0 天 | | | | | | | |
| | 120.2±19.6 | 195.3±11.5 | 55.1±6.1 | 40.1±6.6 | 13.7±2.5 | 19.9±2.7 | 9.8±4.1 |
| 5 天 | | | | | | | |
| 空气 | 153.5±12.4 | | | 44.1±6.1 | 15.8±1.9 | 26.8±2.7 | 16.7±2.9 |
| 10%$CO_2$ | 115.3±21.8 | | | 47.5±3.4 | 15.2±0.2 | 22.2±0.3 | 12.6±2.9 |
| 20%$CO_2$ | 125.0±12.2 | | | 42.7±2.3 | 15.2±1.4 | 22.3±0.3 | 13.9±3.2 |
| 40%$CO_2$ | 115.4±16.4 | | | 44.4±1.9 | 14.5±1.7 | 21.9±3.5 | 10.6±1.4 |
| 10 天 | | | | | | | |
| 空气 | 142.4±38.6 | 256.7±10.6 | 76.9±8.5 | 46.4±3.0 | 16.0±1.4 | 26.6±0.7 | 14.8±5.0 |
| 10%$CO_2$ | 138.4±21.9 | 173.4±25.2 | 43.2±3.6 | 42.8±2.5 | 15.1±0.6 | 25.1±2.3 | 14.5±3.3 |
| 20%$CO_2$ | 118.5±18.7 | 179.1±40.8 | 36.1±11.2 | 45.4±1.0 | 15.6±0.6 | 27.8±0.7 | 10.5±2.6 |
| 40%$CO_2$ | 113.7±13.5 | 166.0±11.8 | 30.3±7.3 | 49.1±1.0 | 16.6±0.9 | 28.5±1.1 | 7.0±1.0 |
| LSD(5%) | 34.8 | 41.6 | 13.9 | 6.1 | 2.4 | 3.3 | 5.3 |

注：整体的、外部组织和内部组织的总花青素（平均值±标准差），槲皮素和山奈酚衍生品、鞣花酸和对香豆酰葡萄糖（平均值±标准差）(Gil et al., 1997)。

多数花青素被降解。在 10%和 20%$CO_2$ 浓度下贮藏 10d，草莓显示出很深的红色，说明矢车菊素-3-葡萄糖苷含量增加。存在于外部组织的矢车菊素-3-葡萄糖苷可能具有抗降解作用，虽然很难解释贮藏在 $CO_2$ 环境下，内部组织颜色为何降低。一些因素如基因、着色素、pH 和花青素代谢在稳定颜色过程中一定起到了重要作用。比如说，草莓外部组织花青素的稳定性可能归因于黄酮醇和其他酚醛分子间的着色性（Mazza and Miniati，1993）。Siriphanich 和 Kader（1985）已经报道应用高浓度 $CO_2$（空气中有 10%～20%的 $CO_2$）可以有效延长采后草莓的货架期，然而，他们也发现 $CO_2$ 降低了内部组织的红色强度。

研究结果还发现，在贮藏 10d 后，槲皮素和山奈黄酮醇的衍生物含量有所升高（见表 6.4），鞣花酸的含量也明显升高，虽然这种升高现象发生在高浓度 $CO_2$ 环境下。除此之外，在贮藏过程中香豆酰葡萄糖含量也有所升高，尤其是在低 $CO_2$ 浓度条件下贮藏。香豆酰葡萄糖含量在 40%$CO_2$ 环境中贮藏 10d 后达到相对较高。草莓外部组织中槲皮素、山奈黄酮醇和鞣花酸的含量比内部组织高，而香豆酰葡萄糖的含量没有较大差别。在内部和外部组织中槲皮素衍生物的含量随 $CO_2$ 增高而减少。

Holcroft 和 Kader 等（1999）研究表明，在 5℃空气或者 $O_2$ 浓度 2kPa 贮藏条件下塞尔瓦草莓表皮和果肉中花青素积累，红色加深。然而草莓贮藏在空气和 20kPa $CO_2$、2kPa $O_2$ 和 20kPa $CO_2$、0.5kPa $O_2$、0.5kPa $O_2$ 和 20kPa $CO_2$ 条件下，上述变化会有所降低。贮藏初期，草莓外部组织（356μg/g）比草莓内部组织（79μg/g）的花青素含量高。贮藏 5～10d 后，贮藏在空气和 2kPa $O_2$ 条件下的草莓花青素含量升高（$p<0.05$）。$0.5\ kPa\ O_2$ 和高 $CO_2$ 浓度条件下草莓花青素含量没有显著区别；草莓在空气和 $2kPa\ O_2$ 条件中组织内部色素浓度比其他贮藏条件下更高。

**表 6.4　草莓处理后在 5℃贮藏 5～10 天果实中槲皮素和山奈酚衍生品、鞣花酸和对香豆酰葡萄糖含量**

| 处理方法 | 外部组织 | | | | 内部组织 | | | |
| --- | --- | --- | --- | --- | --- | --- | --- | --- |
| | 槲皮素衍生物 | 山奈酚衍生物 | 鞣花酸 | 对香豆酰葡萄糖 | 槲皮素衍生物 | 山奈酚衍生物 | 鞣花酸 | 对香豆酰葡萄糖 |
| 最初 | | | | | | | | |
| | 63.8±5.6 | 21.8±2.3 | 33.3±3.6 | 15.0±5.2 | 3.3±2.1 | 3.3±0.6 | 8.4±1.1 | 17.2±5.1 |
| 10d | | | | | | | | |
| 空气 | 80.3±14.8 | 27.9±3.6 | 52.3±5.4 | 12.4±2.0 | 2.2±0.3 | 6.7±0.5 | 9.3±2.2 | 16.8±3.1 |
| 10%CO₂ | 83.8±14.5 | 26.1±4.5 | 44.8±5.2 | 7.8±2.6 | 3.4±2.8 | 3.1±0.8 | 9.4±1.7 | 10.5±3.1 |
| 20%CO₂ | 79.3±16.6 | 26.8±4.3 | 46.6±3.6 | 8.8±2.0 | 3.1±0.9 | 3.1±0.5 | 8.0±1.1 | 14.7±1.4 |
| 40%CO₂ | 76.3±7.2 | 25.5±1.6 | 48.2±5.8 | 9.7±3.4 | 2.6±0.8 | 2.8±0.4 | 8.7±1.5 | 12.2±4.1 |
| LSD(5%) | 22.5 | 6.2 | 8.7 | 5.9 | 3.0 | 1.0 | 2.8 | 6.4 |

注：表中数值为"平均值±标准差"（Gil et al.，1997）。

众所周知，果蔬的颜色主要归因于色素糖苷配基的性质、糖基化的程度、花青素的含量、花青素黄酮醇糖苷复合物、金属复合物以及细胞液的 pH（Asen et al.，1971；Timberlake and Bridle，1975）。花青素存在于大部分水果表皮下层的细胞液中（Brouillard，1982；Mazza and Miniati，1993）。组织内 pH 对维持颜色和花青素稳定性起重要作用，通过测定草莓内部及外部组织 pH 显示 $CO_2$ 处理增加样品 pH 值，尤其在组织内部（Gil et al.，1997）。Siriphanich 和 Kader（1986）曾经报道，当在 15%$CO_2$ 贮藏时莴苣 pH 值较低，而当莴苣被转放在空气中贮藏时莴苣 pH 值有所增加，可滴定酸含量也相应减小。在草莓颜色表达中发挥重要作用的因素包括辅色作用、pH 以及花青素新陈代谢。$CO_2$ 处理增加了组织内部的 pH 值，导致大部分花青素显示无色，因此在高浓度 $CO_2$ 中可以引起塞尔瓦草莓内部组织果肉"漂白"。

### 6.3.8　其他

已经证明，在 10%或者 20%$CO_2$ 中贮藏 6 周，$CO_2$ 对石榴籽花青素以及与花青素生物合成相关酶有影响。研究表明，在空气和空气+10%$CO_2$ 环境中贮藏的石榴籽总花青素含量有升高趋势；而空气+20% $CO_2$ 气调贮藏 6 周，其花青素含量值低于其初始浓度。花青素含量与苯丙氨酸解氨酶的活性相关，而与葡糖基转移酶的活性无关。

Saxena 等（2009）研究了鲜切处理结合 MAP 包装对保持菠萝蜜球茎抗氧化物质的作用，球茎在经 $CaCl_2$、抗坏血酸、苯甲酸钠并结合温和酸性条件预处理后，在三种不同 MAP［充 $3kPa\ O_2$+$5\ kPa\ CO_2$ 的聚乙烯袋（GFPE），盖上涂有一层硅膜的聚乙烯对苯二甲酸酯罐，充空气的聚乙烯袋]条件下贮藏。结果表明，6℃下贮藏 35d 后 GFPE 袋中样品的总酚、类黄酮、类胡萝卜素及抗坏血酸含量分别减少约 7%、8%、43%和 31%；自由基清除能力与抗坏血酸含量间的正相关关系（$r=0.979$）最强，其后依此是总酚、类黄酮和类胡萝卜素。

Wright 和 Kader 在 1997 年的报告中指出研究了 CA 气调贮藏对柿子切片中类胡萝卜素含量的影响。鲜切柿子在空气或者 CA 气调条件下 5℃贮藏 8d，检测了视黄醇当量（RE）和维生素 A 的含量。不同 CA 条件下，柿子切片中类胡萝卜素的含量变化不同；贮藏在空气中的柿果切片中 β-胡萝卜素呈现减少趋势；空气＋12% $CO_2$ 气体条件下样品的隐黄素含量在前 3 天有所降低，随后略有回升。由视黄醇当量的检测结果显示，在空气、2% $O_2$ 或者空气＋12% $CO_2$ 气体环境下，水果切片贮藏 8d 后其营养价值降低。

## 6.4 蔬菜中植物化学变化与 CA 和 MAP 的关系

蔬菜因采后仍进行代谢过程而极易腐坏。鲜切蔬菜在采后会遭受多种胁迫，包括机械伤或衰老叶片组织引起的变质反应、微生物生长导致的腐烂、组织失水、增加呼吸作用和释放乙烯以及植物化学成分变化等。这些都对鲜切蔬菜造成极大伤害和胁迫，导致其货架期大大缩短。在鲜切和微加工蔬菜贮藏过程中，气体成分对维生素和其他质量属性的维持有很大影响（McGill et al.，1966；Barth and Zhuang，1996；Howard and Hernandez-Brenes，1998）。因此，CA 和 MAP 可减缓鲜切蔬菜损伤和胁迫，从而延长其货架期。

### 6.4.1 西兰花

硫代葡萄糖苷（见表 6.5）是硫代糖苷的一个重要基团，广泛分布于整个十字花科，其中包括很多对供给营养成分有重要作用的蔬菜。

表 6.5 甘蓝中常见的芥子油苷[①]

| 芥子油苷（前体物） | 结构 | 名称 | 食物来源 |
|---|---|---|---|
| Prop-2-enyl(allyl) | $CH_2$＝$CH$—$CH_2$— | 黑芥子硫苷酸钾（烯丙基-异硫氰酸盐） | 卷心菜、辣根、芥末 |
| But-3-enyl | $CH_2$＝$CH$—$CH_2$—$CH_2$— | 葡糖酸盐 | 卷心菜、甘蓝、花椰菜、西兰花 |
| Pent-4-enyl | $CH_2$＝$CH$—$CH_2$—$CH_2$—$CH_2$— | 芸薹葡糖硫苷 | 花椰菜、西兰花 |
| 3-Methylthiopropyl | $CH_3$—$S$—$CH_2$—$CH_2$—$CH_2$— | 苯甲基硫苷 | 卷心菜、花椰菜 |
| 3-Methylsulfinylpropyl | $CH_3$—$SO$—$CH_2$—$CH_2$—$CH_2$— | 屈曲花苷 | 卷心菜、甘蓝、花椰菜、西兰花 |

| 芥子油苷（前） | 结构 | 名称 | 食物来源 |
|---|---|---|---|
| 4-Methylsulfinylbutyl | $CH_3-SO-(CH_2)_3-CH_2-$ | 硫代葡萄糖苷（萝卜硫素） | 卷心菜、甘蓝、花椰菜、西兰花 |
| 5-Methylsulphinylpentyl | $CH_3-SO-(CH_2)_4-CH_2-$ | 葡配庭荠精 | 大白菜 |
| 4-甲基三丁基 | $CH_3-S-(CH_2)_3-CH_2-$ | 芝麻菜苷 | 卷心菜、甘蓝、花椰菜、西兰花 |
| 2-羟基-3-烯基 | $CH_2=CH-CH-CH_2-$ 其中下方连 $OH$ | 前致甲状腺肿素 | 卷心菜、甘蓝、花椰菜、西兰花 |
| 1-苄基甲基酮 | 苯环$-CH_2-$ | 金莲葡糖硫苷（异硫氰酸苄酯） | 卷心菜、独行菜、印度水芹 |
| 2-苯乙基 | 苯环$-CH_2-CH_2-$ | 水田芥苷（异硫氰酸苯酯） | 西洋菜，布鲁塞尔豆芽，甘蓝，花椰菜 |
| 3-吲哚甲基 | 吲哚环$-CH_2$ | 葡萄糖芸薹素（吲哚-3-甲醇） | |
| 4-甲氧基-3-吲哚甲基 | $OCH_3$吲哚环$-CH_2$ | 4-甲氧基葡萄糖芸薹素 | 西兰花，布鲁塞尔甘蓝，甘蓝，花椰菜 |
| 1-甲氧基-3-吲哚甲基 | 吲哚环$-CH_2$，N连$OCH_3$ | 新葡萄糖芸薹素 | |
| 4-羟基-3-吲哚甲基 | $OH$吲哚环$-CH_2$ | 4-羟基葡萄糖芸薹素 | |

① 源自 Stoewsand，1995；Hansen et al.，1995。

西兰花（broccoli，甘蓝）是人类饮食中最常见的十字花科蔬菜之一，含有种类繁多的植物化学物质（Howard et al.，1997），其中包括硫代葡萄糖苷、黄酮醇和类胡萝卜素。西兰花富含异硫氰酸酯前体——葡萄糖萝卜硫苷，而异硫氰酸酯可以通过诱导体内的第二阶段酶而有效降低某些癌症的发生（Zhang et al.，1992；Fahey et al.，1997；Nestle，1997）。葡萄糖或咖啡奎尼酸酯、对羟基肉桂酸、阿魏酸以及芥子葡糖在花椰菜、抱子甘蓝、羽衣甘蓝和红色卷心菜、白色卷心菜、萨沃伊卷心菜以及大白菜中均已报道（Schmidtlein and Herrmann，1975）。芸薹属植物中的酚酸含有大量羟基肉桂酸化合物，其中最主要的是芥子酸，在西兰花中已确定含有芹菜素和木犀草素。CA 和 MAP 气调贮藏可有效维持西兰花品质并延长其采后寿命。CA 最佳气调处理组合为 $O_2$ 浓度 $1\%\sim2\%$、$CO_2$ 浓度 $5\%\sim10\%$，贮藏温度 $0\sim5℃$（Cantwell and Suslow，1999）；MAP 最佳处理组合为 $O_2$ 浓度 $1\%\sim2\%$，$CO_2$ 浓度 $5\%\sim10\%$（Jacobsson et al.，2004）。

　　研究表明，CA 和 MAP 两种气调方法维持采后西兰花中硫代葡萄糖苷的含量，可归因于其营造的气体和相对湿度条件能防止膜降解以及膜降解所致硫代葡萄糖苷与黑芥子酶的结合反应。Rangkadilok 等（2002）报道称，用 $1.5\%$ $O_2$＋$6\%$ $CO_2$ 的 CA 气调处理 $4℃$ 下贮藏 25d，马拉松花椰菜头中葡萄糖萝卜硫苷的含量显著高于空气处理组。然而，在 $4℃$ 下贮藏 21d 多孔聚乙烯袋包装的西兰花中葡萄糖萝卜硫苷的一种分解产物——萝卜硫素含量降低（Howard et al.，1997）。Hansen 等在 1995 年发现，CA 处理（$0.5\%$ $O_2$，$0.5\%$ $O_2$＋$20\%$ $CO_2$，$20\%$ $CO_2$）和贮藏时间（$10℃$ 7d）对甲基亚硫酰烷基硫代葡萄糖苷（屈曲花苷和葡萄糖萝卜硫苷）和 3-吲哚甲基硫苷（芸薹葡糖硫苷、新葡萄糖芸薹素和 4-甲氧基葡萄糖硫苷）相对含量的影响无显著差异。Rangkadilok 等（2002）的研究指出，在空气和 $0.5\%$ $O_2$＋$20\%$ $CO_2$ 气体环境下，与收获的新鲜西兰花相比，其总硫苷的含量分别增加了 $42\%$ 和 $21\%$。有趣的是，在 $0\%$ $O_2$＋$20\%$ $CO_2$ 气体环境下，花椰菜头中总硫苷含量下降了 $15\%$，可能是由于细胞损伤和酶促降解硫代葡萄糖苷引起的。当西兰花在 MAP 条件下贮藏时，温度对硫代葡萄糖苷的保留有显著影响。利用低密度聚乙烯袋（LDPE）$4℃$ 下贮藏 7d 后气体浓度变为 $3\%$ $O_2$ 和 $11\%$ $CO_2$，10d 后进一步变为 $0\%$ $O_2$ 和 $13\%CO_2$。贮藏 10d 后，空气和 MAP 两种气体条件下西兰花中葡萄糖萝卜硫苷含量无差异（Rangkadilok et al.，2002）；但是在空气中 $20℃$ 贮藏 7d，葡萄糖萝卜硫苷含量下降了 $50\%$。花椰菜包装在 $11\mu m$ 厚 LDPE 袋的 MAP 气调，在 $1℃$ 贮藏 7d 后，其葡萄糖萝卜硫苷含量比新鲜收获时减少约 $48\%$（Vallejo et al.，2003）；在 $15℃$ 贮藏的随后 3d 则继续损失了 $17\%$。Rodrigues 和 Rosa 在 1999 年的研究中发现，$4℃$ 冷藏和冷冻是维持西兰花中硫代葡萄糖苷高含量的最佳保存途径。同时，MAP 手段也是保持西兰花中类胡萝卜素和维生素 C 的有效途径（Barth and Zhuang，1996）。

　　Xu 等（2006）研究了 MAP 和降温对西兰花花茎（*Brassica oleracea var. italica* cv. Luling）中硫代葡萄糖苷和醌还原酶活性（QR）的诱导影响。西兰花小花（florets）贮藏于 3.8L 玻璃器皿中，器皿口由氯丁橡胶塞封闭且装有聚乙烯管进出口，器皿在 $5℃$ 放置 20d 且以 2.8L/h 的潮湿气体进行通风。他们发现，在 $0℃$、$5℃$ 和 $10℃$ 下的最初 6d，西兰花小花中硫代葡萄糖苷含量和 QR 活性都升高，然后显著减低。此外，在 $5℃$ 贮藏的前 5 天硫代葡萄糖苷含量和 QR 活性在高 $CO_2$ 浓度（$21\%O_2$ ＋$10\%CO_2$ 和 $21\%O_2$＋$20\%$ $CO_2$）和空气处理（$21\%O_2$）组中升高。在 $5℃$ 贮藏的 20d 内，硫代葡萄糖苷含量和 QR 活性会随着 $O_2$ 浓度的减少（$1\%$ $O_2$，$1\%$ $O_2$＋$10\%$ $CO_2$）而逐渐降低。结果还发现，在 $21\%O_2$＋$10\%CO_2$ $5℃$ 下贮藏，西兰花小花中硫代葡萄糖苷含量和 QR 活性最高。

　　Schreiner 等（2007）通过检测采后西兰花和花椰菜中硫代葡萄糖苷的含量变化来确定 MAP 对十字花科蔬菜中植物化学物质的影响。西兰花（cv. Milady）和花椰菜（cv. Clarke）小花各 200g 混合包装在聚乙烯食物托盘（275mm×175mm×75mm，3.4g，2.2L）中，用带有两种不同微孔（直径为 0.37mm 的 2

114

个或 8 个微孔）的双轴向聚丙烯（BOPP）薄膜（厚 $30\mu m$）密封，在 8℃贮藏 7d。根据薄膜微孔不同，靶向食物托盘包装平衡 24h 后两种气调组成为：$1\% O_2+21\% CO_2$（2 个微孔）和 $8\% O_2+14\% CO_2$（8 个微孔），结果显示，在两个 MAP 的条件下西兰花小花的葡萄糖萝卜硫苷和芸薹葡糖硫苷略有减少，而在花椰菜小花中，在 $1\% O_2+21\% CO_2$ 或 $8\% O_2+14\% CO_2$ MAP 中甲基亚磺酰基烷基芥子油苷含量没有显著变化。西兰花中总吲哚硫代葡萄糖酸盐的含量保持不变，相反，花椰菜中总吲哚硫代葡萄糖酸盐的含量在 $1\% O_2+21\% CO_2$ 条件下由于新葡萄糖芸薹素的增加而升高（见表 6.6）。Hansen 等（1995）发现成熟的西兰花在 $1\% O_2+21\% CO_2$ MAP 中，吲哚硫代葡萄糖酸盐的含量会增加。通常，$1\% O_2+21\% CO_2$ MAP 能够保持脂质和吲哚硫代葡萄糖酸盐的含量以及产品的外观，还能保持混合包装的西兰花和花椰菜 8℃贮藏 7d 不变味。

表 6.6　西兰花和花椰菜经两种不同气调组分混合包装 8℃贮存 7 天过程中的吲哚硫代葡萄糖酸盐（GS）量[①~③]

| 葡糖异硫氰酸酯/(μmol/g DW) | 西兰花菜茎 | | | | | | 花椰菜菜茎 | | | | | |
|---|---|---|---|---|---|---|---|---|---|---|---|---|
| | $1\% O_2+21\% CO_2$ | | | $8\% O_2+14\% CO_2$ | | | $1\% O_2+21\% CO_2$ | | | $8\% O_2+14\% CO_2$ | | |
| | 0 d | 4 d | 7 d | 0 d | 4 d | 7 d | 0 d | 4 d | 7 d | 0 d | 4 d | 7 d |
| 脂肪族硫配糖体 | | | | | | | | | | | | |
| 烷基 GS 硫代葡萄糖苷 | 1.99a | 1.25b | 1.37ab | 1.99a | 1.38b | 1.43b | 0.031a | 0.030a | 0.025a | 0.031a | 0.026a | 0.026a |
| 屈曲花苷 | 0.43a | 0.24b | 0.28ab | 0.43a | 0.29b | 0.31b | 0.45a | 0.45a | 0.43a | 0.45a | 0.41a | 0.39a |
| 烯基 GS 黑介子硫苷酸钾 | ND | | | ND | | | 0.43a | 0.48a | 0.42a | 0.43a | 0.45a | 0.41a |
| 羟苯基 GS 前致甲状腺肿素 | ND | | | ND | | | 0.00b | 0.00b | 0.11a | 0.00c | 0.07b | 0.11a |
| 总脂肪族 GS | 2.42a | 1.49b | 1.65ab | 2.42a | 1.66b | 1.74b | 0.92a | 0.96a | 0.98a | 0.92a | 0.96a | 0.93a |
| 吲哚硫代葡萄糖酸盐 | | | | | | | | | | | | |
| 芸薹葡糖硫苷 | 1.91a | 1.40a | 1.87a | 1.91a | 1.74a | 1.83a | 1.91a | 2.26a | 2.31a | 1.91a | 2.13a | 2.13a |
| 4-羟基-芸薹葡糖硫苷 | 0.08a | 0.06a | 0.05a | 0.08a | 0.04a | 0.08a | ND | | | ND | | |
| 4-甲氧基-芸薹葡糖硫苷 | 0.19a | 0.19a | 0.28a | 0.19a | 0.20a | 0.25a | 0.08a | 0.09a | 0.1a | 0.08a | 0.08a | 0.74a |
| 新芸薹葡糖硫苷 | 1.34a | 1.17a | 1.37a | 1.34a | 1.19a | 1.47a | 0.06b | 0.11b | 0.23a | 0.06b | 0.17a | 0.19a |

续表

| 葡糖异硫氰酸酯/($\mu$mol/g DW) | 西兰花菜茎 | | | | | | 花椰菜菜茎 | | | | | |
|---|---|---|---|---|---|---|---|---|---|---|---|---|
| | 1％ O₂＋21％ CO₂ | | | 8％ O₂＋14％ CO₂ | | | 1％ O₂＋21％ CO₂ | | | 8％ O₂＋14％ CO₂ | | |
| | 0 d | 4 d | 7 d | 0 d | 4 d | 7 d | 0 d | 4 d | 7 d | 0 d | 4 d | 7 d |
| 总吲哚 GS | 3.52a | 2.82a | 3.56a | 3.52a | 2.18a | 3.63a | 2.04b | 2.46ab | 2.65a | 2.04a | 2.37a | 2.39a |

① Schreiner et al.，2007。

② 数值代表三个重复的平均值（$n=3$）。行中每个芸薹属蔬菜的平均值紧随其后的字母相同差异不显著 $p \leqslant 0.05$。

③ ND＝未检测（not detectable）。

Ishikawa 等（1998）将西兰花放在 6 种不同的薄膜聚合袋中，用 $0 \sim 10\%$ O₂ 和 $2\% \sim 20\%$ CO₂ 等 9 种控制性 MAP，在 15℃ 相对湿度为 90％ 的黑暗房间里贮藏 $7 \sim 8$d，测定西兰花中类胡萝卜素、谷胱甘肽、抗坏血酸和叶绿素等化学成分的变化，对照组使用带孔聚乙烯薄膜包装。结果发现，$2\%$ O₂ 和 $4\% \sim 10\%$ CO₂ 是保持类胡萝卜素、叶绿素、抗坏血酸和谷胱甘肽含量的最适宜条件；通过对气体组分进行多重回归分析得出以贮藏时间、O₂ 和 CO₂ 水平为参数的呼吸模型，用计算机模拟 MAP 中气体组分来预测西兰花中一些植物化学物质的含量如类胡萝卜素、叶绿素和谷胱甘肽，预测结果与实际结果完全吻合。

花椰菜采后和贮藏过程中受到各种胁迫的影响，如水洗、切割、降温、控制气调贮藏和 MAP 贮藏，可能会引起芥子油苷的一系列代谢反应，进而改变硫代葡萄糖苷、屈曲花苷、芸薹葡糖硫苷、新葡萄糖芸薹素，以及包括它们分解产物萝卜硫素在内的代谢水平。虽然这一过程的作用机理有待进一步阐明，但关于贮藏过程中花椰菜中硫代葡萄糖苷的代谢机理主要有以下两种不同的观点：葡萄糖硫苷酶使硫代葡萄糖苷发生水解并诱导硫代葡萄糖苷生物合成（Mithen et al.，2000），例如，花椰菜头切成小花使葡萄糖硫苷酶与硫代葡萄糖苷接触可引起硫代葡萄糖苷发生水解。另一方面，在降温和控制气调贮藏过程中，硫代葡萄糖苷的生物合成可被诱导（Dunford and Temelli，1996）。高 CO₂ 浓度使硫代葡萄糖苷酶失活可以解释为何控制气调贮藏时硫代葡萄糖苷浓度未发生明显降低。另外，低氧或无氧条件可能会诱导硫代葡萄糖苷的合成减少并促进硫代葡萄糖苷分解，可能和 CYP79F1———一个 P450 家族细胞色素单加氧酶有关。

### 6.4.2　胡萝卜

胡萝卜（carrot）中的主要多酚类物质是羟基肉桂酸及其衍生物，其中关于咖啡酸衍生物、阿魏酸衍生物、对香豆素衍生物和绿原酸已有相关报道（Herrmann，1978）。胡萝卜鲜切导致苯丙氨酸解氨酶（PAL）被激活促进石炭酸的合成，例如，绿原酸可以在切割的胡萝卜中积累，并有少量的 3-咖啡奎宁酸、4-咖啡奎宁酸、3,4-二咖啡酰基奎宁酸、3,5-二咖啡酰基奎宁酸合成和积累。在 30％CO₂ 无氧气调条件下贮藏，其中的苯丙氨酸解氨酶活性升高导致石炭酸合成积累（Babic et al.，1993）。为

116

了延长货架期并保证鲜切胡萝卜的品质，具有一定 $CO_2$ 和 $O_2$ 浓度的 MAP 是研究的重点（Alasalvar et al.，2005；Amanatidou et al.，2000；Barry-Ryan et al.，2000；Babic et al.，1993；Carlin et al.，1990）。改进气体组成可以减少维生素 A 前体物质的损失并抑制类胡萝卜素的生物合成（Kader et al.，1989），研究表明，7.5% 或更高浓度的 $CO_2$ 会使胡萝卜素从头合成，而 5% $CO_2$ 会导致胡萝卜素损失（Weichmann，1986），降低 $O_2$ 浓度可以保留更多的胡萝卜素。2005 年，Alasalvar 等研究了冷藏和 MAP 贮藏对鲜切即食橙色和紫色胡萝卜中花青素、类胡萝卜素等抗氧化物质的活性以及食品感官性状的影响，鲜切后的胡萝卜包装在空气中或 MAP（90% $N_2$＋5% $O_2$＋5% $CO_2$ 以及 95% $O_2$＋5% $CO_2$）条件下，冷藏 13d，其抗氧化活性、植物营养素含量及感官性状被测定。在此过程中，橙色鲜切胡萝卜总抗氧化活性处理后保持相对稳定，而在 MAP（95% $O_2$＋5% $CO_2$）处理条件下的紫色鲜切胡萝卜抗氧化活性有明显下降（$p < 0.01$）。无论橙色还是紫色鲜切胡萝卜，其总类胡萝卜素含量在 95% $O_2$＋5% $CO_2$ MAP 贮藏条件下都降低，两种 MAP 条件下贮藏的紫色胡萝卜中总花青素含量轻微下降，紫色胡萝卜中总酚类物质含量在贮藏过程中升高的程度大于橙色胡萝卜。MAP 处理不能延长橙色胡萝卜的保质期，而 90% $N_2$＋5% $O_2$＋5% $CO_2$ 处理会延缓紫色胡萝卜的褐变和变味。高浓度 $N_2$ 处理有利于保持鲜切紫色胡萝卜的质量和植物化学成分，总之，与高 $O_2$ 的贮藏环境相比，切割橙色和紫色胡萝卜中总酚在低 $O_2$ 的贮藏环境下积累减少。

### 6.4.3 莴苣

在莴苣（lettuce）中黄酮醇苷、槲皮黄酮 3-葡萄糖苷、3-葡糖苷酸和 3-丙二酰基葡萄糖苷主要存在于外部的绿色叶子中。在美国散叶莴苣和卷心莴苣中，可发现槲皮黄酮和山奈酚衍生物（Woldecke and Herrmann，1974）。

莴苣对 $CO_2$ 伤害敏感（Stewart and Uota，1971；Kader and Morris，1977）。莴苣对 $CO_2$ 升高的生化反应包括苯丙氨酸解氨酶的诱导、可溶性酚类物质积累和氧化、可滴定酸度降低和细胞质木质化（Singh et al.，1972；Siriphanich and Kader，1986；Ke and Saltveit，1989）。据推测，$CO_2$ 能够通过组织 pH 变化调节有机物和氨基酸代谢。$CO_2$ 对卷心莴苣（Lactuca sativa L.）中有机物和氨基酸代谢的作用已经被评估（Ke et al.，1993）。莴苣组织在 0℃ 的空气或富含 5%～20% $CO_2$ 的环境下贮藏 2～9d，然后转移到 20℃ 的空气或富含 $CO_2$ 的环境下贮藏 1d，结果表明，在 20% $CO_2$ 的环境下暴露会引起 pH 降低，导致琥珀酸脱氢酶催化活性和局部抑制谷氨酸脱酸酶的大量激活，从而造成琥珀酸盐和 $\gamma$-氨基丁酸积累，苹果酸盐以及谷氨酸盐水平降低。Brown（1985）证明 $CO_2$ 水平高于 5kPa 会降低细胞内的 pH 值，通过降低 $CO_2$ 浓度而减缓鲜切莴苣的呼吸速率可能是因其对细胞内 pH 的影响。为了保持 MAP 中鲜切莴苣的质量，建议条件是 1～8kPa $O_2$ 结合 10～20kPa $CO_2$ 且贮藏温度在 0～2℃ 之间，在此条件下，酚类物质产量降低，从而延缓鲜切莴苣的衰老褐变（Gorny，

1997；Hertog et al.，1998）。

莴苣主脉中酚类物质的水平在 $CO_2$ 环境下保存比在空气中低，此现象与褐变有关。据报道，鲜切莴苣主脉组织暴露在 20% $CO_2$ 环境下会增加酚类物质的含量并且减少褐变（Weller et al.，1997）。Howard 和 Griffin（1933）报道了莴苣先在 CA（3% $CO_2$＋5% $O_2$ 和 10% $CO_2$＋11% $O_2$）贮藏，后在 5℃空气中暴露 24h 会诱导总酚和聚对苯氧化物及氧化物酶活性的大幅增加。而增大 $CO_2$ 浓度会导致所谓的"褐变"，这是由于在莴苣表皮组织中 PPO 存在下酚类物质氧化产生色素造成的。高 $CO_2$ 环境下可诱导苯丙氨酸解氨酶的活性，因而将莴苣由 $CO_2$ 中转移到空气中能阻止褐变（Saitveit，1997）。

### 6.4.4　菠菜

在新鲜的绿叶蔬菜中，菠菜（spinach）是叶酸类、胡萝卜素类和抗氧化活性类营养物质的重要来源。Pandrangi 和 Laborde（2004）就贮藏温度对商业包装的新鲜菠菜中叶酸类、胡萝卜素类和其他质量特性进行了评估。菠菜样本在温度处理之前经过分选、清洗后用聚乙烯塑料袋（284 g 容量）进行包装，每个包装袋表面约有 2.5 个孔/$cm^2$（直径 1mm）。从包装袋中取出菠菜叶分别贮藏在 4℃、10℃和 20℃可控温的不锈钢容器内，结果发现，每个贮藏温度下的样品营养物质都发生大量损失；4℃下贮藏 8d、10℃下贮藏 6d、20℃下贮藏 4d，菠菜中剩余叶酸含量维持在是初始总叶酸含量的 53% 左右，胡萝卜素类分别为总初始检测值的 54%、61% 和 44%。菠菜样本中全反式胡萝卜素、9-顺式胡萝卜素、叶黄素紫黄质、新黄质和叶黄素均采用高效液相色谱检测，结果显示，较低的贮藏温度有利于叶黄素的保持，全反式胡萝卜素含量在 4～20℃贮藏温度内从初始值降至 84%～34%，比 9-顺式异构体更稳定；4℃下菠菜中胡萝卜素的损失是可以预先观察到的，但新黄质、紫黄质或叶黄素没有发生大的减少。从 Pandrangi 和 Laborde 的研究中可知，贮藏温度对 POD 活性无明显影响（$p > 0.05$），脂肪氧合酶活性不受贮藏时间或贮藏温度的影响，微生物种群、叶绿素损失、颜色、酶的活性和维生素含量等指标在包装前后无显著差异（$p > 0.05$）。

### 6.4.5　其他

Gil 等（1998b）对产于西班牙的叶甜菜（甜菜亚种之一）中的黄酮类化合物和维生素 C 进行定量分析，并对 MAP 对抗氧化剂含量的影响效果进行了评价，从栽培的绿色叶甜菜叶中分离和鉴定出 5 种黄酮类化合物。6℃贮藏 8d 后的叶甜菜中，虽然沸水烹饪导致黄酮类提取物增多，但 MAP（7% $O_2$ ＋10% $CO_2$）对黄酮类物质总量无影响，可能是酚类物质的代谢未发生改变所致；经过 8d 冷藏后，MAP 中样品维生素 C 的含量降低 50% 以上，甜菜鲜切叶在 MAP 中抗氧化物质含量低于空气中整的和鲜切产品的含量。

Howard 和 Hernandez-Brenes 研究了商业应用中墨西哥辣椒圈在 MAP 下类胡萝卜素的含量、抗坏血酸、过氧化物酶活性的变化（Howard and Hernandez-Brenes，1998）。墨西哥辣椒圈在 4.4℃ 下贮藏 12d，再于 13℃ 条件下贮藏 3d，MAP（5％O$_2$ 和 4％CO$_2$）下的 β-胡萝卜素含量保留在初始值的 87％，而在空气中贮藏的样品中 β-胡萝卜素含量为初始值的 68％。另外，贮藏 15d 后，气调条件下和空气中贮藏样品的 α-胡萝卜素含量分别为初始值的 92％ 和 52％，抗坏血酸含量分别为初始值的 83％ 和 56％。由此可知，MAP 比空气可以更好地保持辣椒的抗氧化物质。这项结果与 Agerlin-Petersen 和 Berends 在 1993 年报告的结果保持一致，此报告中提到切块和快速热处理后的甜椒在 2％～4％ O$_2$ 贮藏条件下其抗坏血酸含量高于直接放置在空气中。

## 6.5  总结

鲜切果蔬和微加工产品因具有方便和新鲜特性，对消费者具有很强的吸引力，对其日益增长的市场需求为如何延长产品采后货架期和食品技术提出了挑战。保持鲜切果蔬采后质量技术的目的在于保持外部颜色、改善环境卫生、防止组织褐变并延长货架期。农产品不仅提供人体必需的营养素，还提供已经证实在各种方面有益于人体健康的植物化学物质。报道称，鲜切果蔬在 CA 或 MAP 条件贮藏对产品感官质量有益（Brecht et al.，2004）。然而，关于 CA 或 MAP 条件对完好无损的以及鲜切果蔬中的理化性质影响没有较好研究，研究结果也因贮藏条件及农产品的不同而不同。越来越多的消费者逐渐认识到果蔬中植物化学物质对健康的影响，因此，果蔬中理化物质组成和含量，以及 CA 或 MAP 对理化物质含量影响的相关信息，将会成为选择包装条件的重要因素。

参考文献 ........................................................................................

Agerlin-Petersen M and Berends H. 1993. Ascorbic acid and dehydroascorbic acid content of blanched sweet green pepper during chilled storage in modified atmospheres. Z Lebensm- Unters Forsch 197:546–549.

Agullo G, et al. 1997. Relationship between flavonoid structure and inhibition of phosphatidylinositol 3-kinase: a comparison with tyrosine kinase and protein kinase C inhibition. Biochem Pharmacol 53:1649–1657.

Alasalvar C, et al. 2005. Effect of chill storage and modified atmosphere packaging (MAP) on antioxidant activity, anthocyanins, carotenoids, phenolics and sensory quality of ready-to-eat shredded orange and purple carrots. Food Chem 89:69–76.

Amanatidou A, et al. 2000. High oxygen and high carbon dioxide modified atmospheres for shelf-life extension of minimally processed carrots. J Food Sci 65:61–66.

Ames BN, Shigenaga MK, and Hagen TM. 1993. Oxidants, antioxidants and the degenerative diseases of aging. Proc Natl Acad Sci USA 90:7915–7922.

Amiot MJ, et al. 1992. Phenolic composition and browning susceptibility of various apple cultivars at maturity. J Food Sci 57:958–962.

Amiot MJ, et al. 1995. Influence of cultivar, maturity stage, and storage conditions on phenolic composition and enzymatic browning in pear fruits. J Agric Food Chem 43:1132–1137.

119

Appel LJ, et al. 1997. A clinical trial of the effects of dietary patterns on blood pressure. DASH Collaborative Research Group. New Engl J Med 336:1117–1124.

Artés-Hernández F, Aguayo E, and Artés F. 2004. Alternative atmosphere treatments for keeping quality of "Autumn Seedless" table grapes during long-term cold storage. Postharvest Biol Technol 31:59–67.

Arts I, van de Putte B, and Hollman PCH. 2000. Catechin contents of foods commonly consumed in the Netherlands. 1. Fruits, vegetables, staple foods, and processed foods. J Agric Food Chem 48:1746–1751.

Asen S, Stewart RN, and Norris, KH. 1971. Copigmentation effect of quercetin glycosides on absorption characteristics of cyanidin glycosides and color of red wing Azalea. Phytochemistry 10:171–175.

Awad MA and de Jager A. 2000. Flavonoid and chlorogenic acid concentrations in skin of "Jonagold" and "Elstar" apples during and after regular and ultra low oxygen storage. Postharvest Biol Technol 20:15–24.

Babic I, et al. 1993. Changes in phenolic content in fresh ready-to-use shredded carrots during storage. J Food Sci 58:351–356.

Bakker J, Bridle P, and Bellworthy SJ. 1994. Strawberry juice colour: A study of the quantitative and qualitative pigment composition of juices from 39 genotypes. J Sci Food Agric 64:31–37.

Barry-Ryan C, Pacussi JM, and O'Beirne, D. 2000. Quality of shredded carrots as affected by packaging film and storage temperature. J Food Sci 65:726–730.

Barth MM and Zhuang H. 1996. Packaging design affects antioxidant vitamin retention and quality of broccoli florets during postharvest storage. Postharvest Biol Technol 9:141–150.

Birt DF, Hendrich S, and Wang W. 2001. Dietary agents in cancer prevention: flavonoids and isoflavonoids. Pharmacol Ther 90:157–177.

Block G, Patterson B, and Subar A. 1992. Fruit, vegetables, and cancer prevention: a review of the epidemiological evidence. Nutr Cancer 18:1–29.

Bones AM and Rossiter JT. 1996. The myrosinase-glucosinolate system, its organization and biochemistry. Physiol Plantarum 97:194–208.

Bonilla F, et al. 1999. Extraction of phenolic compounds from red grape marc for use as food lipid antioxidants. Food Chem 66:209–215.

Bown AW. 1985. $CO_2$ and intracellular pH. Plant, Cell Environ 8:459–465.

Boyer J and Liu RH. 2004. Apple phytochemicals and their health benefits. J Nutr 3:1–15.

Brattstrom LE, et al. 1988. Folic acid: an innocuous means to reduce plasma homocysteine. Scand J Clin Lab Invest 48:215–221.

Brecht JK, et al. 2004. Fresh-cut vegetables and fruits. Hortic Rev 30:185–251.

Brouillard R. 1982. Chemical structure of anthocyanins. In: Markakis, editor. Anthocyanins as Food Colors. New York, N.Y.: Academic Press.

Canals R, et al. 2005. Influence of ethanol concentration of color and phenolic compounds from the skins and seeds of Tempranillo grapes at different stages of ripening. J Agric Food Chem 53:4019–4025.

Cantwell M and Suslow T. 1999. Broccoli: recommendations for maintaining postharvest quality. Available at: http://www.postharvest.ucdavis.edu/produce/producefacts/veg/broccoli.html.

Carlin F, et al. 1990. Modified atmosphere packaging of fresh, "ready-to-use" grated carrots in polymeric films. J Food Sci 55:1033–1038.

Clarke JD, Dashwood RH, and Ho E. 2008. Multi-targeted prevention of cancer by sulforaphane. Cancer Lett 269:291–304.

Cocci E, et al. 2006. Changes in nutritional properties of minimally processed apples during storage. Postharvest Biol Technol 39(3):265–271.

Dávalos A, Bartolomé, B, and Gómez-Cordovés, C. 2005. Antioxidant properties of commercial grape juices and vinegars. Food Chem 93:325–330.

Day BPF. 1996. High oxygen modified atmosphere packaging for fresh prepared produce. Postharvest News Inf 7(3):31–34.

Di Mascio P, Kaiser S, and Sies H. 1989. Lycopene as the most efficient biological carotenoid singlet oxygen quencher. Arch Biochem Biophys 274:532–538.

Dragsted LO, Strube M, and Larsen JC. 1993. Cancer-protective factors in fruits and vegetables: biochemical and biological background. Pharmacol Toxicol 72:116–135.

Dunford NT and Temelli F. 1996. Effect of supercritical $CO_2$ on myrosinase activity and glucosinolate degradation in canola. J Agric Food Chem 44:2372–2376.

Dutta-Roy AK. 2002. Dietary components and human platelet activity. Platelets 13:67–75.

Fahey JW, Zhang Y, and Talalay P. 1997. Broccoli sprouts: An exceptionally rich source of inducers of enzymes that protect against chemical carcinogens. Proc Natl Acad Sci USA 94:10367–10372.

Fahey JW, Zalcmann AT, and Talalay P. 2001. The chemical diversity and distribution of glucosinolates and isothiocyanates among plants. Phytochemistry 56:5–51.

Fenwick GR, Heaney RK, and Mullin WJ. 1983. Glucosinolates and their breakdown products in food and food plants. Crit Rev Food Sci Nutr 18:123–201.

Fimognari C and Hrelia P. 2007. Sulforaphane as a promising molecule for fighting cancer. Mutat Res 635:90–104.

Fischer PM and Lane DP. 2000. Inhibitors of cyclin-dependent kinases as anti-cancer therapeutics. Curr Med Chem 7:1213–1245.

Gaziano JM and Hennekens CH. 1993. The role of betacarotene in the prevention of cardiovascular disease. In: Cantield LM, Krinsky NJ, and Olson JA, editors. Carotenoids in Human Health. New York, N.Y.: New York Acad of Sci, pp. 118–155.

Gil MI, Holcroft DM, and Kader AA. 1997. Changes in Strawberry Anthocyanins and Other Polyphenols in Response to Carbon Dioxide Treatments. J Agric Food Chem 45:1662–1667.

Gil MI, Gorny JR, and Kader AA. 1998a. Responses of "Fuji" apple slices to ascorbic acid treatments and low-oxygen atmospheres. HortScience 33:305–309.

Gil MI, Ferreres F, and Tomas-Barberan, FA. 1998b. Effect of modified atmosphere packaging on the flavonoids and Vitamin C content of minimally processed Swiss Chard (*Beta vulgaris* subspecies *cycla*). J Agric Food Chem 46:2007–2012.

Goddard MS and Matthews RH. 1979. Contribution of fruits and vegetables to human nutrition. HortScience 14:245–247.

Gorny JR. 1997. A summary of CA and MA requirements and recommendations for fresh-cut (minimally processed) fruits and vegetables. In: Fresh-Cut and Vegetables and MAP. Proceedings of the Seventh International Controlled Atmosphere Research Conference, Volume 5, Davis, Calif., pp. 30–33, 42.

Gorny JR. 2003. A Summary of CA and MA Requirements and Recommendations for Fresh-Cut (Minimally Processed) Fruits and Vegetables. In: Oosterhaven J and Peppelenbos HW, editors. Proceedings of the Eighth International CA Conference, Leuven, Belgium. Acta Hortic (ISHS) 600.

Gorny JR, et al. 2002. Quality changes in fresh-cut pear slices as affected by controlled atmospheres and chemical preservatives. Postharvest Biol Technol 24:271–278.

Halkier BA and Du L. 1997. The biosynthesis of glucosinolates. Trends Plant Sci 2:425–31.

Halliwell B. 1999. Antioxidant defense mechanisms: from the beginning to the end. Free Radical Res 31:261–272.

Hansen CH, et al. 2001. Cytochrome P450 CYP79F1 from *Arabidopsis* catalyzes the conversion of dihomomethionine and trihomomethionine to the corresponding aldoximes in the biosynthesis of aliphatic glucosinolates. J Biol Chem 14:11078–11085.

Hansen M, et al. 1995. Glucosinolates in broccoli stored under controlled atmosphere. J Am Soc Hortic Sci 120:1069–1074.

Herrmann K. 1978. Ubersicht über nichtessentielle Inhaltsstoffe der Gemüsearten. Z Lebensm-Unters Forsch 167:262–273.

Hertog MLAT, et al. 1998. A dynamic and generic model of gas exchange of respiring produce: the effects of oxygen, carbon dioxide and temperature. Postharvest Biol Technol 14:335–349.

Higdonm JV, et al. 2007. Cruciferous vegetables and human cancer risk: epidemiologic evidence and mechanistic basis. Pharmacol Res 55:224–236.

Holcroft DM and Kader AA. 1999. Controlled atmosphere-induced changes in pH and organic acid metabolism may affect color of stored strawberry fruit. Postharvest Biol Technol 17:19–32.

Hollman PCH and Arts ICW. 2000. Flavonols, flavones and flavanols—nature, occurrence and dietary burden. J Sci Food Agric 80:1081–1093.

Holst B and Williamson G. 2004. A critical review of the bioavailability of glucosinolates and related compounds. Nat Prod Rep 21:425–447.

Howard LA, et al. 1997. Retention of phytochemicals in fresh and processed broccoli. J Food Sci 62(6):1098–1100.

Howard LR and Griffin LE. 1993. Lignin Formation and Surface Discoloration of Minimally Processed Carrot Sticks. J Food Sci 58:1065–1067, 1072.

Howard LR and Hernandez-Brenes C. 1998. Antioxidant content and market quality of Jalapeno pepper rings as affected by minimal processing and modified atmosphere packaging. J Food Qual 21:317–327.

Hu FB and Willett WC. 2002. Optimal diets for prevention of coronary heart disease. JAMA, J Am Med Assoc 288:2569–2578.

Huxsoll CC, Bolin HR, and King AD. 1989. Physiochemical changes and treatments for lightly processed fruits and vegetables. In: Jen JJ, editor. Quality Factors of Fruits and Vegetables; Chemistry and Technology. ACS Symposium Series 405; Washington, D.C.: American Chemical Society, pp. 203–215.

Ishikawa Y, et al. 1998. Optimum broccoli packaging conditions to preserve glutathione, ascorbic acid, and pigments. J Jpn Soc Hortic Sci 67:367–371.

Jacobsson A, Nielsen T, and Sjoholm, I. 2004. Influence of temperature, modified atmosphere packaging, and heat treatment on aroma compounds in broccoli. J Agric Food Chem 52:1607–1614.

Joshipura KJ, et al. 2001. The effect of fruit and vegetable intake on risk for coronary heart disease. Ann Intern Med 134:1106–1114.

Kader AA. 1986. Biochemical and physiological basis for effects of controlled atmospheres. Food Technol 40:99–104.

Kader AA and Morris LL. 1977. Relative tolerance of fruits and vegetables to elevated carbon dioxide and reduced oxygen levels. In: Dewey DH, editor. Controlled Atmospheres for the Storage and Transport of Perishable Agricultural Commodities. East Lansing, Mich.: Michigan State Univ., pp. 260–265.

Kader AA, et al. 1989. Modified atmosphere packaging of fruits and vegetables. Crit Rev Food Sci Nutr 28:1–30.

Kallithraka S, et al. 2005. Determination of major anthocyanin pigments in Hellenic native grape varieties (Vitis vinifera sp.): association with antiradical activity. J Food Compos Anal 18:375–386.

Ke D and Saitveit ME. 1989. Carbon dioxide induced brown stain development as related to phenolic methoblism in iceberg lettuce. J Am Soc Hortic Sci 114:789–794.

Ke DY, et al. 1993. Carbon dioxide action on metabolism of organic and amino acids in crisphead lettuce. Postharvest Biol Technol 3:235–247.

Keck A-S and Finley JW. 2004. Cruciferous vegetables: cancer protective mechanisms of glucosinolate hydrolysis products and selenium. Integr Cancer Ther 3:5–12.

Kerrmann K. 1995. The Shikimate pathway as an entry to aromatic secondary metabolism. Plant Physiol 107:7–12.

Keuma Y-S, Jeonga W-S, and Konga ANT. 2004. Chemoprevention by isothiocyanates and their underlying molecular signaling mechanisms. Mutat Res 555:191–202.

Kim YS and Milner JA. 2005. Targets for indole-3-carbinol in cancer prevention. J Nutr Biochem 16:65–73.

Kimura M and Rodriguez-Amaya DB. 2002. A scheme for obtaining standards and HPLC quantification of leafy vegetable carotenoids. Food Chem 78:389–398.

Kopas-Lane LM and Warthesen JJ. 1995. Carotenoid photostability in raw spinach and carrots during cold-storage. J Food Sci 60:773–776.

Krinsky NI and Johnson EJ. 2005. Carotenoid actions and their relation to health and disease. Mol Aspects Med 26:459–516.

Laughton MJ, et al. 1991. Inhibition of mammalian 5-lipoxygenase and cyclo-oxygenase by flavonoids and phenolic dietary additives: relationship to antioxidant activity and to iron ion-reducing ability. Biochem Pharmacol 42:1673–1681.

Li Z, et al. 2006. Transgenic approach to improve quality traits of melon fruit. Sci Hortic 108:268–277.

Lin TY, Koehler, PE, and Shewfelt RL. 1989. Stability of anthocyanin in the skin of "Starkrimson" apples stored unpackaged, under heat shrinkable wrap and in-package modified atmosphere. J Food Sci 54:405–407.

Lister CE, Lancaster JE, and Sutton, KH. 1994. Developmental changes in the concentration and composition of flavonoids in skin of a red and green apple cultivar. J Sci Food Agric 64:155–161.

Maas JL and Galletta GJ. 1991. Ellagic Acid, an anticarcinogen in fruits, especially in strawberries: A review. HortScience 26:10–14.

Macheix JJ, Fleuriet A, and Billot J. 1990. Fruit Phenolics. Boca Raton, Fla.: CRC Press.

Martínez-Romero D, et al. 2003. Modified atmosphere packaging maintains quality of table grapes. J Food Sci 68:1838–1843.

Martínez-Sánchez A, et al. 2006. Controlled atmosphere preserves quality and phytonutrients in wild rocket (Diplotaxis tenuifolia). Postharvest Biol Technol 40:26–33.

Matthews-Roth MM. 1993. Carotenoids in erythropoietic protoporphyria and other photosensitivity diseases. In: Canheld LM, Krinsky NI, and Olson JA, Editors. Carotenoids in Human Health. New York, N.Y.: New York Acad of Sci, pp. 127–138.

Mazza G and Miniati E. 1993. In: Anthocyanins in Fruits, Vegetables and Grains. Boca Raton, Fla.: CRC Press, pp. 212–214.

McGill IN, Nelson AI, and Steinberg MP. 1966. Effects of modified storage atmosphere on ascorbic acid and other quality characteristics of spinach. J Food Sci 31:510–516.

Mikkelsen MD, et al. 2002. Biosynthesis and metabolic engineering of glucosinolates. Amino Acids 22:279–295.

Mithen RF. 2001. Glucosinolates and their Degradation Products. Adv Bot Res 35:213–232.

Mithen RF, et al. 2000. The nutritional significance, biosynthesis and bioavailability of glucosinolates in human foods. J Sci Food Agric 80:967–984.

Mueller SO, et al. 2004. Phytoestrogens and their human metabolites show distinct agonistic and antagonistic properties on estrogen receptor alpha (ERalpha) and ERbeta in human cells. Toxicol Sci 80: 14–25.

Murata M, Noda I, and Homma S. 1995. Enzymatic browning of apples on the market: relation between browning, polyphenol content, and polyphenol oxidase. Nippon Kagaku Kaishi 42:820–826.

Nestle M. 1997. Broccoli sprouts as inducers of carcinogen-detoxifying enzyme systems: Clinical, dietary and policy implications. Proc Natl Acad Sci USA 94:11149–11151.

Oms-Oliu G, et al. 2008a. Antioxidant content of fresh-cut pears stored in high-$O_2$ active packages compared with conventional low-$O_2$ active and passive modified atmosphere packaging. J Agric Food Chem 56:932–940.

Oms-Oliu G, et al. 2008b. The role of peroxidase on the antioxidant potential of fresh-cut "Piel de Sapo" melon packaged under different modified atmospheres. Food Chem 106(3):1085–1092.

Ong ASH and Tee ES. 1992. Natural sources of carotenoids from plants and oils. Methods Enzymol 213:142–167.

Pandrangi S and Laborde L. F. 2004. Retention of folate, carotenoids, and other quality characteristics in commercially packaged fresh spinach. J Food Sci 69:C702–C707.

Perez-Ilzarbe J, et al. 1997. Cold storage of apples (cv. Granny Smith) and changes in phenolic compounds. Z Lebensm-Unters Forsch 204:52–55.

Rangkadilok N, et al. 2002. The effect of post-harvest and packaging treatments on glucoraphanin concentration in broccoli (*Brassica oleracea var. italica*). J Agric Food Chem 50:7386–7391.

Rask L, et al. 2000. Myrosinase: gene family evolution and herbivore defense in Brassicaceae. Plant Mol Biol 42:93–113.

Remón S, et al. 2003. Storage potential of sweetheart cherry in controlled atmospheres. In: Oosterhaven J and Peppelenbos HW, editors. Proceedings of the Eighth International CA Conference, Leuven, Belgium. Acta Hortic (ISHS) 600.

Rice-Evans CR and Packer L. 2003. Flavonoids in Health and Disease. New York, N.Y.: Marcel Dekker.

Rico D, et al. 2007. Extending and measuring the quality of fresh-cut fruit and vegetables: a review. Trends Food Sci Technol 18:373–386.

Rocha A. and Morais A. 2001. Polyphenoloxidase activity and total phenolic content as related to browning of minimally processed "Jonagored" apple. J Sci Food Agric 82:120–126.

Rodrigues AS and Rosa EAS. 1999. Effect of postharvest treatments on the level of glucosinolates in broccoli. J Sci Food Agric 79:1028–1032.

Rodriguez-Amaya DB, Amaya-Farfan J, and Rodriguez EB. 2008. Carotenoids in fruits: Biology, chemistry, technology and health benefits. In: Epifanio F, editor. Current Trends in Phytochemistry. Kerala, India: Research Signpost, pp. 167–188.

Sadik CD, Sies H, and Schewe T. 2003. Inhibition of 15-lipoxygenase by flavonoids: structure–activity relations and mode of action. Biochem Pharmacol 65:773–781.

Safe S, Papineni S, and Chintharlapalli S. 2008. Cancer chemotherapy with indole-3-carbinol, bis(3'-indolyl)methane and synthetic analogs. Cancer Lett 269:326–338.

Saitveit ME. 1997. In: Tomas-Barberan FA and Robins RJ, editors. Phytochemistry of Fruit and Vegetables; Oxford, U.K.: Oxford Univ. Press, pp. 205–220.

Saxena A, Bawa AS, and Raju PS. 2009. Phytochemical changes in fresh-cut jackfruit (Artocarpus heterophyllus L.) bulbs during modified atmosphere storage. Food Chem 115:1443–1449.

Schmidtlein H. and Herrmann K. 1975. Über die Phenolsäuren des Gemüse. Z Lebensm-Unters Forsch 159:139–148.

Schreiner M, Peters P, and Krumbein A. 2007. Changes of glucosinolates in mixed fresh-cut broccoli and cauliflower florets in modified atmosphere packaging. J Food Sci 72:S585–S589.

Shak NS and Nath N. 2006. Minimally processed fruits and vegetables—freshness with convenience. J Food Sci Technol 43(6):561–570.

Shahidi F and Naczk M. 2003. Food Phenolics: Sources, chemistry, Effects and Applications, 2nd ed. Boca Raton, Fla.: CRC Press.

Siriphanich J. and Kader AA. 1985. Effects of $CO_2$ on total phenolics, phenylalanine ammonia lyase, and polyphenol oxidase in lettuce tissue. J Am Soc Hortic Sci 110:249–253.

Siriphanich J and Kader AA. 1986. Changes in cytoplasmic and vacuolar pH in harvested lettuce tissue as influenced by $CO_2$. J Am Soc Hortic Sci 111:73–77.

Souci SW, Fachmann W, and Kraut H. 2000. In: Scherz H and Senser F, editors. Food Composition and Nutrition Tables, 6th ed. London, U.K.: CRC Press.

Spencer JP, Rice-Evans C, and Williams RJ. 2003. Modulation of pro-survival Akt/PKB and ERK1/2 signalling cascades by quercetin and its in vivo metabolites underlie their action on neuronal viability. J Biol Chem 278:34783–34793.

Steinmetz KA and Potter JD. 1991. Vegetables, fruit, and cancer. I. Epidemiology. Cancer Causes Control 2:325–357.

Stewart JK and Uota M. 1971. Carbon dioxide injury and market quality of lettuce held in controlled atmospheres. J Am Soc Hortic Sci 96:27–30.

Singh B, Wang J, and Salunkhe DK. 1972. Controlled atmosphere storage of lettuce. 2. Effects on biochemical composition of the leaves. J Food Sci 37:52–55.

Stoewsand GS. 1995. Bioactive organosulfur phytochemicals in Brassica oleracea vegetables—A review. Food Chem Toxicol 33:537–543.

Thompson JE, Legge RL, and Barber RF. 1987. The role of free radicals in senescence and wounding. New Phytol 105:317–344.

Threlfall RT, et al. 2005. Pressing effects on yield, quality, and nutraceutical content of juice, seeds, and skins from Black Beauty and Sunbelt grapes. J Food Sci 70:S167–S171.

Timberlake CF and Bridle P. 1975. The anthocyanins. In: Harborne JB, Mabry TJ, and Mabry H, editors. The Flavonoids. London, U.K.: Chapman and Hall, pp. 214–266.

Tomas-Barberan FA, et al. 1993. Dihydrochalcones from apple juices and jams. Food Chem 46:33–36.

Tomas-Barberan FA, Fefferes F, and Gil ML. 2000. Antioxidant phenolic metabolites from fruit and vegetable and changes during postharvest storage and processing. In: Atta-ur-Rahman, editor. Studies in Natural Products Chemistry, Volume 23. Bioactive Natural Products (Part D). Amsterdam, Netherlands: Elsevier, pp. 739–795.

Valero, D et al. 2006. The combination of modified atmosphere packaging with eugenol or thymol to maintain quality, safety and functional properties of table grapes. Postharvest Biol Technol 41:317–327.

Vallejo F, Tomas-Barberan F, and Garcia-Viguera C. 2003. Health promoting compounds in broccoli as influenced by refrigerated transport and retail sale period. J Agric Food Chem 51:3029–3034.

van der Sluis AA, et al. 2001. Activity and concentration of polyphenolic antioxidants in apple; effect of cultivar, harvest year and storage conditions. J Agric Food Chem 49:3606–3613.

van der Sluis AA, et al. 2003. Polyphenolic antioxidants in apples. Effect of storage conditions on four cultivars. In: Oosterhaven J and Peppelenbos HW, editors. Proceedings of the Eighth International CA Conference, Leuven, Belgium. Acta Hortic (ISHS) 600.

Van Hoorn DEC, Nijveldt RJ, and Van Leeuwen PAM. 2002. Accurate prediction of xanthine oxidase inhibition based on the structure of flavonoids. Eur J Pharmacol 451:111–118.

Van Poppel G, et al. 1999. Brassica vegetables and cancer prevention. Epidemiology and mechanisms. Adv Exp Med Biol 472:159–168.

Vasconcellos JA. 2000. Regulatory and safety aspects of refrigerated minimally processed fruits and vegetables: a review. In: Alzamora SM, Tapia MS, and Lopez-Malo A, editors. Minimally Processed Fruits and Vegetables. New York, N.Y.: Springer, pp. 319–343.

Verhoeven DT, et al. 1996. Epidemiological studies on brassica vegetables and cancer risk. Cancer Epidemiol, Biomarkers Prev 5:733–748.

Verhoeven DT, et al. 1997. A review of mechanisms underlying anticarcinogenicity by brassica vegetables. Chem-Biol Interact 103:79–129.

Voutilainen S, et al. 2006. Carotenoids and cardiovascular health. Am J Clin Nutr 83:1265–1271.

Watada AE, Abe K, and Yamauchi N. 1990. Physiological activities of partially processed fruits and vegetables. Food Technol 44:120–122.

Watada AE, Ko NP, and Minott DA. 1996. Factors affecting quality quality of fresh-cut horticultural products. Postharvest Biol Technol 9:115–125.

Way TD, Kao MC, and Lin JK. 2005. Degradation of HER2/neu by apigenin induces apoptosis through cytochrome c release and caspase-3 activation in HER2/neu-overexpressing breast cancer cells. FEBS Lett 579:145–152.

Weichmann J. 1986. The effect of controlled-atmosphere storage on the sensory and nutritional quality of fruit and vegctables. Hortic Rev 8:101–127.

Weller A, et al. 1997. Browning susceptibility and changes in composition during storage of Carambola slices. J Food Sci 62:256–260.

Woldecke M and Herrmann K. 1974. Flavonole und Flavone der Gemüsearten. Z Lebensm-Unters Forsch 156:153–157.

Wright KP and Kader AA. 1997. Effect of controlled-atmosphere storage on the quality and carotenoid content of sliced persimmons and peaches. Postharvest Biol Technol 10:89–97.

Xu C-J, et al. 2006. Changes in glucoraphanin content and quinone reductase activity in broccoli (*Brassica oleracea* var. *italica*) florets during cooling and controlled atmosphere storage. Postharvest Biol Technol 42:176–184.

Yang J and Liu RH. 2009a. Induction of phase II enzyme in vitro by grape extracts and selected phytochemicals. Food Chem 114:898–904.

Yang J and Liu RH. 2009b. Synergistic Effect of Apple Extracts and Quercetin 3-$\beta$-D-glucoside Combination on Antiproliferative Activity in MCF-7 Human Breast Cancer Cells *in vitro*. J Agric Food Chem 57:8581–8586.

Yang J, et al. 2004. Varietal differences in phenolic content, and antioxidant and antiproliferative activities of onions. J Agric Food Chem 52(21):6787–6793.

Yang J, Martinson TE, and Liu RH. 2009. Phytochemical profiles and antioxidant activities of wine grapes. Food Chem 116:332–339.

Yilmaz Y and Toledo RT. 2004. Health aspects of functional grape seed constituents. Trends Food Sci Technol 15:422–433.

Zagory D and Kader AA. 1988. Modified atmosphere packaging of fresh produce. Food Technol 42(9):70–77.

Zhang Y, et al. 1992. A major inducer of anticarcinogenic protective enzymes from broccoli: Isolation and elucidation of structure. Proc Natl Acad Sci USA 89:2399–2403.

# 第 7 章
# 主动MAP

作者：Alan Campbell
译者：胡文忠、姜爱丽、穆师洋、闫媛媛、王运照

## 7.1 引言及背景知识

MAP 可分为被动 MAP 和主动 MAP，尽管主动 MAP 系统在 20 世纪 70 年代已经出现，但是并未被广泛应用于零售和餐饮业。

主动 MAP 可定义为将一个主动气调系统融入保鲜薄膜或容器中对包装进行气体调节，从而保持产品质量或延长其保质期（Day，1998）。这个主动气调系统可以是固体材料也可以是气体，在应用中典型主动气调系统往往包括 $O_2$ 与 $CO_2$ 清除器和释放器、水分吸收器、乙烯清除剂、乙醇释放器和给包装内充气（例如 $O_2$、$CO_2$、$CO$、$N_2$、氩气以及两种或更多这些气体的混合物）。迄今为止，大多数关于主动 MAP 的研究都是利用气调保鲜技术来抑制微生物和化学降解，预计这一应用将会被广泛传播。

在使用各种类型的主动 MAP 之前，需弄明白食品变质的机制。在了解食品变质机制的基础上，利用不同的主动包装技术来延长食品的保质期。

## 7.2 使用气体释放剂和吸收剂主动调节包装气体组成

$O_2$ 会对不同食品产生不利影响，它可以加速面包店商品的老化，例如面包、蛋糕、半烘烤产品；熟肉和一些药草在 $O_2$ 存在时很容易变色；它还可使维生素降解；对鱼（例如鲑鱼、鳟鱼和沙丁鱼）的质量产生负面影响。氧化酸败能够引起异味和臭味，常见于熟肉、坚果、油炸食品、奶酪和动植物油中。氧化速度受成分、可用氧的浓度、温度以及光、金属离子等促氧化剂的影响。因此，除氧有助于保持食物质量。

然而，除氧系统在鲜切农产品包装中的使用并未得到提倡。鲜切农产品仍在呼吸，因此需要 $O_2$ 来保持农产品的新鲜度和保质期。去除包装中所有的 $O_2$，将会因厌氧代谢而加速产品变质。

值得注意的是，要让 $O_2$ 清除剂在包装中发挥效力，很大程度上依赖于食品

相对湿度和 $O_2$ 透过包装材料的扩散平衡。除氧剂的能力取决于激活模式、除氧能力和除氧速度。在选择除氧剂时要考虑预期产品的保质期、包装中的氧含量和包装材料的透氧率。

新鲜农产品在呼吸过程中利用 $O_2$，呼出 $CO_2$。一些农产品的呼吸速率很高，可导致包装中 $CO_2$ 水平大幅上升。高浓度的 $CO_2$ 可引起组织损伤、变色以及包装袋塌陷；还会引起异味和臭味的产生以及厌氧微生物生长。通过对包装薄膜的渗透率与农产品的呼吸速率匹配可以在包装中得到一个 $CO_2$ 和 $O_2$ 比例恰当的平衡环境。但如果把许多不同农产品放在相同包装中或者农产品暴露在不同的温度条件下，上述平衡气调环境很难通过膜的渗透率与农产品的呼吸率匹配而实现。此时，$CO_2$ 清除剂（或吸收剂）就可加入到包装中以除去过量的 $CO_2$。

$CO_2$ 清除剂由氢氧化钙、氢氧化钠或氢氧化钾、氧化钙和硅胶组成（见表7.1）。$CO_2$ 清除剂通常装在小香包似的袋中，其中的氢氧化物可被水分激活，与 $CO_2$ 反应生成碳酸钙。

**表 7.1　二氧化碳清除剂的供应商和规格**

| 产品 | 厂家 | 规格/类型 |
| --- | --- | --- |
| Freshlock, Ageless E | 三菱瓦斯化学有限公司 | 袋装双重脱除氧气和二氧化碳 |
| Evert-Fresh Green bags® | Evert-Fresh 集团 | 袋装 |
| EverFresh type G | 美国 EverFresh | 袋装 |
| OxyFresh | EMCO 包装系统 | 双重氧气释放剂和二氧化碳脱除剂 |

EverFresh G 型包装袋（EverFresh USA）吸收包装中的 $CO_2$，从而可避免因包装气体过剩引起的膨胀。由于水分会影响清除剂发挥作用，所以必须避免与水分接触。EverFresh EG 包装是 $O_2$ 和 $CO_2$ 混合型清除剂，该除氧剂适用于咖啡和含有活性酵母的产品（www.everfreshusa.com）。

Evert-Fresh 集团生产的 Evert-Fresh 绿色环保袋需要浸渍到矿物质中吸收 $CO_2$ 和氨气等气体，这些袋子还有防雾的功能以避免水分积累。如果水分积累，可能会导致包装中微生物生长（www.evertfresh.com）。

三菱天然气化学有限公司生产了一种小袋（Ageless E），它综合了 $O_2$ 和 $CO_2$ 清除剂的功能，用于低水分含量和低水分活度的产品（容量＜0.3%）。EMCO Fresh 技术有限公司研制出 OxyFresh，它综合了 $O_2$ 排放剂和 $CO_2$ 吸收剂的功能，适用于新鲜农产品。OxyFresh 通过补充 $O_2$ 和清除产生的 $CO_2$ 来补给农产品的呼吸，从而保持了一个适宜的气调环境。

有时食物包中需要 $CO_2$（例如烘焙食品、干货和熟食），这是因为 $CO_2$ 可以抑制微生物的生长。$CO_2$ 比 $O_2$ 更容易透过包装薄膜，也容易被包装中的任何水分和脂肪吸收，会造成包装塌陷，这些影响表明使用再生的 $CO_2$ 技术对某些产品的保质期是必要的。

CO₂ 释放剂通常是碳酸亚铁或抗坏血酸与碳酸氢钠的混合物。当碳酸氢钠与柠檬酸和水（通常来自产品）反应就会产生 $CO_2$。当抗坏血酸和碳酸氢钠同时使用时可吸收 $O_2$ 释放等量的 $CO_2$（Waite，2003）。$CO_2$ 释放剂可以单独使用，也可结合除氧系统应用以达到双重目的。市售 $CO_2$ 释放剂包括三菱天然气化工有限公司生产的 Ageless G，它是非铁配方，同时具有除氧剂和 $CO_2$ 释放剂的作用，在日本它被应用于年糕、坚果和鱼干中。由 Multisorb 生产的 Freshpax M 同样具有除氧剂和 $CO_2$ 释放剂的双重功效，它有小袋装或标签式两种（见表 7.2）。

**表 7.2  二氧化碳释放剂的供应商和规格**

| 厂家 | 产品 | 规格/类型 |
|---|---|---|
| 三菱瓦斯化学有限公司 | Ageless G | 双重氧气脱除剂和二氧化碳释放剂 |
| Multisorb 技术公司 | Freshpax M | 双重氧气脱除剂和二氧化碳释放剂 |

乙烯是一种植物激素，大多数新鲜农产品都可产生乙烯，它可促进农产品的成熟，但也会对产品质量产生不利影响，缩短很多产品的保质期。因此，在运输过程中要减少农产品周围的乙烯含量。乙烯促进成熟会引起农产品软化和腐烂，也会引起许多农产品的生理疾病。表 7.3 列出了不同水果、蔬菜中乙烯的产生速率及其对乙烯的敏感性。苹果、鳄梨和桃子都能产生大量乙烯。能够散发出高浓度乙烯的农产品当和乙烯敏感产品贮藏在一起时，会对后者产生影响，如黄瓜，其本身不能产生乙烯却对乙烯敏感，导致黄瓜的腐败速率很高。

**表 7.3  不同蔬菜和水果的乙烯产生速率及其敏感性**

| 农产品 | 乙烯产生率 | 对乙烯的敏感性 |
|---|---|---|
| 苹果 | 极高 | 高 |
| 鳄梨 | 高 | 高 |
| 香蕉 | 中等 | 高 |
| 胡萝卜 | 极低 | 低 |
| 黄瓜 | 低 | 高 |
| 猕猴桃 | 低 | 高 |
| 莴苣 | 极低 | 高 |
| 桃 | 高 | 高 |
| 番茄 | 中等 | 高 |

乙烯脱除剂已经被开发用来减少或控制乙烯水平，减缓农产品的成熟和呼吸速率，从而延长保质期。乙烯脱除剂目前以小包形式供应，亦可掺入到塑料薄膜和纤维板中。乙烯脱除剂由许多不同的材料组成，比如矿物质、黏土、高锰酸钾

128

和木炭。

薄膜可以浸渍在矿物质中，例如浸渍在用作乙烯脱除剂的浮石粉中可获得乙烯脱除剂的功能，在水果释放乙烯时吸收乙烯；沸石能从包装中吸收乙烯、水蒸气和异味；其他乙烯脱除剂包括大谷石（Oya Stone）和铝硅酸盐。

Orega film（Cho Yang Heung San Co.）是将浮石凝灰岩、沸石、活性炭、方石英、斜发沸石和一种金属氧化物包埋在聚乙烯薄膜中制得（Vermeiren et al.，2003）。EverFresh bags（EverFresh USA）灌满叫作 Oyo 的天然矿物质，该矿物质能够从新鲜蔬菜、水果和鲜花中吸收乙烯气体（www. organiccatalog. com）。

乙烯脱除剂的另外一种常见成分是高锰酸钾，高锰酸钾被吸附于硅胶、珍珠岩或者氧化铝惰性载体中，提供较大表面积的高锰酸钾可与乙烯直接发生反应。当乙烯脱除剂的脱除能力降低时，高锰酸钾将由紫色变为褐色，此类脱除剂有毒。因此，目前供应的此种脱除剂只有袋装的，必须将其可能进入产品中的风险降到最低。EverFresh ET 小袋（EverFresh USA）是含高锰酸钾的乙烯脱除剂，可用于去除包装中的乙烯气体。

活性炭和催化剂（如钯和溴）结合在一起也可作为乙烯脱除剂，乙烯被活性炭吸收并分解。实验表明，木炭可以减缓部分水果的软化，比如猕猴桃和香蕉（Waite，2003）。在惠灵顿维多利亚大学科学家们正在研究和发展纳米硅酸钙吸收乙烯和其他气体（Le Good and Clarke，2006）。

Stayfresh Longer 保鲜袋可延缓新鲜农产品自然衰老的过程，阻止水分形成和细菌生长。生物保鲜膜（Grofit Plastics）能够吸收大量可促进水果成熟的气体，包括乙烯、氨气和硫化氢（见表7.4）。

表7.4　乙烯脱除剂的供应商和规格

| 厂家 | 产品 | 规格/类型 |
|---|---|---|
| 美国 EverFresh | EverFresh ET | 袋装（矿物质） |
| Lakelands | Stay Fresh longer | 袋装（矿物质） |
| Grofit Plastics | Biofresh® | 袋装/薄膜 |
| EIA Warenhandels GmbH | Profresh | 薄膜（矿物质） |

乙醇是公认的杀菌剂，特别是对焙烤食品，也用作鱼和奶酪的抗细菌剂及抗真菌剂延长保质期。大量研究发现，乙醇可以有效控制霉菌（包括曲霉菌和青霉菌）和细菌（例如沙门菌、葡萄球菌和大肠杆菌）的生长。对乙醇释放剂是否也抑制酵母生长现在还无一致的看法，乙醇可通过对蛋白质结构的增塑作用减慢面包老化。

乙醇释放剂的优势在于包装前不需将乙烯直接喷在产品上，而是从袋子中慢慢释放出来。乙醇和水吸附到袋中硅粉上，水分激活产品中的释放剂将乙醇释放到包装顶部。包装材料需是高阻隔性的，以防止乙醇从包装中泄露。一般来说，2～3g 乙醇放在袋子中就能延长目标产品的保质期（Waite，2003），这取决于产品的大小、包装和顶部空间。如果释放太多乙烯，将会对产品的气味造成影响。由于乙醇释放剂需要水分激活，所以此类装置只能在含水分高的产品中应用。进一步的发展是将乙醇释放剂掺入到包装材料中。

乙醇释放剂在日本被广泛使用。Ethicap®（Freund）是一个能够把乙醇蒸气释放到包装顶部空间的小袋，乙醇蒸气冷凝在食物表面抑制微生物生长。由于乙醇释放剂能影响产品气味，所以制造商常在产品中添加额外的风味调料，如香草来掩饰这种气味。Ethicap® 是一种吸附乙醇的二氧化硅粉末，粉末被包在纸和醋酸乙烯酯中，此袋装形式有不同尺寸。Negamold®（Freund）具有脱氧剂和乙醇释放剂的双重功能（铁粉/浓缩乙醇）。

Oyteck L™（Ohe Chemicals Inc.）包括乙醇粉末和吸附剂，粉末被包装在可以缓慢释放乙醇的袋子中，可以抑制霉菌生长。它还可以减慢产品表面硬化，对于一些面包店产品如海绵蛋糕是尤为重要的，可以保持它们的柔软度（见表7.5）。

**表 7.5　乙醇释放剂的供应商和规格**

| 厂家 | 产品 | 规格/类型 |
| --- | --- | --- |
| Freund 实业有限公司 | Antimold® | 袋装 |
| | Negamold® | 袋装 |
| | Ethicap® | 双重乙醇释放剂和氧气脱除剂 |
| 三菱瓦斯化学公司 | Ageless® SE | 双重乙醇释放剂和氧气脱除剂 |
| Ohe 化工有限公司 | Oytech L | 袋装 |
| 日本 Kayaku 食品科技有限公司 | Oytec™ | 袋装 |

## 7.3　气体充气置换在主动 MAP 中的应用

高氧含量的主动 MAP 已经成功地应用于保持新鲜肉红色的包装中，传统氧含量在 70%～80% 范围内。

高氧气调在鲜切农产品中的应用有众多报道。Day（2003）的研究发现，用高 $O_2$ MAP 结合密封薄膜包装处理后的农产品，可有效阻止水分流失、颜色损失及湿处理情况下微生物的污染，高 $O_2$ MAP 能够同时抑制需氧和厌氧微生物的生长。

此外，多酚氧化酶是引起鲜切农产品切口处变色的主要酶，高氧可以通过底物抑制或醌类物质的产生从而抑制褐变。

目前，高氧在鲜切农产品中的应用仅限于科学研究，还没有商业化大规模应

130

用，可能是由于一些结果的重现性较差和所用仪器设备比较昂贵，因为利用高氧设备需要有特别的装置来确保使用安全性。

近几年，氩气混合物的使用受限于法国液化气公司（法国，巴黎）（Day，2002；Spencer，2001）一系列专利的保护。这些专利表明，与氮气相比，氩气能更有效地抑制易变质的食物酶的活性、微生物生长和化学降解反应。法国液化气公司的一个专利声称：Ar 和 $N_2O$ 能够通过抑制酶活性、微生物生长和化学降解反应而延长易变质新鲜农产品的保质期（Spencer，2001）。

参考文献

Day BPF. 1998. Novel MAP—A brand new approach. Food Manuf 73:24–26.
Day BPF. 2002. New modified atmosphere packaging (MAP) techniques for fresh prepared fruit and vegetables. In: Jongen W, editor. Fruit and Vegetable Processing: Improving Quality. Cambridge, U.K.: Woodhead Publishing, pp. 310–330.
Day BPF. 2003. Novel MAP applications for fresh-prepared produce. In: Ahvenainen R, editor. Novel Food Packaging Techniques. Cambridge, U.K.: CRC Woodhead Publishing, pp. 189–207.
Le Good P and Clarke A. 2006. Smart and Active Materials to Reduce Food Waste. SMART.mat. Available at: http://amf.globalwatchonline.com/epicentric portal/binary/com.epicentric.contentmanagement.servlet. ContentDeliveryServlet/AMF/smartmat/Smartandactivepackagingtoreducefoodwaste.pdf (accessed January 2008).
Spencer K. 2001. Method of controlling browning reactions using noble gases. US Patent 6,274,185 B1.
Vermeiren L, et al. 2003. Oxygen, ethylene and other scavengers. In: Ahvenainen R, editor. Novel Food Packaging Techniques. Cambridge, U.K.: CRC Woodhead Publishing, pp. 22–49.
Waite N. 2003. Active Packaging. Leatherhead, U.K.: PIRA International, p. 146.

Modified Atmosphere Packaging
for Fresh-Cut Fruits and Vegetables

第2部分

# 气调包装材料和机械

# 第 8 章
# 用于鲜切产品MAP的包装聚合膜

*作者：* Hong Zhuang
*译者：* 胡文忠、陈晨、纪懿芳

## 8.1 引言

商业中解决鲜切果蔬质变问题的一项重要技术是 MAP，聚合物薄膜是 MAP 技术的一个关键因素。鲜切果蔬包装中的有益环境条件，如氧气、二氧化碳和相对湿度等因素，取决于果蔬的采后生理（如呼吸强度）、聚合物薄膜对水蒸气和气体的渗透性及包装的质量（如泄漏）等。有许多聚合物薄膜可用于鲜切果蔬的包装，包括聚乙烯（超低密度聚乙烯、低密度聚乙烯、线性低密度聚乙烯、中密度聚乙烯、高密度聚乙烯）、聚丙烯、聚苯乙烯、聚氯乙烯、聚偏二氯乙烯、聚酰胺（尼龙）、聚对苯二甲酸乙二醇酯、盐酸橡胶、乙烯醋酸乙烯酯（EVA）、离子聚合物和微穿孔薄膜（Schlimme and Rooney，1994），但是鲜切果蔬产业经常采用的聚合物薄膜材料仅局限于几种：聚烯烃（聚乙烯和聚丙烯）、乙烯基复合聚合物（聚苯乙烯和聚氯乙烯）和聚对苯二甲酸乙二醇酯（聚酯）。本综述在已发表的专著的基础上着重讨论这些常用聚合物膜材料（Farber and others，2003；Mangaraj and others，2009；Robertson，2006；Schlimme and Rooney，1994；Whelon，1994；Google English Dictionary，hppt：//www.google.com/dictionary）。

## 8.2 聚烯烃

烯烃是由石油提炼而成，原本称为乙烯。聚烯烃是由乙烯和丙烯构成的聚合物，属于塑胶。聚烯烃是聚合物薄膜的重要组成成分，具有使其成功用于鲜切果蔬包装中所需的多种性能，包括对水分和气体的渗透作用、柔韧性、耐化学腐蚀、透明性、容易加工（热密封）、成本低、适合回收和再利用（Robertson，2006）。

### 8.2.1 聚乙烯

聚乙烯（PE），也称为聚亚甲基，是一种热塑性聚合物，分子呈长链的线形结构，包含—CH<sub>2</sub>—CH<sub>2</sub>—重复碳单元［见图 8.1（a）］。聚乙烯是乙烯单体［见图 8.1（b）］通过自由基、阴离子加成、离子配位或阳离子加成等聚合反应产生的聚合物，它是最简单、最廉价的聚合物。聚乙烯是食品薄膜包装和成盒包装中用量最多的单聚合物，其惰性较强，在正常条件下没有危害。聚乙烯根据分子量高低、链式结构不同，分为高密度聚乙烯和低密度聚乙烯（Robertson，2006）。

(a) PE 重复单元

$$-\!\!\left[\!\text{CH}_2\!-\!\text{CH}_2\!\right]\!\!-$$

（b）乙烯单体

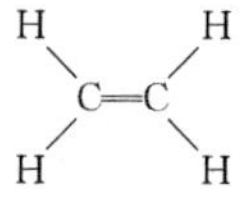

$$\begin{matrix} H & & H \\ \backslash & & / \\ C & = & C \\ / & & \backslash \\ H & & H \end{matrix}$$

图 8.1　聚乙烯（PE）重复单元和乙烯单体结构

### 8.2.1.1　低密度聚乙烯（LDPE）

低密度聚乙烯（low-density polyethylene，LDPE）是一种含支链的聚合物（见图 8.2），是乙烯单体在 150～350℃、压力 1000～3000 大气压条件下，由自由基如氧或不稳定的过氧化物引发聚合产生。高压条件产生大量的长、短支链，由于这些支链阻止聚合物主链（碳链）树脂紧密堆积，导致其密度范围为 0.910～0.940g/cm<sup>3</sup>（Schlimme and Rooney，1994）。聚合物链在一定空间中的缠绕，在冷却时阻止其完全结晶，并直接影响到它的透气性、透明度和聚合物薄膜的机械性能。LDPE 的结晶度通常为 50%～70% 不等。LDPE 可以采用吹塑法形成管式薄膜，或通过缝隙挤压和冷铸成膜，采用缝隙挤压和冷铸成膜工艺加工而成的 LDPE 膜更加透明。

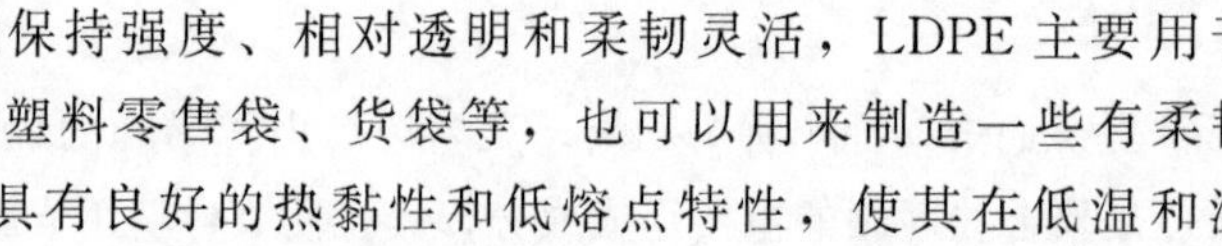

图 8.2　链形 LDPE

LDPE 具有良好的抗拉、耐破、耐冲击性和耐撕裂强度，在温度降至 —60℃ 时仍能保持强度、相对透明和柔韧灵活，LDPE 主要用于制造具有柔韧性的膜，如塑料零售袋、货袋等，也可以用来制造一些有柔韧性的盖子和瓶子。LDPE 具有良好的热黏性和低熔点特性，使其在低温和温度变化范围较大时仍保持良好热封性，因而在热封中广泛使用。低密度聚乙烯能够自溶而得到坚韧的密封圈，但不能用高频密封方法（即用高介电频率能量密封塑料）密封。它的软化点低于 100℃，因而不能使用蒸汽消毒。在日本，通过添加无机填料（一种颗粒添加到塑料中以减少昂贵的黏合剂的使用量，或得到更好的混合材料的性质）在聚乙烯中穿孔制作成保鲜膜（微孔膜），从而增加二氧化碳传输速率。在刚性包装应用中，聚乙烯在吹塑成型为容器后，表面可以用氟进行处理，形成一个非常薄、极性、对非极性气体 $O_2$ 和 $CO_2$ 渗透性低的交联表面，而且可以免于用电晕电弧放电或火焰技术提高表面可印性。LDPE 还可以通过混合高密度聚乙烯或辐射诱导的交联方法制成可收缩的材料。辐照聚乙烯，也叫辐照 PE，是由普通 LDPE 薄膜经高能量射线电子束（β射线）通过辐照制成。辐照引起的链之间的交联，增加了拉伸性和收缩张力。虽然辐照 PE 略降低了气体和水蒸气渗透速率，但增加热封温度范围，可作为收缩膜。该薄膜具有良好的透明度，可在加热板上重叠密封并通过 220℃热空气层流隧道收缩。现在有数以百计可用的不同等级 LDPE 材料，其中大部分有不同的属性，包括聚合物中支化度的变化（短链或长链）、分子量和分子分布、聚合残基杂质和共聚单体残基的存在。

LDPE 的特点介绍如下。

密度（$g/cm^3$）：0.915～0.940（密度在 0.926～0.940$g/cm^3$ 之间的 LDPE，有时被称为中密度聚乙烯，MDPE）（LDPE 的密度越高，柔韧性越低，越脆）。

分子质量范围：14000～1400000 Da（道尔顿）（分子量越大，拉伸强度越大，耐低温性越强，透明度越低）。

每 1000 个碳原子含 $CH_3$（高分子量聚合物样品支化程度的指标）：20～33（中密度聚乙烯含 5～7）（Robertson，2006）。

结晶度：50％～75％（半结晶材料）。

颜色：乳白色。

透气性：LDPE 能良好地隔绝水蒸气，但不能有效地阻隔氧气和二氧化碳。对有机蒸气渗透率最低的为醇类，然后从酸到醛类和酮类、酯类、醚类、烃类和卤代烃类的顺序增加，密度增加，渗透性降低。

水蒸气透过率（WVTR）：在 37.8℃和 90％RH 条件下为 6～23.2 g/（$m^2$·d）（MDPE 为 8～15）（Schlimme and Rooney，1994）。

$O_2$ 的渗透率：在 22～25℃时，厚度为 0.0254mm 的 LDPE 的渗透率为 3900～13000$cm^3$/（$m^2$·d·atm），[MDPE 的渗透率为 2600～8293$cm^3$/（$m^2$·d·atm）]（Schlimme and Rooney，1994）。

$CO_2$ 的渗透率：在 22～25℃时，厚度为 0.0254mm 的 LDPE 的渗透率为 7700～77000$cm^3$/（$m^2$·d·atm），[MDPE 的渗透率为 7700～38750$cm^3$/（$m^2$·d·atm）]（Schlimme and Rooney，1994）。

$N_2$ 的渗透率：在 25℃时，厚度为 0.0254mm 的 LDPE 的渗透率为 2800$cm^3$/（$m^2$·d·atm）（Farber and others，2003）。

温度升高 10℃，膜的 $O_2$ 渗透系数：1.96（Mangaraj et al.，2009）。

温度升高 10℃，膜的 $CO_2$ 渗透系数：1.71（Mangaraj et al.，2009）。

玻璃化温度（$T_g$）：$-120$℃（Mangaraj et al.，2009）。

熔解温度（$T_m$）：105～115℃（Mangaraj et al.，2009）。

抗化学性：对酸、醇、碱和酯的抗性强，对醛、酮和植物油有较好的抵抗力；对烃类溶剂、矿物油、氧化剂和卤代烃抗性低。

应用范围：容器、保鲜膜和塑料袋。

成本：成本最低的塑料薄膜。

循环：一般均可回收（便于回收利用的半刚性形式），数字"4"为循环代码。

### 8.2.1.2 线性低密度聚乙烯（LLDPE）

与支链的低密度聚乙烯不同，LLDPE（linear low-density polyetuylene）是具有大量的短支链或侧链的线性热塑性共聚物（参见图 8.3），通常是由乙烯和少量烯烃如丁烯、己烯或辛烯等聚合而成的聚合物。LLDPE 和高密度聚乙烯具有相似的分子结构。LLDPE 分子中的短侧链，影响聚合物结晶，因此 LLDPE 具有类似 LDPE 的密度。LLDPE 分子的线性结构（不存在长支链）使其比 LDPE 具有更好的结晶性，与 LDPE 相比具有强度高、抗拉强度大、抗穿刺性、更不透明、高熔点、耐撕裂和伸长等性能。

图 8.3 链形线性低密度聚乙烯 LLDPE

LLDPE 由低密度聚乙烯通过低压气相聚合或产生高密度聚乙烯的类液相聚合方法聚合而来，线形低密度聚乙烯比常规低密度聚乙烯的分子量分布范围窄。添加低聚物（如丙烯、丁烯、己烯或辛烯）可以降低密度和结晶度，增加弹性、冲击性、撕裂强度和抗环境应力（ESC），便于密封和印刷。但是其刚度、抗曲强度、抗蠕变强度、硬度、维卡软化点和熔点成比例下降。对于给定分子量，线性低密度聚乙烯比 LDPE 在低温和高温条件下具有较好的机械性能，具有更好的抗环境适应力和更高的熔融黏度。使用金属催化剂生产的 LLDPE 标记为 mLLDPE，主要用于制作成膜。LLDPE 作为聚乙烯的一种，在市场中已被广泛应用，主要用于制作塑料袋、纸、保鲜膜、具有拉伸性能的包装袋、盖和容器（LLDPE 比 LDPE 刚性强，有更高的断裂拉伸率和耐穿刺性能，允许使用厚度比 LDPE 薄）。

LLDPE 的特点介绍如下。

密度（g/cm³）：0.900（极低密度聚乙烯，VLDPE），0.935（乙烯-辛烯共聚物，$C_8$ LLDPE），0.920（与丁烯共聚物）。

分子量范围：比 LDPE 窄。

结晶度：＞LDPE。

颜色：米白色。

透气性：LLDPE 比 LDPE 对气体和水蒸气的渗透率低。

水蒸气透过率（WVTR）：$16\sim31cm^3/$（$m^2\cdot d$），在 37.8℃ 和 90％RH（Schlimmeand Rooney，1994）。

$O_2$ 的渗透率：在 $22\sim25$℃ 时，厚度为 0.0254mm 的 LLDPE 的渗透率为 $7000\sim9300cm^3/$（$m^2\cdot d\cdot atm$）（Schlimme and Rooney，1994）。

$CO_2$ 的渗透率：在 $22\sim25$℃ 时，厚度为 0.0254mm 的 LLDPE 的渗透率为 $15105\sim43165cm^3\mu m/$（$m^2\cdot h\cdot atm$）（Mangaraj et al.，2009）。

温度升高 10℃，膜的 $O_2$ 渗透系数：1.84（Mangaraj et al.，2009）。

温度升高 10℃，膜的 $CO_2$ 渗透系数：1.65（Mangaraj et al.，2009）。

玻璃化转变温度（$T_g$）：$-120$℃（Mangaraj et al.，2009）。

熔融温度（$T_m$）：$122\sim124$℃（Mangaraj et al.，2009）。

耐化学性：比 LDPE 有更好的耐化学性。室温下，LLDPE 仅在脂肪族、芳香族和氯化烃中溶胀。在较高的温度（55℃）下，线性低密度聚乙烯可溶于烃和氯代烃。

应用范围：市场中主要应用这种薄膜制作购物袋、垃圾袋和垃圾填埋场衬垫。

成本：低。

环保：可回收（同 LDPE "4"）。LLDPE 可以回收制作垃圾箱袋、木材、园林绿化景观、地砖、堆肥箱和包装信封。

### 8.2.1.3 高密度聚乙烯（HDPE）

像 LLDPE 一样，HDPE（high-density polyethylene）是一种有短分支和几个侧链的线性热塑性聚合物（见图 8.4）。高密度聚乙烯是在低温、低压条件下，由乙烯单体和三乙基铝、四氯化钛的混合物聚合而成的。由于高密度聚乙烯的分支短而少，使它具有较高的结晶度（高达 90％）和密度。HDPE 薄膜比 LDPE 更硬、更坚固，软化点、拉伸强度和破裂强度更高，透明度、冲击和撕裂强度更低。HDPE 具有良好的熔融性，易于加工成型。然而与 LDPE 相比，密封 HDPE 较难。由于 HDPE 膜拥有白色、半透明的外观，在实际应用中多用于代替纸包装而非透明的薄膜。未着色的 HDPE 瓶是半透明的，具有良好的阻隔性和刚度，非常适合包装保质期短的产品，如牛奶（与聚丙烯不同，HDPE 不能承受普通高压灭菌条件）。染色的 HDPE 比未着色的高密度聚乙烯有着更好的耐应力和耐化学性。此性能特点可用于有较长保质期的日用化工洗涤剂包装中。注射成型的 HDPE 可抗弯曲变形，用于制作人造黄油桶和酸奶容器等。

图 8.4　线性高密度聚乙烯

HDPE 的特点介绍如下

密度（g/cm$^3$）：0.941～0.965。

分子质量范围：5000～250000Da（250000～1000000 Da 为高分子质量 HDPE（HMW-HDPE）；＞1000000 Da 为超高分子质量 HDPE（UHMWPE）（Whelan，1994）。

每 1000 个碳原子含 CH$_3$：＜5（Robertson，2006）。

结晶度：75％～90％。

颜色：不透明（清晰度很差）。HDPL 外观白色，半透明。

透气性：比 LDPE 和 LLDPE 差。

水蒸气透过率（WVTR）：4～10cm$^3$/（m$^2$·d），在 37.8℃和 90％ RH（Schlimme and Rooney，1994）。

O$_2$ 的渗透率：在 22～25℃时，厚度为 0.0254mm 的 HDPE 的渗透率为 520～4000cm$^3$/（m$^2$·d·atm）（Schlimme and Rooney，1994）。

CO$_2$ 的渗透率：在 22～25℃时，厚度为 0.0254mm 的 HDPE 的渗透率为 3900～10000cm$^3$/（m$^2$·d·atm）（Schlimme and Rooney，1994）。

N$_2$ 的渗透率：在 22～25℃时，厚度为 0.0245mm 的 HDPE 的渗透率为 650cm$^3$/（m$^2$·d·atm）（Farb et al.，2003）。

温度升高 10℃，膜的 O$_2$ 渗透系数：1.73（Mangaraj et al.，2009）。

温度升高 10℃，膜的 CO$_2$ 渗透系数：1.60（Mangaraj et al.，2009）。

玻璃化转变温度（$T_g$）：−120℃（Mangaraj et al.，2009）。

熔化温度（$T_m$）：128～138℃（Mangaraj et al.，2009）。

耐化学性：优于 LDPE，HDPE 对润滑油和润滑脂有更好耐性。

应用：HDPE 具有多种应用，包括容器、塑料袋。主要用于奶瓶和通过吹塑生产的中空制品（超过 8 万吨，近全球生产的三分之一）。

成本：低。

环保：可回收，数字"2"为循环代码。

### 8.2.1.4　聚丙烯 (PP)

PP (polypropylene, polypropene) 是由丙烯通过有机金属催化剂（含碳-金属键，如二茂铁和有机锂），在较低的压力（在 5～40 个大气压）和温度（50～90℃）下聚合而制得的一种坚硬、质轻、耐用的热塑性树脂（图 8.5）(Schlimme and Rooney, 1994)。相比于聚乙烯，聚丙烯密度低（0.900g/cm³），软化点高（140～150℃），水蒸气透过率低，透气性在 LDPE 和 HDPE 之间，良好抗油脂性、耐化学腐蚀、耐磨性、高温稳定性、高光泽度、高清晰度（是反向印刷的理想材料）。聚丙烯的玻璃化转变温度介于 −20～10℃ 之间，在温度接近零下时，聚合物变脆。$T_m$ 范围 160～178℃（相对耐高、低温），适用于热液体灌装、蒸煮袋包装和微波包装。不同于 PE，PP 虽然不受抗拉应力问题影响，但是在高温下更容易受到辐照和氧气作用降解，商业中使用的聚丙烯化合物中常包含抗氧化剂。氧化通常发生在每个仲碳原子的重复单元，先形成自由基，进一步氧化，断链，得到较低分子量的物质，如醛和羧酸。紫外线辐射下，例如在太阳光下引起 PP 链被降解。

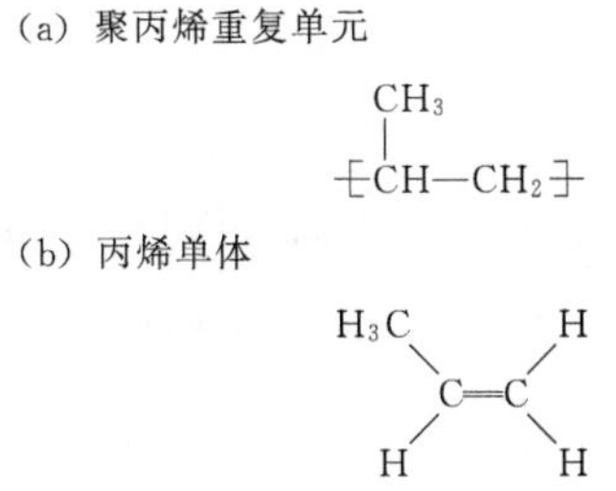

(a) 聚丙烯重复单元

$$\begin{array}{c} CH_3 \\ | \\ {+}CH{-}CH_2{+} \end{array}$$

(b) 丙烯单体

图 8.5　聚丙烯 (PP) 重复单元和丙烯单体结构

PP 是一种线形聚合物，每个相邻甲基单体位置不同，存在不同类型的立体构型：无规立构、等规立构、间规立构和立体立构（见图 8.17）。在无立体立构催化剂时，聚合反应使甲基基团随机地分布于链的两侧［见图 8.17 (d)］产生了无规立构聚丙烯。无规聚丙烯分子在其构象上是无规则的，且无定形（非结晶性）的橡胶状材料。它的密度约为 0.85g/cm³，柔软，发黏，易溶于多种溶剂。无规立构 PP 是一种低价值产品，主要用做热熔粘合剂。在齐格勒-纳塔催化剂（任何能够影响到烯烃聚合成高分子量和高规立体结构，基于钛化合物和有机铝化合物的催化剂）存在时，可合成等规聚丙烯［仅在链条的一侧上有甲基基团，参见图 8.17 (a)］。全同立构等规聚丙烯是商业中最常见的丙烯聚合物，其全同立构等规度在 88%～97% 之间。由于甲基基团在等规 PP 链的同一侧，链呈螺旋构象［为避免在每一个相间碳原子之间的空间形成大空间位阻，见图 8.6 (a)］，通过整个链的正常扭曲额外的侧基团出现在整个链的螺旋的外侧［不同

于 PE 晶体中锯齿构象，参见图 8.6（b）］。常规螺旋使 PP 紧密地结合在一起
（即 LDPE 和 HDPE 之间），形成具有高结晶度的材料，该材料具有良好的耐化
学性和耐热性（熔点高），但是透明度差。立构等规度 100% 聚丙烯的熔点为
171℃。市售等规聚丙烯的熔点变化范围为 160～166℃，熔点取决于无规立构材
料含量和结晶度。间规聚丙烯［见图 8.17（b）］甲基基团交替地分布在链两侧
［见图 8.17（c）］。像等规 PP 一样间规 PP 结晶度高，近来在市场上也可买到。
市售的聚合物中等规构象的含量越高，结晶度越高，软化点、抗拉强度和硬度越
大。所有其他的结构特征与不同类型的立构规整度聚合物基本相同。

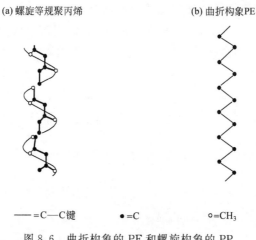

图 8.6　曲折构象的 PE 和螺旋构象的 PP

　　此外，聚丙烯薄膜，也可分为非定向聚丙烯薄膜和定向聚丙烯（OPP）薄膜
（包括单轴和双轴定向聚丙烯）。非定向聚丙烯薄膜，也称为浇铸 PP 膜，由挤压
制成。非定向聚丙烯薄膜透明度高和表面光洁度好，耐高温性、热模压定型稳
定，可以用来包装零食，以及用作杀菌釜密封膜（在密封包装过程中加热加压来
烹调食物）。然而，在冷藏食品包装中非定向聚丙烯的用途有限，因为在低于冰
点温度时其脆性增加。一般不建议在沉重、锐利和密集的产品中使用，除非与更
结实、更耐穿刺的材料结合使用。OPP 是由吹塑成型、高膨胀起泡（用于＜
15μm 厚的膜）或拉幅机工艺制成（用于＞25μm 厚的膜）。双轴 OPP（BOPP）
是最常见的商业材料，具有高清晰度（因为晶体结构层次，折射率在薄膜中变化
从而减少光散射）和拉伸强度（在各方向大致等于 4 倍的非定向聚丙烯薄膜）。
双轴取向也导致水分和气体阻隔性能减小，低温影响聚丙烯薄膜强度，OPP 膜
通常有坚硬的感觉，且较易起皱。BOPP 薄膜因为其独特的收缩率、硬度、透明
度、密封性、黏度阻留和阻隔性能，在世界市场上已成为很受欢迎、快速成长的
材料。

非定向 PP 和定向 PP 大不相同，因此它们在用途上不存在竞争作用。非定向形式的 PP 有类似聚乙烯的用途，而定向形式的 PP 有类似生纤维素膜（如玻璃纸、透明薄膜）的用途。由于定向，PP 薄膜变得晶莹剔透，在食品包装应用中很大程度上取代了纤维素薄膜。

PP 的性能可根据具体需要改变。与乙烯共聚可提高 PP 的低温冲击强度，降低聚合物的结晶度，增加 PP 的透明度。添加 OPP、PVC、PVDC 共聚物涂层，PP 的阻气性显著增加。如果需要热封，OPP 通过复合挤压添加低熔点的聚合物（BOPP 作为中间膜层被两边的低熔点共聚物包裹），避免加热时收缩。

PP 的特点介绍如下。

密度（g/cm$^3$）：0.855（非晶体）～0.95（晶体）。

结晶度：0%无规立构型和 65%～70%全同立构型 PP 中。

颜色：不透明或呈颜料色。

透气性：在 LLDPE 和 HDPE 透气性之间。

水蒸气透过率（WVTR）：在 37.8℃和 90%RH 条件下，无定向聚丙烯的水蒸气透过率为 10～12cm$^3$/（m$^2$·d），OPP 为 6～7cm$^3$/（m$^2$·d），用聚偏二氯乙烯涂层的 OPP 为 4～5cm$^3$/（m$^2$·d）（Farber et al.，2003）。

$O_2$ 的渗透率：在 22～25℃时，厚度为 0.0254mm 的无定向聚丙烯的渗透率为 3700cm$^3$/（m$^2$·d·atm），OPP 的渗透率为 2000cm$^3$/（m$^2$·d·atm），用聚偏二氯乙烯涂层的 OPP 的渗透率为 10～20cm$^3$/（m$^2$·d·atm）（Farber et al.，2003）。

$CO_2$ 的渗透率：在 22～25℃时，厚度为 0.0254mm 的无定向 PP 的渗透率为 10000cm$^3$/（m$^2$·d·atm），OPP 的渗透率为 8000cm$^3$/（m$^2$·d·atm），用聚偏二氯乙烯涂层的 OPP 的渗透率为 35～50cm$^3$/（m$^2$·d·atm）（Farber et al.，2003）。

$N_2$ 的渗透率：在 22～25℃时，厚度为 0.0254mm 的无定向 PP 的渗透率为 680cm$^3$/（m$^2$·d·atm），OPP 的渗透率为 400cm$^3$/（m$^2$·d·atm），用聚偏二氯乙烯涂层的 OPP 的渗透率为 8～13cm$^3$/（m$^2$·d·atm）（Farberet et al.，2003）。

温度升高 10℃，膜的 $O_2$ 渗透系数：非定向 PP 为 1.81；BOPP 为 1.77（Mangaraj et al.，2009）。

温度升高 10℃，膜的 $CO_2$ 渗透系数：非定向 PP 为 1.62，BOPP 为 1.58（Mangaraj et al.，2009）。

玻璃化转变温度（$T_g$）：非定向 PP 和 BOPP 都为－10℃（Mangaraj et al.，2009）。

熔融温度（$T_m$）：非定向 PP 和 BOPP 都为 160～175℃（Mangaraj et al.，2009）。

耐化学性：耐多种化学溶剂包括酸、碱和油脂。

应用范围：PP 适合一切柔性和刚性包装，及纤维、汽车和消费品等大型模具零件注模。

成本：经济，不定向聚丙烯薄膜的成本较 OPP 的要低得多。

环保：可回收，数字"5"作为其回收利用的代码。

### 8.2.2 乙烯基聚合物复合或含取代基团烯烃聚合物

乙烯基聚合物是另一种乙烯基单体聚合成的塑料多聚体（见图 8.19），包括聚氯乙烯（PVC）、聚偏二氯乙烯（PVDC）和聚苯乙烯（PS）。

#### 8.2.2.1 聚氯乙烯（PVC）

PVC（polyvinyl chloride）是由氯乙烯单体聚合而成的热塑性聚合物（参见图 8.7）。PVC 可由四种不同聚合技术制造。迄今为止最广泛使用的生产工艺技术是悬浮聚合。在制作过程中，氯乙烯单体、水、聚合引发剂、悬浮稳定剂和乳化剂被灌入到聚合器中引发聚合反应。在低反应温度下（45～55℃），反应容器中的物质被持续混合，维持悬浮，以确保 PVC 树脂颗粒大小均匀。在处理过程中，添加大量的增塑剂，可减少薄膜的脆性。加入稳定剂和润滑剂可使聚合物阻隔性能居中，使其可用于包装新鲜产品。

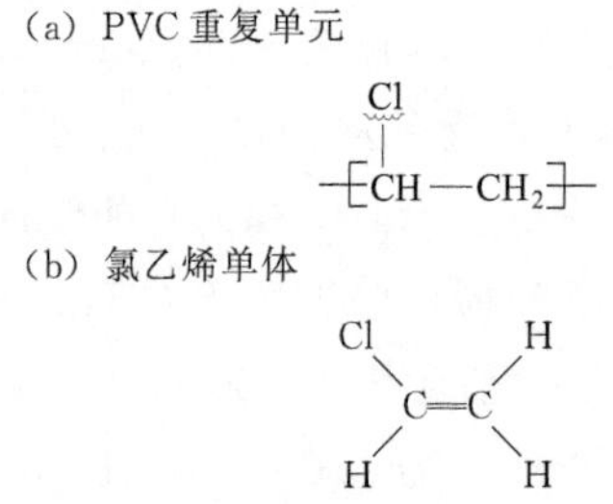

（a）PVC 重复单元

$$\begin{array}{c} Cl \\ | \\ -[CH-CH_2]- \end{array}$$

（b）氯乙烯单体

$$\begin{array}{c} Cl \quad\quad H \\ \backslash \quad\quad / \\ C=C \\ / \quad\quad \backslash \\ H \quad\quad H \end{array}$$

图 8.7 在聚氯乙烯（PVC）中的重复单元和氯乙烯单体（VCM）结构

在聚合过程中，氯乙烯单体可以发生头和头、头和尾（此处有一个较弱的链接，比链接其他的链接部位需要的能量少就可打开，正常聚合物发生这种现象概率小于 1%），或者以完全随机的方式相连（见图 8.8）。头和头、头和尾相连异构体可能是晶体或不定型的非晶体。聚氯乙烯存在不同的立体异构体，如无规立构和等规立构形式。PVC 通常以无规立体异构体和不定形的非晶体存在。此外，PVC 聚合物的性能受定向和增塑剂含量影响。取向程度可以从完全单轴向均衡双轴变化。增塑剂为低挥发性有机液体，其能促进分子链内部移动，增塑剂量有时可以高达最终材料总重量的 50%。塑化 PVC 的性能很大程度上取决于所用的增塑剂的质量和类型。由于这些原因和聚氯乙烯塑化范围较宽，难以得到具有高特异性物理性质的 PVC。

未增塑的聚氯乙烯具有较高的张性和硬度、良好的透明度和防油性能。水蒸

(a) 重复单元头-尾相连位置

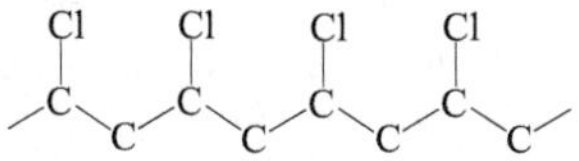

(b) 重复单元上关节的位置

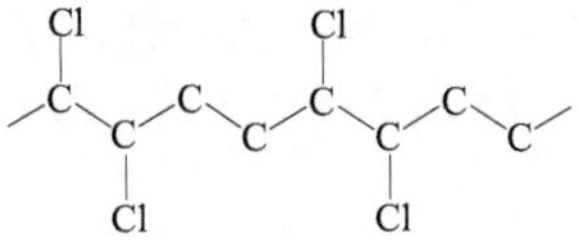

(c) 重复单元由随机关节位置

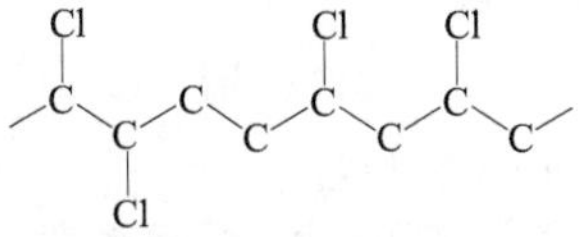

图 8.8　聚氯乙烯重复单元位置

气透过率高，但透气性比聚烯烃低。未增塑过的 PVC 往往在温度接近其加工成形温度时褪色，所以在使用制剂中需要包含适合的稳定剂。通常用的稳定剂是锡、铅、镉、钡、钙盐，锌环氧化物和有机亚磷酸酯，对于用于食品中的 PVC，这些稳定剂必须仔细选择。接触食品的材料不得使用含铅和镉的化合物作为稳定剂。加入增塑剂，使硬质 PVC 变得更柔软、灵活，有良好的光泽度和透明度。增塑剂可降低 $T_g$ 和加工温度。增塑剂与材质没有化学键结合，往往会迁移到表面，被磨损，溶解或者缓慢地蒸发掉，导致 PVC 变脆变硬。这可以通过添加乙烯单体，如醋酸乙烯酯、乙烯、丙烯酸甲酯与氯乙烯的共聚物来克服。

PVC 和 PVC 共聚物是最重要的多元化线性聚合物之一。PVC 除有较高的透明度，耐化学性和韧性，而且具有自粘性，长期稳定性，良好的耐风化性（抵抗恶化的能力）、弹性、流动特性和稳定的电性能。增塑和未增塑的薄膜都可以通过高频密封方法进行密封。PVC 为惰性材料，当暴露于火焰中可以自熄。

PVC 是继聚乙烯之后使用最广泛的合成聚合物。薄的、增塑的聚氯乙烯薄膜被广泛用于裹包用于鲜肉和农产品的托盘（PVC 有相对高的水蒸气传输速率，能防止水分在包装内侧冷凝）。定向膜用于鲜肉和农产品的收缩包装。未增塑聚氯乙烯作为刚性材料可以制作巧克力盒和饼干的托盘。到 2016 年 PVC 生产预计将超过 4000 万吨，但在最近几年已经越来越多地被 PET 取代。

PVC 的特点介绍如下。

密度（g/cm³）：1.16～1.35。

结晶度：大多数非晶（以无规异构体存在）。

颜色：有光泽，透明。

透气性：PVC 有良好的气体阻隔性，湿气阻隔性居中。

水蒸气透过率（WVTR）：在 37.8℃、90%RH 条件下，硬质 PVC 为 30～40 g/（m²·d）；增塑 PVC 为 15～40g/（m²·d）（Farber et al.，2003）。

$O_2$ 的渗透率：在 22～25℃时，厚度为 0.0254mm 的硬质 PVC 的渗透率为 150～350cm³/（m²·d·atm）；增塑 PVC 的渗透率为 500～30000cm³/（m²·d·atm）（Farber et al.，2003）。

$CO_2$ 的渗透率：在 22～25℃时，厚度为 0.0254mm 的硬质 PVC 的渗透率为 450～1000cm³/（m²·d·atm）；增塑 PVC 的渗透率为 1500～46000cm³/（m²·d·atm）（Farber et al.，2003）。

$N_2$ 的渗透率：在 22～25℃时，厚度为 0.0254mm 的硬质 PVC 的渗透率为 60～150cm³/（m²·d·atm）；增塑 PVC 的渗透率为 300～10000cm³/（m²·d·atm）（Farber et al.，2003）。

温度升高 10℃，膜的 $O_2$ 渗透系数：1.78（Mangaraj et al.，2009）。

温度升高 10℃，膜的 $CO_2$ 渗透系数：1.54（Mangaraj et al.，2009）。

玻璃化转变温度（$T_g$）：75～105℃（Mangaraj et al.，2009）

熔融温度（$T_m$）：212℃（Mangaraj et al，2009）。

耐化学性：未增塑的 PVC 具有优良的抗油、脂肪和油脂性能，耐酸和碱。但可以被酮和氯化烃软化。

应用范围：硬质或增塑的 PVC 生产占总乙烯基聚合物的 60％，主要用于建筑材料，包括管材、管件、壁板、地毯背衬和窗口。也用于制作瓶和包装片。塑化或柔软的 PVC 主要用于制作电线电缆的绝缘层、薄膜片材、地板、合成革制品、涂料、血袋、医用导管等。

费用：价廉。

环保：可回收，数字"3"为循环代码。然而，使用过的 PVC 通常不会回收，二次粉碎和成脂需要比 PVC 合成贵许多。

### 8.2.2.2 聚偏二氯乙烯（PVDC）或聚（1,1-二氯乙烯）

PVDC（polyvinylidene chloride）是由偏二氯乙烯单体聚合而形成的热塑性聚合物（参见图 8.9），纯 PVDC 聚合物是一种溶解性差、坚韧、半透明、黄色的晶体材料。由于它的熔融温度比分解温度只低几摄氏度，PVDC 是一种非常坚硬的膜，不适合用于包装，这可通过合成共聚物来克服。氯乙烯单体、丙烯酸酯、不饱和羧基基团和聚偏二氯乙烯共聚合成的商品为偏氧纶（Saran）。共聚可使膜柔软坚韧，分子紧密结合，只有很少的气体、水分、气味、油脂和醇可以穿透。PVDC 共聚物具有良好的环境应力分裂，耐多种化学制剂。聚偏二氯乙烯共聚物有承受热灌装和蒸煮的能力，使得其成为多层阻隔容器中的成分。耐火塑胶料最出名的保鲜膜（薄且贴合度好的保鲜膜），主要用于包裹食物，并可以保持食品新鲜和延长保质期。然而，卤化材料生产使用污染环境，Saran 不再由 PVDC 组成，现在其主要成分为聚乙烯。因而 Saran 不再具有其原始配方的气体阻隔性能。用于聚合物和纸上的 Saran 涂层可以使其坚韧和耐化学性能。虽然 Saran 可用于食品包装，它的主要缺点是，当温度接近加工温度时 Saran 受热产生氯化氢，这种降解可快速放大，使共轭多烯的序列变长，吸收可见光，使材料的颜色从无色改变到不可接受的透明棕色。

(a) PVC 重复单元

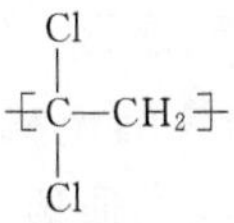

$$\begin{array}{c} Cl \\ | \\ -C-CH_2- \\ | \\ Cl \end{array}$$

(b) 氯乙烯单体

$$\begin{array}{ccc} Cl & & H \\ & C=C & \\ Cl & & H \end{array}$$

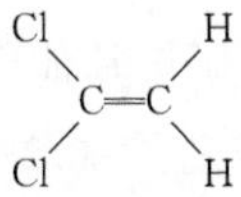

图 8.9　聚偏二氯乙烯（PVDC）重复单元和氯乙烯单体的结构

聚偏二氯乙烯共聚物可自封或者用其他材料密封。因为导向形式提高了其抗张强度、柔韧性、透明度和冲击强度，共聚物自身常常被用作收缩薄膜。收缩薄膜可以用热脉冲和聚四氟乙烯涂层加热棒密封。一般情况下，偏二氯乙烯含量越高，聚偏二氯乙烯共聚物的阻隔性能越好。

聚偏二氯乙烯特点介绍如下。

密度（$g/cm^3$）：通用 PVDC 为 1.60～1.71；高阻隔 PVDC 为 1.73。

结晶度：结晶。

颜色：半透明，可呈偏黄色。

透气性：良好的气体、水蒸气和气味阻隔性能。

水蒸气透过率（WVTR）：在 37.8℃和 90％RH 条件下为 1.5～5g/（$m^2 \cdot d$）（Schlimme and Rooney，1994）。

$O_2$ 的渗透率：在 22～25℃时，厚度为 0.0254mm 的聚偏二氯乙烯的渗透率为 8～26$cm^3$/（$m^2 \cdot d \cdot atm$）（Schlimme and Rooney，1994）。

$CO_2$ 的渗透率：在 22～25℃时，厚度为 0.0254mm 的 Saran 或聚氯乙烯共聚物（PVDC-PVC）的渗透率为 50～150$cm^3$/（$m^2 \cdot d \cdot atm$）（Farberet al.，2003）；PVDC 的渗透率为 59$cm^3$/（$m^2 \cdot d \cdot atm$）（Schlimme and Rooney，1994）。

$N_2$ 的渗透率：在 22～25℃时，厚度为 0.0254mm 的 Saran 膜的渗透率为 2～2.6$cm^3$/（$m^2 \cdot d \cdot atm$）（Farber et al.，2003）。

温度升高 10℃，膜的 $O_2$ 渗透系数：通用 PVDC 为 2.82；高阻 PVDC 为 2.87（Mangaraj et al.，2009）。

温度升高 10℃，膜的 $CO_2$ 渗透系数：通用 PVDC 为 2.23；高阻 PVDC 为 2.26（Mangaraj et al.，2009）。

玻璃化转变温度（$T_g$）：通用和高阻 PVDC 都为 $-15$～2℃（Mangaraj et al.，2009）。

熔化温度（$T_m$）：通用和高阻 PVDC 都为 160～172℃（Mangaraj et al.，2009）。

耐化学性：耐化学溶剂。

应用范围：PVDC 主要用于透明、拉伸好、不透水的食品裹包。PVDC 也被用作水基涂料。如在 BOPP 和聚酯塑料膜（PET）上。该涂层增加了薄膜的阻隔性能，降低了膜对氧气和气味的通透。

成本：较其他塑料膜高。

回收再利用：可循环，但须与其他废弃物分离回收。

### 8.2.2.3　聚苯乙烯（1-苯乙烷-1,2-取代基）

聚苯乙烯（polystyrene，PS）是由苯乙烯单体聚合而形成的热塑性材料（见图 8.10），PS 化学组成主链为饱和长链烃，侧基为共轭苯环（头对尾式异构体）。普通无规聚苯乙烯苯环随机分布（苯基随机分布在链两侧），防止链条规则分布，产生结晶。使用特定的催化剂和聚合方法，可以生产有序的间同立构 PS，这种方法形成高度结晶，但是加热到熔点时恢复无规立构型。在 PS 链中间，PS 树脂引力主要来自于短范围的范德华力（不成键原子或分子间作用力，包括偶极-偶极、偶极-诱导偶极和伦敦力）。分子间力作用弱（相对于烃骨架的强分子内共价键）允许聚苯乙烯链沿彼此滑动，当加热该聚合物时，聚合物产生弹性和拉伸性。PS 在高于其玻璃化转变温度时易变形，容易软化，通过注射成型。

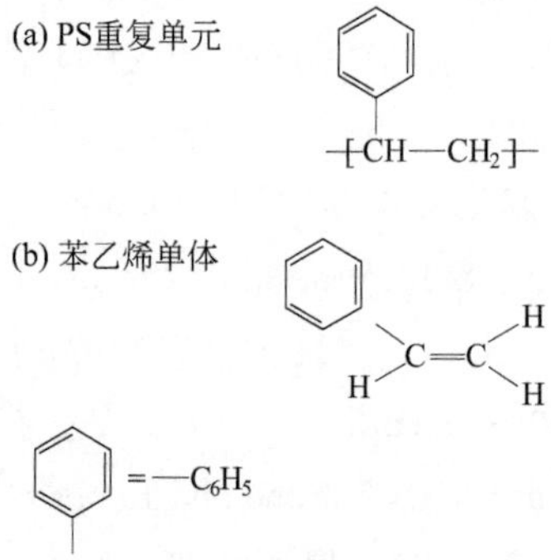

图 8.10　在聚苯乙烯（PS）中的重复单元和苯乙烯单体的结构

最常用的 PS 聚合物是通用聚苯乙烯（GPPS）、高抗冲聚苯乙烯（HIPS）和可扩展聚苯乙烯（EPS）。GPPS 是苯乙烯的纯聚物，也被称为未变性的聚苯乙烯、结晶 PS 或标准 PS。PS 是硬质、刚性材料，以天然形式存在，具有熔点低、光泽度高、优良的起泡性和透明度等特性。然而除高分子量和双轴向取向 GPPS 外，其余的不能用于制造坚固、透明的产品，如膜，因为它们的脆性强。该材料极易燃烧，具有较差的耐风化性。PS 长时间暴露于阳光或荧光灯下，可引起明显的变黄及褪色。定向 PS 可在加热后形成各种形状。由于定向使 PS 易于收缩，在热成型时需用特殊技术。

HIPS，也被称为耐重击聚苯乙烯（IPS），是 PS 通过在聚合期间加入合成橡胶（例如 1,3-丁二烯异构体）产生的共聚物。此共聚物拥有苯乙烯典型的刚性、光泽和易于加工特点，以及橡胶典型的灵活性和可扩展性，而化学性质与未修饰的聚苯乙烯几乎相同。HIPS 是良好的热塑性材料，因为 HIPS 透明，所以通常要加入色素。HIPS 可注塑成型，尽管它们不透明，但在食品包装中广泛使用。

EPS，又称膨胀聚苯乙烯泡沫（EPF），是当今世界上最常见的材料。它可以用各种挤压工艺来制造，但最常使用的是串联式挤压工艺。EPS 泡沫具有高拉伸度、耐水性、低水分传输、易于制造和成本低的特点。闭孔 EPS（泡沫参见术语表），具有优良的隔热、缓冲特性，质量轻。大多数 PS 发泡片用于一次性包装，如肉类生产的托盘、蛋盒、一次性餐具及容器，用于外卖或随身携带的一次性餐具等。EPS 具有非合金铝强度，但更灵活、更轻（密度<0.2g/cm³，铝的密度为 2.702g/cm³）。大多数 EPS 使用金属模具加热成型。通常被称为聚苯乙烯泡沫塑料，聚苯乙烯泡沫塑料是陶氏化学公司的商标，专指一类硬质、蓝色用于船上的 EPS。

PS 的特点介绍如下。

分子质量范围：HIPS 的分子质量为 54000～416000Da。

密度：均聚物或 GPPS 的密度为 1.05g/cm³，HIPS 的密度为 1.02～1.05g/cm³，EPS 的密度为 0.032～0.160g/cm³。

结晶度：无规则的同分异构体为完全非晶态。

颜色：有光泽，透明，或者自然澄清并常带色素。

渗透性：PS 不能阻碍水蒸气，对气体具有相当良好的阻碍作用。

水蒸气透过率（WVTR）：定向 PS 在 37.8℃、相对湿度 90％时，水蒸气透过率为 100～125g/（m²·d）（Farber JN et al.，2003）。

$O_2$ 的渗透率：厚度为 0.0254mm 的定向 PS 在 22～25℃时，渗透率为 5000cm³/（m²·d·atm）（Farber JN et al.，2003）。

$CO_2$ 的渗透率：厚度为 0.0254mm 的定向 PS 在 22～25℃时，渗透率为 18000cm³/（m²·d·atm）（Farber JN et al.，2003）。

$N_2$ 的渗透率：厚度为 0.0254mm 的定向 PS 在 22～25℃时，渗透率为 800cm³/（m²·d·atm）（Farber JN et al.，2003）。

玻璃化转变温度（$T_g$）：GPPS 为 90～100℃（Robertson，2006）。

熔化温度（$T_m$）：GPPS 没有熔化温度（Robertson，2006）。

耐化学性：PS 相对不受水（热水中软化）、乙醇（短链）、碱金属、非氧化性酸、无机盐溶液和一些脂肪烃的影响。不耐有机溶剂，溶于芳香烃和氯化烃类，对油、醚类、醛类、酮类、酯类敏感，长时间接触氧化性酸会被分解。分解的程度取决于 PS 的等级、接触时间和温度、试剂的浓度。此外，许多单独不腐蚀 PS 的试剂结合后会转变为对其有腐蚀作用，所以在出售用 PS 包装的食品前的保质期研究应同时检测是否存在任何协同效应。

用途：主要应用包括保护性包装、集装箱、盖子、杯子、瓶子、托盘和换向齿轮。EPS 被用来制造包装农产品用的不可回收托盘或盒子，如葡萄、樱桃和番茄。对于如苹果的农产品，EPS 板材的缓冲特性能够减少装运过程中的损伤，特别是用收缩胶膜包装可以阻止每个水果在 EPS 托盘中移动。GPPS 的新应用包括与阻隔树脂（如 Saran）共挤压产生热塑型、耐储存食品产品的广口容器和多层吹塑瓶子。

成本：低廉。

回收利用：可回收利用，数字"6"作为其国际通用资源回收编码，但是，PS 不能生物降解。

### 8.2.3 聚酯

聚酯是由除了存在于 PE、PP、PVC 和 PS 中的 C—C 键外由酯键（碳-氧-碳，C—O—C）连接单体聚合而成的任何聚合物，或是任何在其主链包含酯官能团的聚合物 [参见图 8.11（a）]。聚酯工业约占全世界聚合物产量的 18%，是排在聚乙烯（PE）和聚丙烯（PP）之后的第三位。虽然聚酯种类很多，如聚对苯二甲酸乙二醇酯（PET）、聚碳酸酯（PC）和聚萘二甲酸乙二醇酯（PEN），但"聚酯"这个词大多指的是 PET（参见图 8.11）。

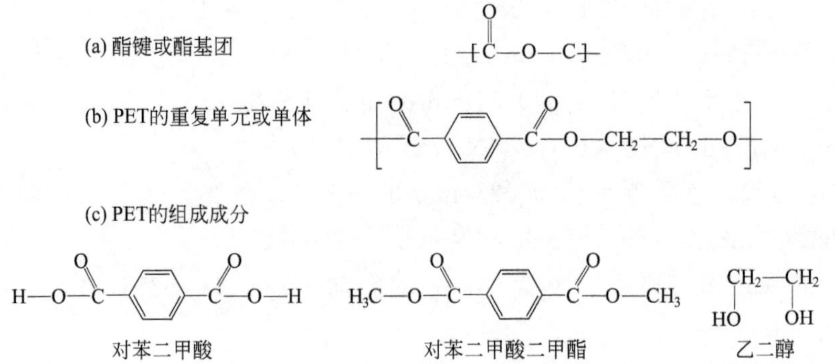

图 8.11　聚酯（PET）中的酯键、重复单元和 PET 组成成分的结构

### 8.2.3.1　聚酯（PET 或 PETE）

PET（polyethylene terephthalate，常缩写为 PETP 或 PET-P）是由重复单元对苯二甲酸乙二醇酯组成的线形、透明热塑性聚合物［参见图 8.11（b）］。PET 由对苯二甲酸和乙二醇之间发生酯化反应（在复合物中形成酯基团）产生，或由乙二醇和对苯二甲酸二甲酯之间发生酯交换反应产生［参见图 8.11（c）］（后者反应更可控）。根据其加工和加热过程，PET 存在形式可能为非结晶和半结晶两种。非结晶 PET 的结晶度为 0～5%，透明，67℃ 以下热稳定；定向非结晶 PET 的结晶度为 5%～20%，透明，73℃ 以下热稳定；结晶 PET 的结晶度为 25%～35%，不透明，127℃ 以下热稳定；定向结晶 PET 的结晶度为 35%～45%，不透明，白色，140～160℃ 以下热稳定。非结晶 PET 热成型的特点几乎与 PS 相同，有时可替代 PVC。它的性质与半结晶定向 PET 相似，除了通过定向作用增加强度和刚度的以外。定向 PET 是在成型和挤压过程中通过拉伸形成，增强了其强度、刚度或结晶度。在双向拉伸 PET 薄膜的两个阶段中，机械方向拉伸产生结晶度 10%～14%，横向定向使结晶度升高到 20%～25%。双向拉伸 PET 退火（或热定型）限制在 180～210℃，结晶度增加到大约 40% 而不明显影响其定向作用，并减小了加热过程中收缩的倾向。当生产薄的双向拉伸 PET 薄膜时，PET 可以通过金属薄膜蒸发到其上而被镀铝，以降低其渗透性（导致 WVTR 降低 40 倍，$O_2$ 的渗透性降低至少 300 倍），并使它反光、不透明（MPET）。LDPE 或 PVDC 共聚物的镀膜加工也已应用于提高 PET 的物理性能方面。PET 薄膜挤压涂布 LDPE 具有良好密封性而且非常坚韧，它可以通过粉末和一些液体密封并且整体式密封件能承受紫外杀菌。双面 PVDC 共聚物涂层使 PET 具有高阻隔性，PET 可以从半刚性到刚性，这取决于其厚度。

PET 薄膜作为食品包装材料的优异性能是其良好的拉伸强度，良好的气体和水分的阻隔性能，优异的耐化学性、硬度、韧性、轻质、弹性和在很宽温度范围内的稳定性（−60～220℃）。世界上大多数 PET 产品用于合成纤维（超过 60%），生产约占全球需求 30% 的瓶子（软饮料）。双向拉伸定向 PET 应用最广泛的是作薄膜，非定向 PET 薄片能够被热力塑型应用于制作包装托盘和塑料泡沫。应用结晶 PET 制作的托盘可用于速冻餐，因为它们可以承受冰冻和焙烤的温度。

PET 的特点介绍如下。

分子质量范围：大至 20000Da。

密度（$g/cm^3$）：非结晶材料为 1.370，半结晶为 1.455。

结晶度：自然状态的 PET 是晶体树脂；但是，商业 PET 产品结晶度上限为 60%。

颜色：非结晶材质是透明的；粒子大小＜500nm 的半结晶材质是透明的；粒子大小达到几微米的为不透明、白色。

渗透性：对气体和水分具有良好的阻隔性。

水蒸气透过率：在 37.8℃、湿度 90% 时，非定向 PET 的渗透率为 390～510g·$\mu$m/（m$^2$·d），定向 PET 的渗透率为 440g·$\mu$m/（m$^2$·d）（Mangaraj et al，2009）。

$O_2$ 的渗透率：在 25℃时，非定向 PET 的渗透率为 50～100cm$^3$/（m$^2$·d·atm），定向 PET 的渗透率为 45cm$^3$/（m$^2$·d·atm）（Mangaraj et al.，2009）。

$CO_2$ 的渗透率：在 25℃时，非定向 PET 的渗透率为 255～510cm$^3$/（m$^2$·d·atm），定向 PET 的渗透率为 221cm$^3$/（m$^2$·d·atm）（Mangaraj et al.，2009）。

温度升高 10℃，膜的 $O_2$ 渗透系数：非定向 PET 为 1.52，定向 PET 为 1.50（Mangaraj et al.，2009）。

温度升高 10℃，膜的 $CO_2$ 渗透系数：非定向 PET 为 150，定向 PET 为 1.47（Mangaraj et al.，2009）。

玻璃化转变温度（$T_g$）：非定向 PET 和定向 PET 均为 73～80℃（Mangaraj et al.，2009）。

熔化温度（$T_m$）：非定向 PET 和定向 PET 均为 245～265℃（Mangaraj et al.，2009）。

耐化学性：抗化学降解、矿物油、有机溶剂和酸。

应用：软饮料、水、运动饮料、啤酒、漱口水的塑料包装，番茄酱和沙拉酱及花生酱调味瓶，食品托盘。应用情况取决于 PET 的物理状态。非结晶 PET 用于泡罩包装，定向非结晶 PET 用于瓶包装，结晶 PET 用于食品托盘，定向结晶 PET 用于热灌装容器和薄膜（Robertson，2006）。

成本：低廉（但在塑料聚合物中仍相对较贵）。

回收利用：可回收，数字"1"作为其国际通用资源回收编码。由于 PET 碳酸饮料瓶和矿泉水瓶几乎都是 PET，这让它们在循环流中更容易被识别。

## 8.3　聚合薄膜中影响渗透性的变量

在鲜切产品包装中，聚合薄膜对气体和水蒸气的阻隔性能对建立 MA 很关键。渗透性，也被称为渗透系数，是对聚合薄膜阻隔性能的一种定性测量，由方程式（8.1）或方程式（8.2）中定义 [参见图 8.12（a）]。

（a）聚合薄膜的渗透性

$$P = DS \tag{8.1}$$

式中　$P$——渗透物质的渗透性或渗透系数（如 $O_2$ 或 $CO_2$）；

　　　$D$——在聚合薄膜中，渗透物质的菲克定律扩散系数；

　　　$S$——在聚合薄膜中，渗透物质的亨利定律溶解系数。

或

$$P = \frac{QX}{At\,(p_1 - p_2)} \tag{8.2}$$

式中　$P$——渗透物质的渗透率或渗透系数（如 $O_2$ 或 $CO_2$）；

　　　$X$——聚合薄膜的厚度；

　　　$Q$——在时间 $t$ 内，穿透面积为 $A$ 的渗透物质的总量；

　　　$A$——可通过的表面积；

　　　$t$——时间；

　　　$p_1$——在薄膜一侧的气体分压；

　　　$p_2$——在薄膜另一侧的气体分压（$p_1 > p_2$）。

（b）穿过聚合薄膜的渗透物含量

$$Q = \frac{PAt\,(p_1 - p_2)}{X} = \frac{QSAt\,(p_1 - p_2)}{X} \tag{8.3}$$

图 8.12　聚合薄膜的渗透性和穿过聚合薄膜的渗透物及含量

公式（8.2）表明，当膜厚度确定时，如 0.025mm 或 0.001inch，聚合薄膜的渗透性是指（如 $O_2$）每单位面积（$m^2$ 或 $100inch^2$）、每单位时间（24h 或 1d）、每单位推动力（atm，穿过膜的分压差）透过聚合物的渗透物总量。比较不同聚合薄膜之间的渗透性，薄膜厚度必须注明（否则 $P$ 值也包括薄膜厚度因素）。值得注意的是，渗透率方程的有效性含有四种假定。首先，扩散是在稳定状态下；第二，穿过聚合物的浓度-距离关系是线性的；第三，扩散仅在一个方向上发生；第四，$D$ 和 $S$ 都与浓度无关。

在图 8.12 中的公式（8.3）显示了穿过聚合薄膜的渗透物总量（$Q$）和不同因素之间的关系。除了面积、时间和分压差，薄膜上渗透物的溶解度和扩散（或移动）反应对 $Q$ 值的影响呈正相关，这意味着在薄膜的渗透过程中，溶解性和扩散速率的增加导致通过聚合薄膜的渗透物总量增加。

渗透物（或物质）的溶解度依赖于膜的性质（或溶剂）、温度和压力。对溶质随溶剂通过膜的扩散速率起作用的因素有温度、膜的黏度、渗透物质颗粒的大小或膜中自由空间（或空腔）的大小。因此，渗透物的 $Q$ 值会因薄膜组分（单体）、薄膜结构（包括线性、交联、构型、构象、结晶度和定向）、温度和压力而变。例如，一般说来，在溶剂中溶解度最好的渗透物具有相似的极性（材料的物理化学性质）。$O_2$ 和 $CO_2$ 是非极性的渗透物，水蒸气是极性渗透物。极性或水溶性良好（对水的阻碍能力较差）的聚合薄膜，对 $O_2$ 和 $CO_2$ 的溶解能力较差（对 $O_2$ 和 $CO_2$ 的阻碍能力良好）。PE（具有重复结构单元 $[CH_2CH_2]$）是一种非极性聚合物，对 $O_2$、$CO_2$ 的阻碍能力较差或中等［$O_2$ 的渗透性为 $2600 \sim 7800\text{mL}/（\text{m}^2 \cdot \text{d} \cdot \text{atm}）$，$CO_2$ 为 $7600 \sim 42000\text{mL}/［\text{m}^2 \cdot \text{d} \cdot \text{atm}）$］，对水蒸气的阻碍能力良好［渗透性为 $7 \sim 18\text{g}/（\text{m}^2 \cdot \text{d}）$］。与乙烯相比，氯乙烯的极性相对较大（在分子中 Cl 基团相对比 H 基团具有更大极性）。与 PE 相比，PVC 对水蒸气阻碍能力较差［$30 \sim 40\text{g}/（\text{m}^2 \cdot \text{d}）$］，对 $O_2$ 和 $CO_2$ 的阻碍能力较好［分别为 $150 \sim 350\text{cm}^3/（\text{m}^2 \cdot \text{d} \cdot \text{atm}）$ 和 $450 \sim 1000\text{cm}^3/（\text{m}^2 \cdot \text{d} \cdot \text{atm}）$］（Farber et al.，2003），它也适用于聚合薄膜主链的组成。聚酰胺（PA）尼龙-6 的主链（具有重复结构单元［NH-（CH$_2$）$_5$-CO]）比 PE 的极性更大（NH 和 CO 基团比 CH$_2$ 基团更具极性），与 PE 相比，PA 对水的阻碍能力很差［$84 \sim 3100\text{g}/（\text{m}^2 \cdot \text{d}）$］，而对 $O_2$ 和 $CO_2$ 的阻碍能力较强［分别为 $40\text{mL}/（\text{m}^2 \cdot \text{d} \cdot \text{atm}）$、$150 \sim 190\text{mL}/（\text{m}^2 \cdot \text{d} \cdot \text{atm}）$］（Farber et al，2003）。

聚合薄膜的组成、线性、交联、结构、构象、结晶度和定向，这些能直接决定聚合材料的黏度和/或空腔的因素也可以显著影响膜通透性或对水蒸气、$O_2$ 和 $CO_2$ 的阻挡能力。在 CH$_2$—CH$_2$ 中任何可取代氢的功能基团，或能够改变聚合薄膜空腔大小或使链片段更具流动性（降低黏度）的物理方法，例如结晶和定向，都可改变渗透物的扩散速率。具有简单分子结构的线性聚合物可产生良好的链堆砌（或小空腔），因而比包含大量侧链基团而导致结构松散的聚合物具有更低的渗透率。聚合物链的交联限制了链的流动性或黏度，导致扩散系数降低，因而降低其渗透率。若每 20 个单体单元构成一个交联，聚合薄膜的扩散系数将减半。结晶度越高，由于结晶区域比非结晶区域更紧凑，渗透率越低，定向作用具有相似的效果。通常，非结晶聚合物的定向作用减少约 $10\% \sim 15\%$ 的渗透率，而结晶聚合物的渗透率会减少 $50\%$ 以上。

此外，如果聚合物具有较高的 $T_g$ 值，由于 $T_g$ 值越低，黏度越高，而包装使用温度大多低于其 $T_g$ 值，因此阻碍能力较强。

能显著影响溶解度和扩散率的外部因素有温度和压力。一般而言，温度或压力越高，溶解度越高，扩散速率也越高。此外，相对湿度或水蒸气也可影响 $Q$ 值。但是，影响因聚合薄膜而异。含有极性基团聚合物，如氯乙烯和乙烯醇的聚合物，其分子可以从与聚合物接触的大气或液体中吸收水分，这对聚合物具有溶胀或增塑的作用，因而会影响其阻隔性能。

### 8.3.1 名词解释

**添加剂**：在加工之前或期间混合加入到塑料配方中，或在加工后加到成品表面的专用化合物。其主要目的是在加工过程中改变塑料的性质或赋予制造塑料有用的特性。

**非结晶聚合物**：聚合物是由链随机卷曲和缠绕产生，这样的缠绕使整个聚合分子不能滑过其他聚合分子。在非结晶聚合物中，分子链含有分支或不规则的侧基，并且不能有规律地聚在一起而形成晶体。非结晶聚合物较软，具有较低的熔点，与结晶态相比对溶剂的渗透作用更强。非结晶聚合物的一个例子是聚苯乙烯。

**支化聚合物**：含侧链的线性链。

**胀破强度**：包装材料样品在压力下抗胀破或破裂的阻力。

**流延膜**：是通过流延膜挤出工艺挤塑出的薄膜。在流延膜工艺（也称平模挤压或狭缝模挤压）中，熔融聚合物的挤压是通过淬火水浴里或冷却辊上的狭缝式模头进行。流延膜工艺被用于公差非常严格的薄膜，或用于低黏度树脂。

**保鲜膜**：**保鲜包裹膜或保鲜塑料包裹膜**，通常用于密封容器中的食品，在一段较长时期内保持食品新鲜的塑料薄膜（0.01mm）。

**涂层**：应用于塑料聚合物表面上的覆盖膜。涂层提高聚合物的表面性能，如外观、黏合性、湿润性（降低固体表面与液体接触的表面张力，使液体散布在表面并使其润湿的能力）、耐腐蚀性、耐磨损性和耐擦伤性。在印刷工艺和半导体器件制造中，涂层是形成成品的必需部分。

**共挤出**：多层材料同时挤压的工艺过程。共挤出利用两个或更多的挤出机来熔化恒定体积流量的不同黏性塑料，并将其传递到单挤出模头，按所需形式挤出材料，此技术应用于任何吹塑薄膜、包覆包装、管材和片材的过程。层的厚度是由相对速度和各个挤出机传递材料的尺寸来控制的，共挤出为材料的选择提供了很大的自由度，也允许使用回收材料。具有良好阻隔性的材料，例如，能使用内表面和外表面的吹塑成型瓶，可回收材料用于内层。

**共聚单体**：共聚物组成的单体或在共聚物中发现的单体。

**共聚物**：该聚合具有由两个或两个以上不同单体或不同聚合单体聚合而成的聚合物（见图8.13）。不含侧链的共聚物称为线性共聚物，可存在于3种组合形式，分别为规则共聚物、无规共聚物和嵌段共聚物。

```
—A—A—A—A—A—A—A—A—A—      线型均聚物
—A—B—A—B—A—B—A—B—A—B—    交替共聚物
—A—B—B—B—A—B—A—B—A—A—    随机或统计共聚物
—A—A—A—B—B—B—A—A—A—B—    嵌段共聚物
```

图 8.13　在线型均聚物和共聚物中单体的排布（A 和 B 是任意单体）

**抗蠕变强度**：蠕变是固体材料在压力的作用下缓慢移动或永久变形的趋势，它的发生是由于长期处于低于材料屈服强度的压力水平。蠕变强度一种是在规定温度下产生一个给定蠕变率的压力，聚合物在所有温度下发生显著蠕变。聚合物的分子量可以影响它的蠕变反应，分子量的增加往往会促进聚合物链的二次结合，从而使聚合物更抗蠕变。类似地，芳香族聚合物由于其环结构增加了刚度而更抗蠕变。聚合物基本上以两种不同的方式表现蠕变，在典型的负载量（5%～50%），超高分子量聚乙烯会表现出时间-线性蠕变，而聚酯或芳族聚酰胺会表现出时间-对数蠕变。

**交联**：塑料聚合物的链之间任何类型的连接，包括热固性塑料的共价键或二级键（如弱偶极子键、氢键、范德华力）。

**结晶**：在聚合物中链平行并紧密堆叠的区域（参见图 8.14）。

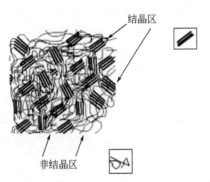

结晶区

非结晶区

图 8.14 聚合物的结晶度

**晶体熔融温度（$T_m$）**：聚合物从结晶或半结晶状态到固体非结晶状态转变的温度，这是晶体聚合物的特征。在合成聚合物中，只有热塑性塑料涉及晶体熔点。热塑性聚合物的物理性质取决于相对于室温下的 $T_m$ 和 $T_g$ 值。如果两者的 $T_m$ 和 $T_g$ 值低于室温，则该聚合物是在室温下是液体。如果室温介于 $T_m$ 和 $T_g$ 值之间，聚合物可以是非常黏稠的过冷液体或结晶固体。如果 $T_m$ 和 $T_g$ 值高于室温，非结晶聚合物在性质上是透明、易碎的。

**结晶聚合物**：具有标准晶体结构的聚合物，结晶聚合物包括两个状态：无定形和结晶，结晶状态良好、分散在 10nm 大小薄片形状上。高度结晶的聚合物是刚性的，高熔点，并且受溶剂渗透影响较小。结晶聚合物的例子有聚丙烯、聚乙烯、聚酰胺和聚甲醛。

**结晶度**：聚合物中结晶区相对于非结晶含量的数量（见图 8.14）。聚合物的结晶度范围从完全非结晶聚合物（非晶形）的 0，到理论上完全结晶聚合物的 1。结晶度接近 0 或 1 的聚合物往往是透明的，而结晶度处于中间的聚合物往往是不透明的，这是由于结晶或透明区域的光散射作用。结晶度影响聚合物的许多性质，如硬度、模数、拉伸强度、刚度、折痕和熔融。结晶度使聚合物强劲，但也降低了其耐冲击性，例如，在高压下（5000atm）制备的聚乙烯样品具有高结晶度（95%～99%），但非常易碎。在聚合物骨架中，高分子量、窄分子量分布和线性可以产生高结晶度。分支链的存在会降低结晶度。在处理过程中高剪切和快速冷却抑制结晶；退火和定向增强结晶。

**微晶**：在固态物质中具有相同单晶结构的区域。不像小分子晶体，微晶不是由整个或大小均匀的分子组成，在固态物质中由非结晶区域分开。

**聚合度（DP）**：平均聚合物分子中重复单元的数目。DP＝（聚合物的总 $M_W$）／（重复单元的 $M_W$）。通常，DP 增加导致熔融温度和机械强度增加（$M_W$＝分子量）。

**环境应力分裂（ESC）**：热塑容器在既有压力又处于液体或蒸气环境的条件下破裂（其中仅一种条件不能造成破裂）。例如，聚合物接触腐蚀性液体导致加速裂解过程，此时所需压力比在空气中碎裂所需压力低很多。ESC 常见于非结晶聚合物。结晶度越高，ESC 阻力越低。不同于压力（温度）使聚合物主链键断裂这类的聚合物降解，ESC 破坏了聚合物之间的次级键，导致在聚合物中形成微细裂缝，在恶劣环境条件下微小的裂缝迅速扩大。

**挤出**：塑料材料通过使用一系列模具而形成所需形状的工艺。挤压是最常见的塑料加工技术之一，在树脂熔化、加热和泵处理过程中被广泛应用。商业螺杆式挤出机的螺旋钻连续不断迫使塑料原料通过孔或模具，产生简单的形状，如圆柱棒和管、矩形长方体、空心棒和长板。在挤出过程中，被加工的材料在螺杆的根部和环绕其筒体的壁之间被剪切，因为管传送过程可产生摩擦能量加热和熔化被加工的材料。

**填料**：因各种原因被添加到聚合物里的添加剂，如降低成本、改进工艺、控制密度、光学效应、热导率、控制热膨胀、电性能、磁性能、阻燃性和改进力学性能如硬度和耐撕裂性。

**流动温度**：聚合物从高度可塑转变为黏性流动状态的平均温度。在流动温度下，当给材料加压时聚合物的分子彼此间很容易滑动。

**泡沫**：在液体或固体中存在许多气泡而形成的物质，可以通过添加发泡剂（在塑料聚合物挤出过程中的气体或能够产生气体的物质）来实现。固体泡沫形成一类重要的轻量聚合物，这些泡沫可分为开孔结构泡沫和闭孔泡沫。开孔结构泡沫包含彼此连接的孔，而形成相互连通并相对较软的网状。闭孔泡沫不具有相互连通的孔隙。相对于开孔结构泡沫，闭孔结构泡沫通常具有较高的空间稳定性、较低的吸湿系数和较高的强度。然而，闭孔泡沫通常较密实，需要更多的材料，生产成本较高。

**玻璃化状态**：材料像结晶固体那样坚硬、刚性并易碎，但还保持液体的无规则分子状态的一种物理状态。在低温下聚合物的非结晶区域处于玻璃化状态时，分子仅限于振动，分子链不能转动或移动。

**玻璃化转变温度（$T_g$）**：聚合物从硬的、玻璃样的状态变为像橡胶的状态，称为玻璃化转变或玻璃化，此时的温度称为玻璃化转变温度（$T_g$），此温度是在无定形（非结晶）聚合物中主要的转变温度。$T_g$ 值取决于冷却速率、分子量分布和主链结构，并且受添加剂影响。链末端（—$CH_3$ 指示分支数）和低分子量增塑剂降低聚合物的 $T_g$ 值，大量的交联会升高 $T_g$ 值。高于 $T_g$ 值时聚合物链中的碳原子仍然可以移动，但低于 $T_g$ 值时几乎所有的碳原子都被固定，只有侧基或短链部分可以改变位置。对于半结晶材料，如在室温下结晶度为 $60\%\sim80\%$ 的聚乙烯，取用的玻璃化转变温度是材料的非结晶部分在冷却时发生玻璃化转变时的温度。因此，对一些高度结晶的聚合物，很难找到其 $T_g$ 值。结晶聚合物的 $T_g$ 值和 $T_m$ 值（晶体熔化温度）之间的近似关系是：

$T_g \approx (2/3) T_m$ （非对称链）

$T_g \approx (1/2) T_m$ （对称链）

温度单位均为开尔文 K。

**杂聚物：** 具有两个或多个不同的结构单元（或单体）规则或不规则地分布在其整个分子链的聚合物，也称共聚物。

**高频密封、高频焊接、射频焊接/密封：** 是一种使用高频发生器输出 $12\sim70MHz$ 来密封塑料聚合物的工艺。常用一种带状电极按压两个塑料片材，使之在加热和冷却过程中被密封。在加热期间高频场应用于产生瞬间热量，此工艺是非常迅速的密封技术，加热时间 $<1s$。这个工艺不能用来密封所有塑料。可使用高频密封技术的聚合物包括增塑聚氯乙烯、尼龙 6、尼龙 66、聚偏二氯乙烯、增塑纤维素和热塑性聚氨酯。

**均聚物：** 整个分子由相同的或是完全一样的重复结构单元（或相同的单体）所组成的聚合物（见图 8.13）。

**热黏性测试：** 一种测试热封后（未冷却）迅速剥离热封部位所需强度的检测方法。热黏性测试有助于制造商选择最佳的热封参数，以保证灌装生产线正常运行。因此，热黏性直接影响充填效率和包装破坏率。

**冲击强度：** 材料承受冲击负荷的能力。冲击强度在大多数应用中是至关重要的，特别是在运输和消费产品行业，材料结构能否经受反复冲击对坚固耐用的设计是必不可少的。

**注塑或成型：** 通常在高压下熔融的材料注入模具中，然后冷却，材料就形成了模具的形状，这样的制造方法称为注塑或成型。

**薄板（晶片）：** 一个术语用于看上去多层片状的结构，存在于多种情况下，如材料科学和生物学（参见图 8.15）。

**层压材料：** 用黏合剂将两层或更多层的聚合薄膜粘合在一起而构成的聚合物。用于层压材料中的聚合薄膜通常显著不同。

**层压：** 产生层压材料的过程，它是用粘合剂和固化体系通过热或化学手段实现，或将粘合剂放于塑料层之间，然后通过热和/或压力使塑料层粘合而实现。

**模量：** 材料抵抗变形的能力。模量通常表示为对样品的压力与变形量的比

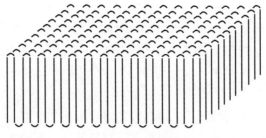

图 8.15　片晶结构

值，温度对模量影响较大。

**分子量（$M_W$）**：组成分子的原子质量总和，通常表示为克/摩尔（g/mol）。在工业聚合加工中，聚合物分子在重复单元的数量上有很大的不同（从 1000～100000）。因此，聚合物的 MW 实际上是 MWs 的分布，对于聚合薄膜，常用两个平均 MWs：数量-平均 MW（$M_n$）和重量-平均 MW（$M_w$）。根据不同长度的片段数量得出聚合物平均分子量来计算 $M_n$ 值。混合物中的小分子对 $M_n$ 值影响显著，且 $M_n$ 值与聚合物的大部分热力学性质相关。然而，聚合薄膜的许多综合性质，如黏性和韧性，取决于 $M_w$ 值。

**单体**：聚合物最小的重复单元。例如，乙烯是聚乙烯的单体、苯乙烯是聚苯乙烯的单体。

**定向薄膜**：一种通过拉伸将聚合物的分子链在预定方向上排列的薄膜。分子链可以定向在一个方向上（单轴定向），或是在彼此成直角的两个方向上（双轴定向）。热塑性薄膜通过定向作用导致抗拉强度、耐冲击强度、柔性、透明程度、刚性、韧性、收缩性、聚合物对气体和水蒸气的渗透性产生变化，通常对延伸率，抗撕裂蔓延性和密封性产生不利影响。最常见的定向薄膜包括 PET、PA、PVDC 共聚物、PP 和 LDPE。

**邻苯二甲酸酯（$o$-邻苯二甲酸酯）**：任何一类由醇和邻苯二甲酸酐直接反应产生的增塑剂。在所有增塑剂中，邻苯二甲酸酯应用最广泛，其特点包括价格适中、稳定性好、毒性低和好的综合性能。

**塑料**：许多高聚合物质之一，产品包括天然的和人工合成的，但不包括橡胶。任何塑料在其加工的某一阶段具有流动性（必要时在热和压力作用下），可形成所需形状。

**塑料薄膜**：一种非常薄（250μm 或更小）并具柔韧的用来包裹或覆盖东西的热塑性树脂。

**增塑剂**：用于增强聚合物可变形性的物质。增塑剂在聚合物中可溶，降低了玻璃化转变温度（$T_g$），软化产品并增加了产品的适应性。

**聚合物**：一种高分子量的有机化合物，是天然的或合成的，其结构可以通过小的重复单元、单体表示（例如聚乙烯、橡胶、纤维素）。合成聚合物是由单体的加成或缩聚形成，当两个或多个不同的单体用于合成获得的聚合物为共聚物。

**聚合**：在高分子化学中，聚合是通过化学反应将单体分子连接在一起而形成聚合物的过程。

**热解**：在不存在氧的情况下，通过加热将有机物质分解。

**恢复力**：在不超过其弹性极限情况下，材料能够在变形后回到初始形状或位置的物理性质。

**树脂**：许多植物分泌的碳氢化合物。这个词也指具有相似特性的合成聚合物。大多数树脂是具有高分子量并没有明确熔点的聚合物。

**硬质塑料容器**：用作包装的、成形的或模塑的塑料容器，当空着和无支撑时也保持其形状。

**合成橡胶**：任一合成的弹性材料（一定是聚合物），其性质类似于天然橡胶，它比大多数材料在压力下可以经受很大程度的弹性形变，并能够恢复到原来的大小而不会产生永久变形。合成橡胶可以由多种单体聚合产生，包括异戊二烯（2-甲基-1，3-丁二烯）、1，3-丁二烯、氯丁二烯（2-氯-1，3-丁二烯）和异丁烯与少部分异戊二烯的交联产物。

**半结晶聚合物**：结晶区和非结晶区都存在的聚合物。相对于大多数塑料，半结晶聚合物具有理想特性，因为它结合了结晶聚合物的强度和非结晶聚合物的柔韧性。

**软化温度**：材料（大多数材料为热塑性材料）在软化测试中被软化时的特定温度数值（见 Vicat 软化温度），软化温度与非结晶聚合物的 $T_g$ 值、高度结晶聚合物的 $T_m$ 值相关。在 $T_g$ 值和 $T_m$ 值之间，许多聚合物逐渐软化，软化温度值的确定在很大程度上取决于所采用的测试方法（软化点或 Vicat 软化温度检测方法）。

**球晶**：具有纤维状外观的晶体成辐射状形成的圆形聚合物，存在于大多数结晶塑料中。球晶的形成源于晶核如颗粒杂质、催化剂残留物、密度上的偶然波动。球晶的直径范围可以从一微米的十分之几到几毫米（见图 8.16）。

**稳定剂**：稳定剂可同时增加原生树脂及消费后塑胶塑料的强度和抗降解性。处于高温环境下，热稳定剂提高了抵抗热降解的能力。光稳定剂应用于各种树脂以限制太阳光或其他来源的紫外线辐射的影响，抗氧化剂可以在氧化环境中保护塑料。

**泡沫聚苯乙烯**：由陶氏化学公司生产的一种特定的隔热材料的商标名称。"泡沫聚苯乙烯"并不等同于"聚苯乙烯"。

**有规立构高分子**：立构规整度是大分子内相邻手性中心（在其镜像上是非重

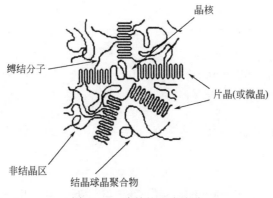

图 8.16　球晶的组成成分

叠的物体）的相对立体化学（分子内相对空间的原子排列），有规立构高分子在本质上是所有构象重复单元（结构单元最少具有立体异构现象的定义中的一点）完全相同的高分子。由有规立构高分子所组成的聚合物构成 4 种有规立构类型：全同立构聚合物、间同立构聚合物、立构嵌段聚合物和无规立构聚合物（参见图8.17）。全同立构聚合物是由全同立构的大分子组成，在全同立构的大分子中，所有的对位取代基都位于大分子主链的同侧［参见 8.17（a）］。全同立构聚合物通常是半结晶的，常形成螺旋结构。在间同立构聚合物［参见图 8.17（b）］和立构嵌段聚合物［参见图 8.17（c）］中，取代基沿着链交替存在。在无规立构聚合物中，取代基是沿着链随机存在［参见图 8.17（d）］。聚合物的立构规整度影响着刚性、晶体的长程有序、柔性和非晶体的长程无序。准确掌握聚合物的立构规整度有助于了解聚合物熔化温度、在溶剂中的溶解性及其机械性能。

　　**撕裂强度**：材料抵抗撕裂、剪切力或张力的能力。撕裂强度是聚烯烃包装薄膜的关键属性，撕裂强度由 Elemendorf 撕裂试验测定。聚合物的撕裂强度会受可影响到结晶和非结晶的定向及树脂的特性，像分子量、分子量分布、类型、短链分支数量和短链支化分布等工艺条件的影响。

　　**抗张强度**：拉伸材料直到其断裂所需力的量度。在一般情况下，聚合物的长链和聚合物链的交联使抗张强度增加。

　　**热成型**：热塑性片材被加热到工作温度，然后通过加热或加压使其形成最终形状的制造工艺。

　　**热塑性塑料或热塑性聚合物**：被加热时可以可逆地变成液体（被软化）并且在充分冷却后冻结到一个非常玻璃态（被硬化）的聚合物。具有饱和碳-碳主链的非常长的分子，是大多数热塑性塑料的特点［参见图 8.18（a）］，并且它们的链通过弱范德华力、偶极-偶极相互作用、氢键或芳香环叠加而连接。材料发生可逆的物理变化而其化学结构没有相应的变化（这样

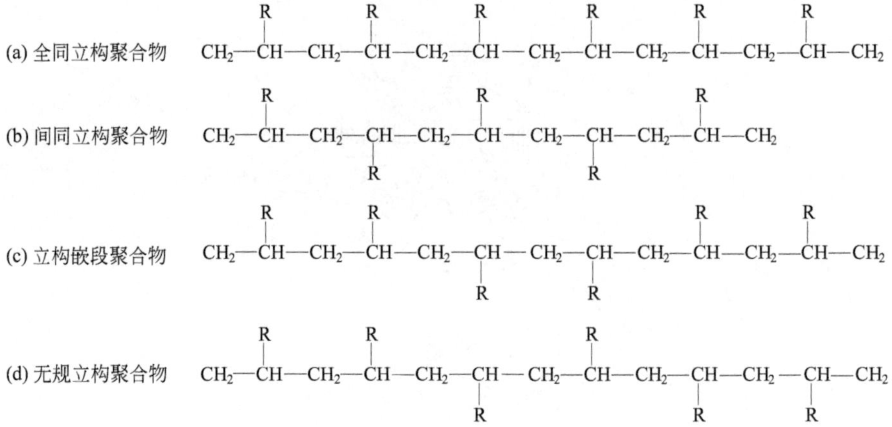

(a) 全同立构聚合物

(b) 间同立构聚合物

(c) 立构嵌段聚合物

(d) 无规立构聚合物

R是取代基,聚丙烯中R为$CH_3$,聚氯乙烯中为Cl,聚对苯二甲酸乙二醇酯中为$C_6H_5$

图 8.17　聚合薄膜的立构规整度

的热塑性塑料可以被重新使用)。热塑性塑料可容易地成型和挤出,它是商业用塑料材料中最重要的一类,占当今世界上使用的所有聚合物的三分之二以上。典型的热塑性材料有苯乙烯的聚合物和共聚物、丙烯酸树脂、纤维素、聚乙烯、聚丙烯、乙烯和尼龙。

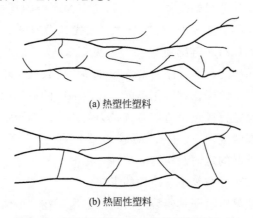

(a) 热塑性塑料

(b) 热固性塑料

图 8.18　热塑性塑料 (a) 和热固性塑料 (b)

**热固性材料、热固性塑料或热固性聚合物**:在加热或添加特殊的化学物质或辐射后不可逆转地变硬的聚合物。这种硬化包含化学变化或固化 [通过聚合物链共价键的交联,聚合物材料坚韧化或坚硬化,参见图 8.18 (b)]。固化过程常涉及一类化学反应,该反应通过共价键将直链分子连接在一起,以形成具有特定网状的单个大分子。热固性塑料不能再被重塑成新的形状,如果升高到能破坏交联的温度,那么热固性塑料会发生不可逆转的化学反应,从而破坏塑料的有益性质。但是,热固性塑料具有许多优点。热固性塑料与热塑性塑料不同,即使在加热成形后，它们依然保持强度和形状，这使得热固性塑料非常适于生产永久部件和大的、固体模型。此外，这些组件具有优异的强度特性（尽管它们是脆性的），并不会因温度升高而变弱。热固性塑料比热塑性塑料坚硬、大小稳定并更具脆性。热固性材料中典型的塑料是氨基塑料（三聚氰胺和尿素）、大多数聚酯、醇酸树脂、环氧树脂以及酚醛塑料。

**极限强度测试：**当零件已变冷却时，用来检测剥离热封部位强度的测试。极限强度指示遏制能力，它确保了热密封部件在运输、储存和陈列过程中不会产生裂缝。

**维卡软化点或维卡硬度：**聚合物明显软化的温度，是通过用横截面积为 $1mm^2$ 的针刺入材料 1mm 深而测量的。当加热聚合物的速率为 50℃/h 时，针中加载压力并压在聚合物的表面。对于维卡 A 测试，加载力的大小为 9.81N（1kPa）。对于维卡 B 测试，加载力的大小为 49.05N（5kPa）。

**乙烯基化合物：**包含乙烯基的任何有机化合物（—CH ═CH₂）。乙烯基化合物是乙烯（$CH_2$ ═ $CH_2$）的衍生物，其中一个氢原子被其他的一些基团所取代（参见图 8.19）。

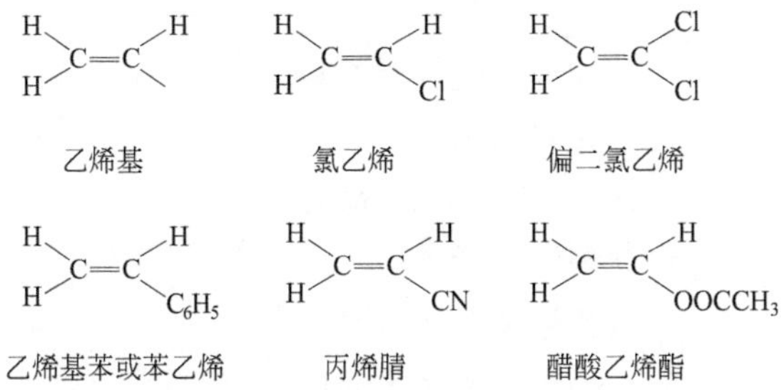

图 8.19　乙烯基结构和乙烯基化合物

**翘曲：**由部分非均匀收缩而引起的畸变。非均匀收缩是由在填充、包装或冷却过程中某种压力诱导产生的。弯曲是一个复杂的现象，往往是由许多力的结合而引起的，其中的一些力占主要地位。

**屈服强度：**在聚合物中产生永久变形所需的最小压力。

**杨氏模量：**各向同性的弹性材料的硬度的度量。

## 8.3.2　缩写

| | |
|---|---|
| ABA | 丙烯腈-丁二烯丙烯酸酯 |
| ABS | 丙烯腈-丁二烯-苯乙烯三元共聚物 |
| AMA | 丙烯酸酯马来酸酐三元共聚物 |
| AMMA | 丙烯腈 - 甲基丙烯酸甲酯 |
| AmPA | 非晶聚酰胺 |

| | |
|---|---|
| AN | 丙烯腈 |
| APET | 非晶聚对苯二甲酸乙二酯 |
| APO | 非晶聚烯烃 |
| AS | 丙烯腈苯乙烯共聚体 |
| ASA | 丙烯腈苯乙烯丙烯酸酯 |
| atm | 大气压 |
| B&B | 双吹 |
| BMC | 块状模塑料 |
| BMI | 双马来酰亚胺 |
| BO | 双向拉伸 |
| BON | 双轴取向尼龙 |
| BOPP | 双轴取向聚丙烯薄膜 |
| CA | 醋酸纤维 |
| CN | 硝酸纤维素 |
| COC | 环烯烃共聚物 |
| COP | 共聚酯热塑性弹性体 |
| CPE | 氯化聚乙烯 |
| CPET | 结晶聚对苯二甲酸乙二酯 |
| CPP | 结晶聚丙烯 |
| CPVC | 氯化聚氯乙烯 |
| DAP | 二烯丙基邻苯二甲酸酯（热固性物） |
| DI | 分散性指数 |
| DMN | 二甲基萘 |
| DMT | 对苯二甲酸二甲酯 |
| DP | 聚合度 |
| EAA | 乙烯丙烯酸共聚物 |
| EBM | 挤压吹制模 |
| EC | 乙基纤维素 |
| EG | 乙二醇 |
| EMAC | 乙烯-丙烯酸甲酯共聚物 |
| EP | 环氧树脂 |
| EPDM | 乙烯丙烯二烃单体橡胶 |
| EPM | 乙烯丙烯共聚物橡胶 |
| EPR | 乙丙橡胶 |

| | |
|---|---|
| EPS | 可膨胀的聚苯乙烯 |
| ESC | 环境应力分裂 |
| ETFE | 乙烯－四氟乙烯 |
| EVA | 乙烯-醋酸乙酯共聚物 |
| E/VAC | 乙烯/醋酸乙酯共聚物 |
| EVOH | 聚乙烯乙烯醇 |
| FEP | 氟化乙烯丙烯 |
| FRP | 纤维增强塑料 |
| GPC | 凝胶渗透色谱法 |
| GPPS | 通用聚苯乙烯 |
| HDPE | 高密度聚乙烯 |
| HIPS | 高抗冲聚苯乙烯 |
| HMC | 高强度模塑料 |
| HMWHDPE | 高分子量高密度聚乙烯 |
| I | 离聚物 |
| IBM | 注吹模具 |
| IPN | 互穿聚合物网络 |
| LCP | 液晶高分子 |
| LDPE | 低密度聚乙烯 |
| LLDPE | 线型低密度聚乙烯 |
| LPE | 线型聚乙烯 |
| $M_n$ | 数均分子量 |
| $M_w$ | 重均分子量 |
| MW | 分子量 |
| MWD/MMD | 分子量分布/分子质量分布 |
| MABS | 甲基丙烯酸甲酯共聚物 |
| MBS | 甲基丙烯酸甲酯丁二烯苯乙烯三元共聚物 |
| MDPE | 中密度聚乙烯 |
| NBR | 腈基丁二烯橡胶 |
| OPA | 定向聚酰胺 |
| OPET | 拉伸聚对苯二甲酸乙二醇酯 |
| OPP | 定向聚丙烯 |
| OPS | 定向聚苯乙烯 |
| OTR | 透氧度 |

| OSA | 烯烃改性苯乙烯-烯腈树脂 |
|---|---|
| P | 酚醛树脂 |
| $p$ | 分压力 |
| $p$ | 渗透性 |
| PA | 聚酰胺（尼龙） |
| PAA | 聚乙酸 |
| PAI | 聚酰胺-酰亚胺 |
| PAK | 涤纶醇酸 |
| PAL | 聚苯胺 |
| PAN | 聚丙烯腈 |
| PAS | 聚芳砜 |
| PB | 聚丁烯 |
| PBAN | 聚丁二烯丙烯腈 |
| PBD | 聚丁二烯 |
| PBI | 聚苯并咪唑 |
| PBN | 聚萘二酸丁醇酯 |
| PBS | 聚丁二烯苯乙烯 |
| PBT | 聚对苯二甲酸丁二酯 |
| PC | 聚碳酸酯 |
| PC/ABS | 聚碳酸酯/丙烯腈-丁二烯-苯乙烯共混合物 |
| PCDD | 多氯二苯并二噁英 |
| PCL | 聚己内酯 |
| PCT | 聚环己对苯二甲酸乙二酯 |
| PCT-G | 乙二醇改性聚环己对苯二甲酸乙二酯 |
| PE | 聚乙烯 |
| PEBA | 聚醚嵌段酰胺 |
| PEEK | 聚醚醚酮 |
| PEI | 聚醚酰亚胺 |
| PEK | 聚醚酮 |
| PEKEKK | 聚醚酮醚酮酮 |
| PEKK | 聚醚酮酮 |
| PEN | 聚乙烯萘 |
| PEO | 聚氧化乙烯 |
| PES | 聚醚砜树脂 |

| | |
|---|---|
| PET，PETE | 聚酯 |
| PET-G | 乙二醇改性聚对苯二甲酸乙二酯 |
| PI | 聚酰亚胺 |
| PI | 聚异戊二烯 |
| PIB | 聚异丁烯 |
| PIR | 聚异氰脲酸酯 |
| PHA | 聚羟基脂肪酸酯 |
| PHB | 聚羟基丁酸酯 |
| PHV | 聚羟基戊酸 |
| PLA | 聚乳酸 |
| PMMA | 聚甲基丙烯酸甲酯 |
| PMP | 聚甲基戊烯 |
| PO | 聚烯烃 |
| PP | 聚丙烯 |
| PPA | 聚邻苯二甲酰胺 |
| PPC | 聚邻碳酸 |
| PPE | 聚苯醚 |
| PPOX | 聚环氧丙烷 |
| PPS | 聚苯硫醚 |
| PPT | 聚对苯二甲酸亚丙烯酯 |
| PS | 聚苯乙烯 |
| PSO，PSU | 聚砜 |
| PTFE | 聚四氟乙烯 |
| PTMT | 聚四甲基对苯二酸 |
| PU，PUR | 聚氨酯 |
| PVA | 聚乙烯醇（有时称聚醋酸乙烯酯） |
| PVAc | 聚醋酸乙烯酯 |
| PVB | 聚乙烯醇缩丁醛 |
| PVC | 聚氯乙烯 |
| PVCA | 聚氯乙烯-醋酸乙烯酯 |
| PVDA | 聚乙二烯乙酸酯 |
| PVDC，PVdC | 聚偏二氯乙烯 |
| PVF | 聚氟乙烯 |
| PVOH | 聚乙烯醇 |

| | |
|---|---|
| SAN | 苯乙烯丙烯腈 |
| SBR | 丁苯橡胶 |
| SBS | 苯乙烯-丁二烯-苯乙烯嵌段共聚物 |
| SEBS | 苯乙烯-乙烯-丁烯-苯乙烯嵌段共聚物 |
| SVA | 丙烯腈、氯乙烯、苯乙烯三元共聚物 |
| TEO | 热塑性弹性烯烃 |
| TPE | 热塑性弹性体 |
| TPE-O，TPO | 热塑性弹性体，聚烯烃 |
| TPE-S | 热塑性苯乙烯类弹性体 |
| TMC | 厚片模塑料 |
| TPU | 热塑性聚氨酯 |
| TVO | 热塑性硫化橡胶 |
| UHMWPE | 超高分子量聚乙烯 |
| ULDPE | 极低密度聚乙烯 |
| UP，UPE | 不饱和聚酯（热固性） |
| VA | 醋酸乙烯酯 |
| VAE | 乙烯-醋酸乙烯共聚物 |
| VCM | 氯乙烯 |
| VdC | 氯乙烯-偏氯乙烯共聚物 |
| VFPE | 极软聚乙烯 |
| VLDPE | 超低密度聚乙烯 |
| VSP | 真空贴体包装 |
| WVTR | 水蒸气渗透速率 |
| XPS | 可发性聚苯乙烯 |

参考文献 ......................................................................

Farber JN, et al. 2003. Microbiological safety of controlled and modified atmosphere packaging of fresh and fresh-cut produce. Compr Rev Food Sci Food Saf 2:142–160.

Mangaraj S, Goswami TK, and Mahajan PV. 2009. Applications of plastic films for modified atmosphere packaging of fruits and vegetables: A review. Food Eng Rev 1:133–158.

Robertson GL. 2006. Food Packaging Principles and Practice, 2nd ed. Boca Raton, Fla., London, U.K., New York, N.Y.: CRC Taylor & Francis Group.

Schlimme DV and Rooney ML. 1994. Packaging of minimally processed fruits and vegetables. In: Wiley RC, Editor. Minimally Processed Refrigerated Fruits and Vegetables. New York, N.Y.: Chapman and Hall, pp. 135–182.

Whelan T. 1994. Polymer Technology Dictionary. London, U.K.: Chapman and Hall.

# 第 9 章
# Breatheway®膜技术与MAP

*作者*：Raymond Clarke
*译者*：胡文忠、李婷婷、冯可、萨仁高娃

## 9.1 引言

Breatheway®技术提供了一系列高渗透性、可受温度调节的膜，以满足新鲜农产品包装与运输的要求。即使在储藏和运输中温度无法适当控制下，应用于MAP（MAP）中的这种膜会营造出对维持新鲜水果和蔬菜所需的对其有利的特殊气调环境。因为这种膜具有高渗透性，而且可以保持对氧气和二氧化碳所需的选择性，可为很大或者高阻隔的包装提供渗透性。在商业运作方面，这种膜技术已被应用于鲜切蔬菜、新鲜水果和一些园艺产品。

Landec 公司（Stewart，1993）的创建者 Ray Stewart 博士发明了这种具有侧链结晶聚合物（SCC）的膜技术。Landec 公司是美国加利福尼亚州门洛帕克市的一家材料科学公司，这家公司已在 SCC 聚合物的基础上研发了许多产品。自第一个专利申请以来，这项技术就被开发用于满足不同新鲜农产品对包装气调环境的需要（De Moor，2000；Clarke，2002，2003；Clarke et al.，2007，2008）。

起初，这种膜由 Landec Intellipac 材料公司负责销售，后来，Breatheway®品牌名称在 Landec 公司收购 Apio 公司后开始使用，Apio 公司现是 Landec 公司的全资子公司，位于美国加利福尼亚州瓜达鲁普市。自 1995 年以来，这种膜一直被商业化应用。

## 9.2 新鲜产品包装中的挑战

采后成熟的新鲜水果和蔬菜会消耗氧气并产生二氧化碳。当新鲜水果和蔬菜密封于包装袋时，内部的氧气和二氧化碳含量将达到平衡，其气体含量主要取决于果蔬的重量与包装内部表面积的比率、果蔬的呼吸率、包装材料的渗透性以及贮藏温度。对于每种水果和蔬菜都有特定的有利气调环境，当其与良好的温控相结合将会帮助保藏农产品的质量和新鲜度。然而，如果温度控制发生异常，氧气

消耗量会增加甚至会超出包装薄膜所能提供的能力，结果将会使包装袋内部变成无氧环境并使产品变质。以下将更为全面并详细地描述包装新鲜产品中的挑战。

### 9.2.1 不同产品有不同的适宜气调环境

Kader 等已经确定了贮藏许多完整水果和蔬菜的最适气调环境（Mannappe-ruma et al.，1989）。与其他气调环境相比，贮藏于这种适宜气调环境中的产品有更长的货架期。表 9.1 所示的数据来自加利福尼亚戴维斯大学的网站（http：//postharvest. uc. davis. edu/Produce/Storage/Index/shtml），该数据列举了保藏所选新鲜水果和蔬菜的最优气调环境。

表 9.1　延长选择的果蔬货架期推荐的气调环境

| 产品 | 贮藏温度/℃ | $O_2$ 含量/% | $CO_2$ 含量/% |
| --- | --- | --- | --- |
| 加力苹果 | 0~1 | 1.5~2.0 | 1~2 |
| 青香蕉 | 13~14 | 2~5 | 2~5 |
| 灌木浆果 | 0 | 5~10 | 15~20 |
| 花椰菜 | 0~5 | 2~3 | 6~7 |
| 完整的卷心菜 | 0 | 2.5~5 | 2.5~6 |
| 切碎的卷心菜 | 0~5 | 5~7.5 | 15 |
| 樱桃 | −1~0 | 3~10 | 10~15 |
| 哈密瓜 | 2.2~5 | 3 | 10 |
| 芹菜 | 0 | 2~4 | 3~5 |
| 白兰瓜 | 7~10 | 3 | 10 |
| 莴苣 | 0~5 | 1~3 | <2 |
| 切碎的莴苣 | 0~5 | 0.5~3 | 10~15 |
| 橙子 | 3~8 | 5~10 | 0~5 |
| 梨 | −1~0 | 1~3 | 1~3 |
| 切片的番茄 | 0~5 | 3 | 3 |
| 熟的番茄 | 7~10 | 3 | 0~3 |

在平衡时，水果和蔬菜有利的气调环境取决于收获植物器官的生物学特性，包括生理、生物化学和/或病理，这些生物学特性都对消费者所购买和消费的果蔬产品品质优劣起到了决定性的影响。比如，鲜切莴苣的包装袋中有利氧气的含量应低一些（<3%），有利二氧化碳的含量应高一些（接近 15%），因为低氧气含量有效抑制莴苣的褐变和脱色，而相对较高的二氧化碳含量不会影响果蔬产品的质量，但可抑制微生物的生长。然而，对于花椰菜，适宜的氧气含量应该高于2%，因为在顶部空间中氧含量少于 1% 时，将会出现令人厌恶的气味和味道

（Mir and Beaudry，2004）。

除了果蔬产品的呼吸率、自身重量与包装表面积的比率、包装薄膜的可渗透性和贮藏温度以外，包装膜的选择性（$CO_2/O_2$ 渗透比率）和果蔬产品的呼吸熵也会影响均衡时的气体组成。呼吸熵（RQ）是氧气总消耗量与二氧化碳产出量的比值。呼吸熵的值一般在 0.7～1.4 范围内变化，1.2 是常见的数值。

### 9.2.2　耗氧量的需求是可变的

如表 9.2 中所示为各种农产品的呼吸率，从中可以看出，这些呼吸率的变化很大，因而对薄膜的渗透性有不同需求，如：莴苣和花椰菜，包装 1lb（1lb＝0.45359237kg）具有低呼吸率特性的果蔬产品是相对容易的，如莴苣，因为在包装所用的薄膜对氧气和二氧化碳的渗透性足可以满足这个重量的莴苣所需要的呼吸量。

表 9.2　各种商品的呼吸速率

| 产品 | 呼吸率/[$mgCO_2/(kg \cdot h)$] | 温度/℃ |
| --- | --- | --- |
| 莴苣-顶 | 6～17 | 0 |
| 莴苣-叶 | 19～27 | 0 |
| 花椰菜-顶 | 20～22 | 0 |
| 花椰菜-花叶 | 100～130 | 0 |
| 青香蕉 | 26 | 15 |
| 成熟的香蕉 | 140 | 15 |
| 芦笋 | 40～80 | 0 |
| 草莓 | 12～20 | 0 |

然而，包装袋内果蔬产品的重量增加或者产品重量和包装的表面积的比率减少时，包装的产品对氧气的需求超出包装薄膜的氧气渗透能力。这种现象发生后会使包装袋内变成无氧的环境，对产品造成损坏。当包装中具有较高呼吸率的产品时，如花椰菜，其呼吸率高于莴苣 4 倍，这会使可包在薄膜包装袋中的产品重量非常有限。

图 9.1 以花椰菜为例，对高呼吸率产品重量引起的包装问题进行讨论（见图 9.1）。图中用在 2℃环境中，为达到含 2％$O_2$ 和 5％$CO_2$ 气调环境，2mil（1mil＝$25.4×10^{-6}$m）聚乙烯薄膜渗透性的理论值作为在包装中的花椰菜的重量的函数。从中可以看出，12oz 花椰菜对渗透性的需求远大于 2mil 聚乙烯薄膜可提供的渗透性。在零售的袋子中，需要 2mil 薄膜厚度用来支持产品重量。因此，为了达到产品所需求的渗透性，制作越来越薄的包装薄膜并不是理想的选择。

### 9.2.3　产品耗氧量随温度的升高而增加

产品的呼吸率会随着温度的变化而迅速增加。许多情况下，在同样的温度间隔中，这个速率高于聚乙烯渗透性的增加（Exama et al.，1993）。表 9.3 和表

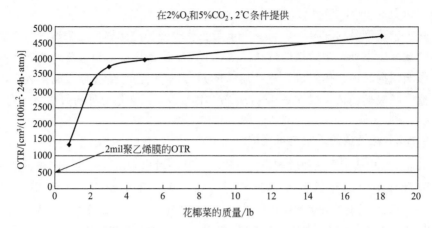

图 9.1　包装不同质量花椰菜所需常规包装膜的透气度

9.4 表明，随着温度增加，在一定温度范围内，有足够氧气渗透性的包装会变成厌氧环境。这种情况会对产品造成损害，导致产品变味，在微生物污染情况下，有害的细菌会迅速繁殖。

**表 9.3　在空气和 3%O₂ 中，各种产品呼吸率随温度升高的增加量**

单位：mg $CO_2$/（kg·h）

| 商品 | 温度变化/℃ | 空气 | 3%$O_2$ |
|---|---|---|---|
| 草莓 | 0～10 | 3.01 | 2.78 |
| 覆盆子 | 0～10 | 2.88 | 2.51 |
| 苹果 | 0～10 | 2.78 | — |
| 蘑菇 | 0～10 | 2.77 | — |
| 花椰菜 | 0～10 | 2.44 | 2.14 |
| 球芽甘蓝 | 0～10 | 2.40 | 2.30 |
| 韭菜 | 0～10 | 2.39 | 2.47 |
| 花椰菜 | 0～10 | 2.39 | 1.86 |
| 卷心菜 | 0～10 | 2.33 | 2.24 |
| 芹菜 | 0～10 | 2.29 | 2.15 |
| 莴苣 | 0～10 | 2.22 | 1.88 |
| 芦笋 | 0～10 | 2.22 | 1.77 |
| 青辣椒 | 8～18 | 2.12 | 1.39 |
| 马铃薯 | 4～14 | 1.91 | 1.77 |

注：Exema et al.，1993。

**表 9.4　0～10℃ 之间，氧气在聚乙烯中渗透率的增加量**

单位：mg $CO_2$/（kg·h）

| 聚乙烯 | 温度范围/℃ | $O_2$ |
|---|---|---|
| Arul 数据 | 0～10 | 1.96 |
| Landec 数据 | 1～10 | 1.4～1.76 |

简而言之，对包装新鲜产品中的挑战提出以下建议：

① 渗透性包装应能够满足所有水果和蔬菜的需求，而无需考虑产品的重量。

② 设计保藏不同产品的最适气调环境。

③ 为了维持原有的气调环境，随着温度的改变，包装膜的渗透性也会随着改变。

## 9.3 Breatheway® 膜技术

Breatheway® 膜技术是提供不同的包装渗透性的手段，即便是温度在改变，这种膜技术可在包装中营造出特定的氧气和二氧化碳水平并且在限定温度范围保持着最佳的气调环境。高渗透性膜用于包装袋表面的孔洞上，从而从根本上控制包装中气体进出的流速。水果和蔬菜通过消耗氧气并产出二氧化碳营造出包装中的气调环境，利用果蔬产品的重量和呼吸率，应可以设计提供每一种果蔬所需求的气调环境。这里要强调在主动气调包装中均衡时的气氛条件是依赖于产品本身和包装材料的渗透性而造成，而不是通过充气或者其他技术。达到均衡程度所需要时间依赖于呼吸率和贮藏温度，在0℃的环境中，花椰菜需要48h才能使气氛条件达到稳定。

Breatheway® 膜是由侧链结晶（SCC）聚合物涂抹了具有渗透能力的微孔基质所形成的。作为一种实际应用的材料，为了有合适的氧气和二氧化碳的渗透能力和控制二氧化碳与氧气的渗透比率显著大于1.0，微孔基质需要有控制很好的孔径尺寸。而事实上，这种膜的渗透比率可以从2.0到18，而未涂抹的基质的渗透比率为1.0。

### 9.3.1 侧链可结晶的聚合物

对消费者来说，最常见的聚合物，如聚乙烯、尼龙和聚丙烯，将会通过聚合物主链形成结晶。对其进行充分的加热后，结晶的区域将会溶解并且这个聚合物将会变成黏性的液体。相比之下，侧链可结晶的（SCC）聚合物具有相对较长的修饰侧链，这种侧链自身能够经受结晶化，在加热时会有非常突出的熔点，这些修饰侧链可以被想象成连接到梳子根部或者聚合物主链的梳子齿。

其侧链有8个或者更多碳原子的硅氧烷或者苯烯酸聚合物是SCC聚合物的代表。改变单链的长度，聚合物的熔点也会随之改变。图9.2所示的是一系列苯烯酸聚合物随碳原子数量从12～22时其溶解温度的变化，其熔点从0℃上升到68℃。

苯烯酸聚合物可用传统的自由基激发在溶液中形成（图9.3）。SCC聚合物其独一无二之处在于熔融转变快速和其熔点可容易地控制在一定温度范围内。通过制取一个适当的共聚物，可以获得在0～68℃之间任意的熔点。如，一个含有

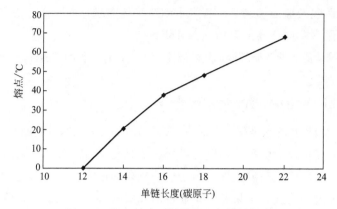

图 9.2 聚乙烯（丙烯烷基）与单链长度

50% 14 个碳原子的丙烯酸酯单体和含有 50% 12 个碳原子的丙烯酸酯单体的聚合物，将会产生具有一定熔点或者带有 10℃ "相变调节"功能的聚合物。因为带有 10℃相变调节温度功能的膜，渗透性将会在 0～10℃之间快速增加，所以特别实用。图 9.4 表明在固体或者结晶状态下 SCC 聚合物的特殊性质，当加热到相变调节温度时，其从结晶状变成一个黏性的液体。

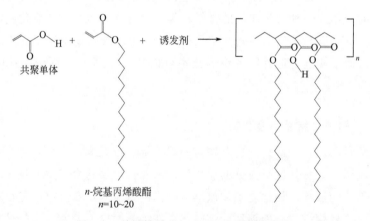

图 9.3 单链结晶化（SCC）聚合物的合成

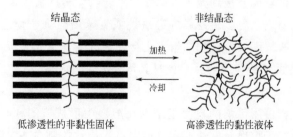

图 9.4 温度对单链晶体（SCC）聚合物改变状态的影响

这种随着温度变化状态改变的技术已应用于不同的产品中。例如，随温度变化，表面可从非黏性变成黏性。讨论 MAP 时最具有特殊意义的是增加渗透性的能力，当温度从低于结晶熔点增加到结晶熔点以上时，这些与农产品呼吸率增加相一致（见图 9.5）。

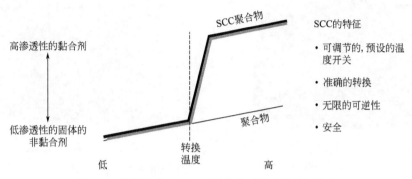

图 9.5　单链结晶（SCC）聚合物对温度的感知能力

用于 MAP 的薄膜是通过在多孔基质或者载体上涂一层 SCC 聚合物制成的。SCC 聚合物本质上具有较高的渗透性，但是这种聚合物的属性可被加入其他不同单体所改良，如：增加渗透性、改变二氧化碳与氧气的相对渗透性或者是相变的温度。

### 9.3.2　提供较高的渗透性包装

表 9.5 对一个商业化应用的 Breatheway® 高渗透膜与 2mil 聚乙烯膜的渗透性进行了比较。SCC 膜的氧气和二氧化碳的渗透性比 2mil 聚乙烯膜的渗透性高出 1000 倍，但保持着同样的 $CO_2TR/OTR$（二氧化碳传输速率/氧气的传输速率）的渗透比率。

**表 9.5　包被膜（SZ 100）和聚乙烯在 22℃ 时的渗透性**

| 项目 | 对氧气的渗透性 /[cm³/(100in² 24h)] | 对二氧化碳的渗透性 /[cm³/(100in² 24h)] | 对乙烯的渗透性 /[cm³/(100in² 24h)] | 对水的渗透性 /[gal/(m²·24h)] |
|---|---|---|---|---|
| 包被的膜 | 280,000 | 1,120,000 | 1,080,000 | 849 |
| 聚乙烯膜（2mils） | 254 | 1,102 | 508 | 16 |

另外，如上所述，这种膜可以用于包装呼吸率较高或者大量的农产品，并允许使用无渗透性的包装材料在这种包装中，如：在聚会蔬菜包装盒中，除了使用高渗透性的膜以外，蔬菜托盘是不具有渗透性的。若无高渗透性的膜，这种包装

可导致质量问题。在这种情况下，如图 9.6 和图 9.7 所示，托盘和薄膜都是由聚对苯二甲酸乙二酯制成的，其渗透性为 $7cm^3/(100\ in^2 \cdot atm \cdot 24h)$，并且无法提供可呼吸产品所需要的渗透性。在托盘中，所需的包装渗透性是由标签或位于包装薄膜小孔上的膜所提供。

图 9.6 聚乙烯对苯二酸盐
（PET）薄膜蔬菜托盘

图 9.7 聚乙烯对苯二酸盐（PET）
薄膜和 SCC 膜的蔬菜托盘

图 9.8 用在 13℃ 40 lb 绿色香蕉包装中产生的气调环境作为包装高呼吸率农产品的另一个例子，这种气调环境是由膜下面的不同尺寸的孔洞使涂抹膜中形成不同的活性区域而决定。表 9.6 中列出使用薄膜本身使包装环境达到同样的气调环境所需的膜渗透性。实际上，假定为保证机械性能的完整性必须用 2mil 薄膜，并且维持膜选择性比例大于 1，即使三个具有最高渗透性的商业化可用薄膜都无法满足要求。

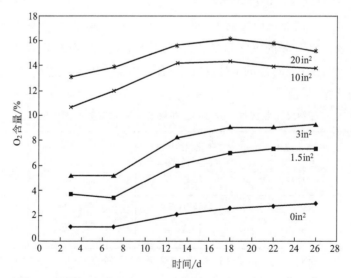

图 9.8 不同膜尺寸中 40lb 绿色香蕉 $O_2$ 含量（％）与时间的关系

表 9.6　包装 40Ibs 香蕉需要的尺寸和等价膜

| 膜尺寸/in² | 提供同样气调环境的薄膜的渗透性<br>/[cm³/(100in² ·atm ·24h)] |
|---|---|
| | 600 |
| 1.5 | 911 |
| 3 | 1222 |
| 10 | 2593 |
| 20 | 3520 |

在香蕉包装的实验中，利用了最高的渗透性膜，氧气水平可以促使包装中的水果成熟（见图 9.9）。香蕉可受水果自身产生的乙烯影响而成熟（图 9.9），或者像在商业应用中，外加乙烯催化成熟。在 Landec 和 Apio 自己的工作中发现，3％氧气和 7％二氧化碳的气调环境可以最好地保持成熟香蕉的味道和品质，Breatheway® 膜包装可维持这样的气调环境，即使在香蕉成熟后。

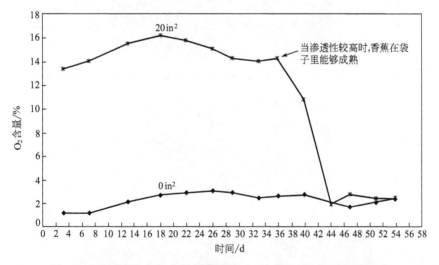

图 9.9　不同膜尺寸中 40lb 绿色香蕉 $O_2$ 含量（％）与时间的关系

图 9.10 展示了 40lb 香蕉包裹在带有 Breatheway® 膜的包装衬膜箱中产生的气调环境，香蕉在传统的香蕉熟化室内由乙烯透过 Breatheway® 膜熟化。图 9.11～图 9.13 展示由 Intellipac（一个在 Breatheway® 被使用之前的品牌）包装的香蕉和乙烯处理后传统包装中的香蕉。在我们的实验条件下，带有膜包装的香蕉将比暴露于空气中的香蕉货架期平均延长 4 天。这个技术使供应商对小超市、加油站、咖啡店和快速服务店每周送货一次。

另一个使用 Breatheway® 高渗透性膜的例子是通过装有高渗透性膜的舱体控制承载有 15000 lbs 花椰菜集装箱内部的气调环境。舱体由两个表面积为 55 in² 膜的矩形箱子组成。氧气可随周边环境的空气通过舱体上的膜被吸进集装箱内；

176

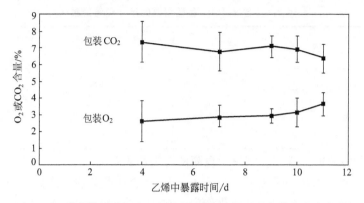

图 9.10　膜包装香蕉：在乙烯中暴露后于 14℃贮藏的包装内气氛

图 9.11　对比 Breatheway® 膜和对照盒子包装中乙烯处理 6 天的香蕉

图 9.12　对比 Breatheway® 膜和对照盒子包装中乙烯处理 9 天的香蕉

图 9.13　对比 Breatheway® 膜和对照盒子包装中乙烯处理 12 天的香蕉

而在同时，二氧化碳通过膜随空气流溢出。容器中的气调环境能够受穿过舱体气体的流速调整。如利用这种技术把气体流速控制在 50 ft³/h 可得到 6%$O_2$ 和 8%$CO_2$的气调环境，要了解这个实验的更多的细节，可参见美国专利 2007/0259082A1（2007）。Kirkland 等（2008）使用数学模型预测，若将不同

$CO_2TR/OTR$ 比率的两个舱体联合使用便可以达到新鲜产品所需的任意气调环境。

### 9.3.3　调节 $CO_2TR/OTR$ 渗透性的比率

在冷藏过程中，新鲜产品的保鲜最重要的是为每种产品提供其所需要的最适气调环境。当二氧化碳含量大于 2％ 时，苹果和梨会受到伤害，而对浆果类，如草莓和树莓，最好贮藏在含有 10％~15％ 的 $CO_2$ 环境中，因为此环境可抑制霉菌的滋生。为了提供最佳的均衡时的气调环境，必须改变膜中二氧化碳与氧气渗透性的比率（$CO_2TR/OTR$）。这可通过改变涂抹膜用的聚合物的成分达到，产生的 $CO_2TR/OTR$ 的渗透性比率可从 18/1 到 2.0/1。图 9.14 显示，在几种不同聚合物中 $CO_2TR/OTR$ 随 OTR（氧气传送速率）变化的情况。

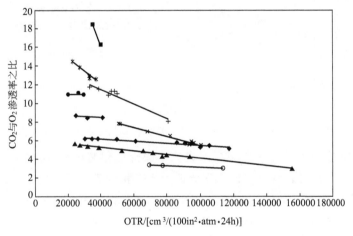

图 9.14　膜 $CO_2$ 与 $O_2$ 渗透率之比包被不同聚合物的变化

$CO_2TR/OTR$ 比率为 18 的膜，会导致包装中几乎无 $CO_2$，这有利于对 $CO_2$ 敏感的农产品，如苹果和梨。比率为 2∶1 的膜会导致包装内含有高水平的 $CO_2$，这有利于桃子、樱桃、草莓的贮藏，因为高水平的 $CO_2$ 能阻止霉菌和真菌生长。然而，当果蔬产品贮藏在高水平的 $CO_2$ 中时间过长（如几天）时，将导致产品的气味变质。因此，为了提供包装中最好的 $O_2$ 和 $CO_2$ 含量，调节 $CO_2TR/O_2TR$ 的比率是必要的（见表 9.7）。

表 9.7　不同产品气调环境需求膜的渗透率

| 产品 | 膜的渗透比率 $CO_2TR/OTR$ | $O_2$ 含量/％ | $CO_2$ 含量/％ |
|---|---|---|---|
| 浆果类,西瓜 | 1.9 | 2 | 10 |
| 花椰菜,香蕉 | 3.8 | 2 | 5 |
| 苹果,梨 | 9.5 | 2 | 2 |

为了证明用 Breatheway® 膜可改变包装内的气体成分，花椰菜（3lbs）被分别包装在 1℃ 时测量的渗透比为 4 和 12 的膜内。结果如图 9.15 所示，由于花椰菜的衰老及其呼吸率的降低，随着储藏时间的变化，两个包装中的氧气含量都逐渐增加。而在膜的渗透性比率为 12 的包装中，同一时间 $CO_2$ 含量和 $O_2$ 一样维持在低水平。

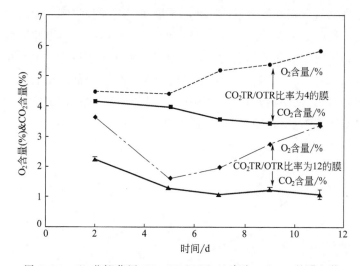

图 9.15　3lb 花椰菜用 $CO_2$ TR/OTR 比率为 4 和 12 的膜包装

图 9.16 中展示了另一个用高渗透比率膜降低包装中 $CO_2$ 含量的例子。在 22℃（见表 9.8）时，两个渗透比率分别为 3.3 和 9.7 的膜被用于香蕉包装。样品首先贮藏在 13℃，然后是 23℃。两个包装膜内的氧气含量一样，但在用高渗透比率膜的包装中，二氧化碳含量从 12% 降低到 5%。

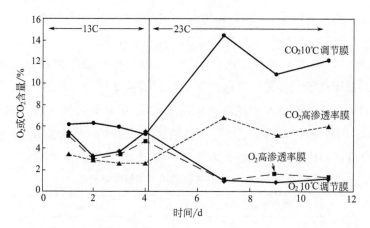

图 9.16　香蕉的包装中具有高 $CO_2$ TR/OTR 比率的膜

表 9.8　在图 9.16 中使用的膜的选择特性

| 项目 | CO₂ TR/OTR 比率(22℃) | CO₂ TR/OTR 比率(15℃) |
|---|---|---|
| 高比率 | 9.7 | 11.5 |
| 标准 | 3.3 | 3.6 |

## 9.4　包装技术指标

### 9.4.1　包装比率

对 MAP 包装中的气体环境，能够用包装比率（PR）来描述（Paul and Clarke，2002）。

$$PR = \frac{20.94 - 包装\ O_2}{包装\ CO_2}$$
(9.1)

这个比率非常有用，因为它可以告诉我们包装中的气调环境是由于受到包装薄膜中聚合物渗透性比率和 Breatheway® 膜渗透性比率的影响，还是由于漏气造成的。泄漏时 $CO_2$ TR/OTR 的比率降为 1，即：氧气和二氧化碳将以同样的速率渗透通过孔洞或漏气处。为了提供不同水果和蔬菜所需的特定环境，包装率对于了解膜的特点非常重要。

在包装中，通过在包装袋表面制造一些针孔和微型穿孔以增加薄膜的渗透性很容易办到。虽然这增加了包装的氧气渗透性，但其包装比率为 1，而且在包装中氧气和二氧化碳的百分率之和总是为 21％。

### 9.4.2　在 MAP 包装中的压力均衡化

当使用薄膜或者膜时，若二氧化碳离开包装膜的速度大于氧气进入的速度，即 $CO_2$ TR/OTR>1，由于包装袋内部的压力和周边环境的压力之间存在压差，包装袋将会收缩并且最终发生变形。在实际应用中，为了避免包装袋的收缩，在包装膜上进行微穿孔可用来使内外压力达到均衡。

这种微小的穿孔将会影响包装的渗透性，但是其影响程度较小，如对于 3 lb 花椰菜的包装期仅有 10％～20％（可这个百分数会被膜下孔洞的尺寸，即膜的激活区域所改变去适应产品季节性的呼吸率变化）。Paul 和 Clarke（2002）专门讨论了这种微型穿孔的渗透性和膜以及穿孔对包装内气调环境的作用。应该专门提到的是，当包装的货物运输穿过美国内陆的落基山脉，膜上的针孔被用于防止包装袋由于气压的降低造成的胀破。

### 9.4.3　包装的渗透性随温度而增加

随着温度的增加，产品呼吸率的增加十分明显，并且许多情况下，对于同样的温度间隔，而常常是呼吸率的增加高于聚乙烯的渗透性的增加。从表9.3和表9.4中可见，随着温度增加，即使具有足够氧气渗透性的包装亦会形成厌氧环境。这种环境能够对农产品造成伤害，导致气味变质，若有微生物污染，还会产生有害的细菌。

### 9.4.4　温度开关

就像 $Q_{10}$，是表示温度每变化10℃农产品呼吸率的增加量，同样的概念亦被用于薄膜的渗透性。下面是用于计算渗透性p10的公式。

$$p10=\frac{(t+10℃)\ 时的通透性}{t\ ℃时的通透性} \tag{9.2}$$

对于 Breatheway® 膜，p10 的值在 1.4～1.8 之间，因使用而异。但 Breatheway® 膜的p10值可以达到3.0，如果我们需求的话（见图9.17）。

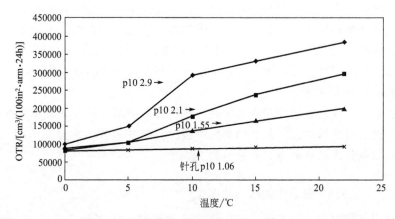

图 9.17　用 10℃ 调节的实际值和针孔值计算得出不同 Breatheway 膜得出 p10 值

对于用于增加薄膜氧气渗透性的微孔或者激光孔，其针孔的 p10 值是 1.06，这意味着其渗透性不会随温度增加而改变。这一点在图9.18和图9.19中看得很明显，用 Breatheway® 膜包装的 3 lb 花椰菜被与含有大小为 $100\mu m$ 和 $200\mu m\times132\mu m$ 激光孔的薄膜包装的花椰菜进行比较。在这个实验中，花椰菜首先在5℃下贮藏5天，再在10℃贮藏3天，最后重新回到5℃贮藏5天。随着产品的年龄老化和呼吸率的减少，包装中氧气含量再次出现增加的现象。然而，当从5℃上升到10℃，在 Breatheway® 膜包装中氧气和二氧化碳含量几乎未变，而在微孔包装袋中 $O_2$ 含量大大地减少，$CO_2$ 含量却相应增加。在前面已经提及，微孔包装中气调环境 $O_2$ 含量（%）和 $CO_2$ 含量（%）合计应等于21%。这在表9.9已显示，Breatheway® 膜包装中 $O_2$ 和 $CO_2$ 的百分含量之和大大少于微穿孔膜包装中的 $O_2$ 和 $CO_2$ 含量之和。

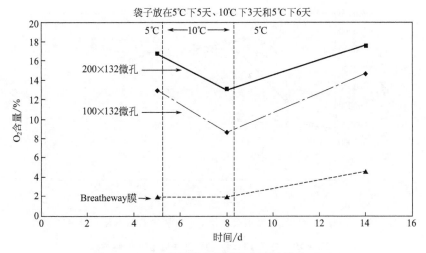

图 9.18　3 lb 花椰菜：温度变化测试试验（一）

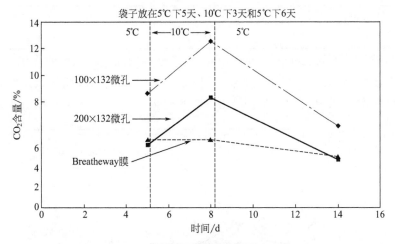

图 9.19　3 lb 花椰菜：温度变化测试试验（二）

**表 9.9　在 5 天、8 天、14 天，温度变化中花椰菜中 $O_2$ 和 $CO_2$ 的总量（%）**

| 时间/d | Breatheway | $100\mu m \times 132\mu m$ 微孔 | $200\mu m \times 132\mu m$ 微孔 |
|---|---|---|---|
| 5 | 7.2 | 20.2 | 21.6 |
| 8 | 7.2 | 18.0 | 21.1 |
| 13 | 8.4 | 19.7 | 21.0 |

　　虽然大多数的农产品贮藏于 0℃，而且具有 10℃调节开关的 Breatheway® 膜的渗透性在 0～10℃之间会大大增加，但有些产品却需要贮藏在较高的温度下。如香蕉在 13.3℃以下是冷害敏感的水果。对于 SCC 聚合物，调节温度开关能够在合成时通过改变聚合物的组成而改变。图 9.20 列举了分别具有 10℃、15℃、

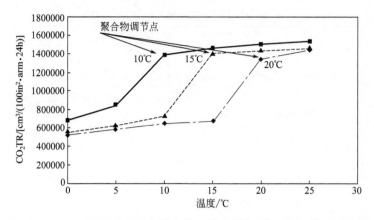

图 9.20　10℃、15℃和20℃聚合物调节温度膜中 $CO_2$ TR 与温度的关系

**表 9.10　对于 10℃ 和 20℃ 开关膜 p10 的特性**

| 项目 | p10 $O_2$(0~10) | p10 $O_2$(10~20) |
|---|---|---|
| 10℃调节 | 1.9 | 1.3 |
| 20℃调节 | 1.5 | 3.4 |

20℃调节温度开关的三种聚合物的 $CO_2$ TR 渗透性增加随着温度的变化，具有可调节开关 10℃ 和 20℃ 的膜用先贮藏于 13℃ 然后于 23℃ 的香蕉包装进行了比较（见图 9.21 和表 9.10）。当温度从 13℃ 增加到 23℃，具有 20℃ 调节开关的膜维

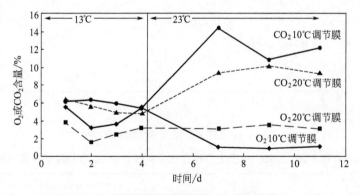

图 9.21　香蕉在 10℃ 和 20℃ 调节膜中

持包装中氧气含量在 3%。虽然 Breatheway® 膜能够用于补偿适当温度的增加造成的影响，但是，温度补偿的 Breatheway® 膜并不能代替好的低温环境。然而，利用具有 20℃ 调节温度开关以及 p10 值为 3.0 的膜可以保持 3 lbs 花椰菜的包装中 $O_2$ 和 $CO_2$ 含量处于安全的范围。图 9.22 和图 9.23 展示了花椰菜贮藏于 0℃ 3 天、20℃ 2 天、0℃ 6 天情况下的包装中的气调环境。一个具有微穿孔的薄膜用作比较，比起在 20℃ 可调节温度开关膜包装中氧气含量仅减少 3.4% 以及二氧

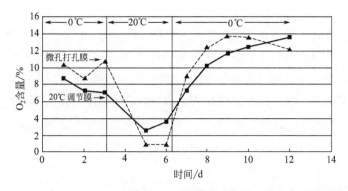

图 9.22　0～22℃条件下 3 lb 花椰菜在 20℃的微孔调节膜和微孔打孔设计膜中的比较

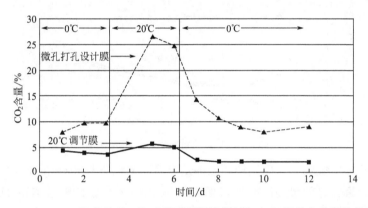

图 9.23　在 0～20 ℃条件下 3 lb 花椰菜用微孔设计与 20℃调节包装膜效果比较

化碳含量仅增加 1.5%，在微穿孔膜包装中，氧气含量减少了 10%，而二氧化碳含量增加了 15%。

　　当空运果蔬产品和鲜花时，冷链很可能失去，若使用一个包装膜，其调节温度开关可使当环境温度浮动超过 20℃时，仍能够维持安全气调环境将是最好的选择。

## 9.5　军需新鲜产品的包装

　　在海军舰艇上，新鲜农产品的保藏时间有一定的需求。潜水艇会在海中航行或离港 45 天或更长，若不采取正确的包装或者控温，新鲜农产品只能保鲜几天。Apio 公司针对香蕉、甜椒、花椰菜和花椰冠、哈密瓜和白兰瓜、卷心莴苣、长叶莴苣、牛排番茄的包装进行了开发。下面是包装贮藏哈密瓜和卷心莴苣 42 天的实验结果。

### 9.5.1　哈密瓜

　　一般来说，贮藏哈密瓜（cantaloupe）的理想气调环境是 3% $O_2$ 和 10% $CO_2$

(http：//postharvest. uc. davis. edu/Produce/Storage/Index/shtml)。实验时采用了聚乙烯和尼龙低选择性膜以提供上述气调环境，因为海军舰艇上常用的贮藏温度为 1~2℃，同样的温度被用于实验。几次试验的结果发现，42 天后，包装于尼龙膜中的哈密瓜质地坚硬，味道极佳。与聚乙烯膜包装相比，包被尼龙膜的哈密瓜表面霉菌生长趋势微弱，而在无包装情况下，相同的贮藏温度，其品质只能持续 25 天。

如图 9.24 所示，在聚乙烯包装中二氧化碳含量低于尼龙膜包装的情况。

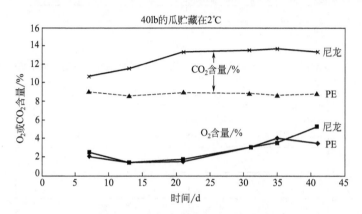

图 9.24　哈密瓜试验中的顶空成分

在聚乙烯包装中，全部气调环境都是由聚乙烯包装和 Breatheway® 膜的渗透性所决定。聚乙烯的渗透比率为 4.0，而 Breatheway® 膜的渗透率在 2℃ 为 2.0，Breatheway® 膜的影响程度大大减小。尼龙膜的渗透性本质上为 0，因此包装中气调环境完全受到 Breatheway® 膜的控制。

### 9.5.2　卷心莴苣

当卷心莴苣（iceberg lettuce）贮藏于 0~5℃环境中，1％~3％ $O_2$ 含量能够延长其货架期，但当 $CO_2$ 含量大于 2％时，会对莴苣的品质造成一定的损伤（http：//postharvest. uc. davis. edu/Produce/Storage/Index/shtml；Mir and Beaudry，2004）。在此基础上，试验将卷心莴苣（44lbs）贮藏于不同的渗透性和选择性的包装中超过 42 天。在图 9.25 中展示，比较膜包装中的莴苣与在空气中贮藏的莴苣的品质结果发现，相对于空气包装，膜包装中的莴苣品质具有非常明显的改善。

42 天后，在 Breatheway® 膜包装中卷心莴苣仍然坚硬、新鲜并且品味较好。海军舰艇一般会在海上航行许多天，食用时，通常会先除去莴苣表面的叶子直到裸露出新鲜的绿色能吃的部分。在此标准上，空气中贮藏的莴苣的货架期为 25 天。

在 42 天对莴苣进行检测时，除了总体上的改善，膜包装中的莴苣内部会有

空气中对照组                       Breatheway膜中

图 9.25 包装后贮藏 42 天的莴苣

一些褐变。而在低二氧化碳含量（见图 9.26 和图 9.27）的包装中，这种情况则
会有明显的降低。当 $CO_2$ 为 3.6% 时，褐变为最低，这是由于 Breatheway® 膜
使包装的选择比率从标准膜在 1℃ 下的 5 增加到 7.6。

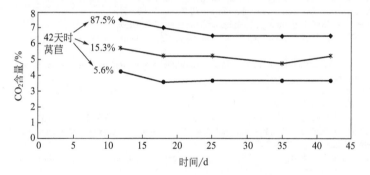

图 9.26 44lb 莴苣 $CO_2$ 含量（%）与时间的变化

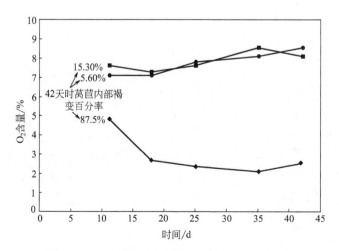

图 9.27 44lb 莴苣 $O_2$ 含量（%）与时间的关系

包装中较低的 $CO_2$ 含量能够通过使用更高渗透率的膜或者大的低选择性的薄膜而达到，但是，大的低选择性的薄膜使包装中具有更高的氧含量。如果同时需要保持低 $CO_2$ 和低 $O_2$，唯一方法就是选择较高选择性的膜。

## 9.6 总结

Breatheway® 薄膜包装是一项灵活性高且使得包装介质和农产品需要的渗透率脱离开来的技术，但同时又提供了贮藏农产品必需的气调环境。SCC 聚合物的温度转换功能将会在冷链中通过适度的温度波动来维持这个气调环境。

参考文献

Clarke R. 2002. Gas permeable membrane. US Patent 6,376,032.

Clarke R. 2003. Packaging biological materials. US Patent 6,548,132.

Clarke R, et al. 2007. Gas permeable membrane. US Patent 7,169,451.

Clarke R, et al. 2008. Gas permeable membrane. US Patent 7,329,452.

De Moor CP. 2000. Packing respiring biological materials with atmosphere control members. US Patent 6,013,293.

Exama A, et al. 1993. Suitability of plastic films for modified atmosphere packaging of fruits and vegetables. J Food Sci 58:1365–1370.

Kirkland BS, Clarke R, and Paul DR. 2008. A versatile membrane system for bulk storage and shipping of produce in a modified atmosphere. J Membr Sci 324:119–127.

Mannapperuma JD, et al. 1989. Design of polymeric packages for modified atmosphere storage of fresh produce. In: Proceedings Fifth International Controlled Atmosphere Conference. Wenatchee, Wash., June 14, 1989. Volume 2, pp. 225–233.

Mir N and Beaudry RM. 2004. Modified atmosphere packaging. In: Agriculture Handbook 66. http://www.ba.ars.usda.gov/hb66/015map.pdf (accessed April 2010).

Paul DR and Clarke R. 2002. Modeling of modified atmosphere packaging based on designs with a membrane and perforations. J Membr Sci 208:269–283.

Stewart RF. 1993. Food package comprised of polymer with thermally responsive permeability. US Patent 5,254,354.

US Patent. 2007. 2007/0259082 A1.

# 第 10 章
# 新鲜农产品微孔薄膜包装

*作者*：Roger Gates
*译者*：龙门、王佳媚、章建浩

## 10.1 微孔薄膜对新鲜农产品包装的益处

在新鲜农产品包装方面，始终需要综合考虑三个关键因素：生产、销售和食品科学。生产涉及包装材料在包装机操作中的表现及其可能达到的最高生产率，包装材料能够在包装机械上和生产过程中发挥良好作用的关键特性是良好刚度和相对易于热封。销售方需要了解薄膜如何有助于产品销售，以及经过运输分配和上架后薄膜看上去如何。他们需要了解的关键属性是透明度、硬度和耐久度。食品科学需要能提供最佳贮藏期质量的薄膜，更具体地说，食品科学需要的包装应有良好的气体阻隔性以使货架期达到最大并保证食品安全，例如肉类、奶制品或干酱需要对氧气有阻隔性的包装材料。但是，新鲜农产品的包装薄膜需要具有一定的"呼吸性"，因为包装内的新鲜农产品仍然"活着"、还在"呼吸"。换句话说，根据商品的种类和生理状态，新鲜农产品不仅需要包装材料具备好的阻氧性，它们可能还需要包装材料有一定的氧气透过率。

实际上，为了达到良好的硬度，在较高的包装速度下易于热封并具有良好的透明度、硬度和耐久性，包装材料通常不得不放弃其高透氧率。换句话说，如果你希望包装材料有高的透氧率，包装薄膜通常会很脆弱或者薄得像干洗店用的袋子。为了能满足生产所需的强度和速度，市场所需的"易碎易破"却具有高硬度的单膜，还能满足所需的高透氧率，新鲜农产品包装材料制造商已经学会了如何选择树脂、厚度和薄膜组合来达到最优透氧率。常见的两种适于沙拉包装的聚合物薄膜是低密度聚乙烯类（LDPEs）和聚丙烯类（PPs）。

LDPEs，特别是那些非常低或超低密度的几类（ULDPE），具有最高的透氧率 $[7800cm^3/ (m^2 \cdot d \cdot atm)]$（Farber and others，2003）。在薄膜中添加无机填料可以提高氧气传输速率，但会影响透光度（或透明度）。这些低密度和超低密度聚乙烯一般十分柔软。PP 具有相当好的氧气传输速率 $[2000 \sim 3700cm^3/ (m^2 \cdot d \cdot atm)]$（Farber and others，2003），以及高硬度、耐久度和清晰度，特别是在被挤压时,它们是定向伸缩的(定向聚丙烯)。聚苯乙烯(PS)是另一种具有高硬度和高氧气传输速率的树脂,但其缺点是耐久度不强。

通过对这些树脂(PE、PP、PS)进行组合,新鲜农产品的包装供应商可以满足许多企业的需求,常见组合方法包括复合挤压和层压法。PE 和 PP 组合对生菜沙拉有不错的保鲜效果,对大多数生菜沙拉来说包装材料的氧气传输速率从 775cm³/(m²·d.atm) 到 3021cm³/(m²·d·atm) 不等。在这个范围内的透氧率可延长莴苣和长叶生菜的货架期,而这两种生菜是大多数商业沙拉的主要成分。然而,在"春季组合"(spring mix)沙拉,一些特定的生菜和幼嫩蔬菜被加入,它们具有比莴苣和长叶生菜更高的呼吸速率。此外,椰菜、蘑菇、芦笋和一些其他类似的蔬菜品种也有非常高的呼吸速率。这显然需要一些别的解决方法促使这些商品在生产、销售和食品科学研究这三个方面达到平衡。

为了满足市场对呼吸强度高的调理或鲜切蔬菜和水果方便包装的需求,包装材料供应商已经开发了两种主要的替代系统。一种方法是在包装材料的某个地方嵌入多孔"补丁",通过这些多孔补丁,控制包装材料的气体交换;另一种方法是利用微孔薄膜。还有第三种系统,其中含有大量矿物填料(碳酸钙与云母),这些填料在挤压过程中被添加到薄膜中,但其使用率很低。矿物填料其实广泛使用在薄膜中,但用量小,主要作为抗阻塞添加剂。当薄膜中添加量较高时,它们反而为氧气提供通道或增加孔隙度,同时也会使薄膜变得非常模糊而不利于零售。因此,此种填充矿物的薄膜多用于那些农作物,购买者无需看见所有的产品,如大多数散装箱的内衬物(Zagory,1998;Mangaraj and others,2009)。

微孔的意思是非常小的洞,通常是肉眼看不见的,孔的直径通常在 $150\mu m$ 左右或更小。最先进的新鲜农产品微打孔薄膜是用激光制成,其他打孔方法是采用各种方式在薄膜之间发射电火花击穿薄膜或通过各种机械加工方式来切割薄膜,其他机械加工方式例如用加热或冷冻过的针来制得更大可见的洞。

微孔薄膜和大孔薄膜被认为是两种完全不同的技术。在显微镜下观察,它们就像将一个棒球和一个开放的车库门相比较一样。气流量是一个小孔或一个小洞的孔管直径的平方函数,因此增大孔径会导致气体传输速率以指数级增加——即使孔径的变化非常小也会造成很大的影响。例如,一个直径是 4 个单位的微孔可形成 16 单位的流量(4×4=16),同样一个直径为 5 个单位的微孔会形成 25 单位的流量。由此可知,孔径大小增加 25% 意味着流量可以增加 50% 或更多。因此,孔径尺寸增加 100 倍就可消除任何气控包装效果。

大的孔径,例如直径为 3.18mm(1/8in)或 6.35mm(1/4in)的机械穿孔,适合包装大批量的新鲜农产品,例如生菜或花椰菜的头部或者整个胡萝卜。这些包装可以防尘和利于印刷，但是它们用于气调包装不能延长货架期。热穿孔技术非常适合易于积聚潮气在包装中的产品，一个很好的例子就是卷叶菠菜。与前述的大批量包装相似，这种包装方法在不延长产品货架期的情况下也可提供同样的益处，通过允许水分溢出来阻止产品的腐败。微打孔是一种真正可以给高呼吸率新鲜产品提供气控包装技术的方法。若孔足够小则可以控制氧气传输速率并使其与产品的呼吸速率相协调或维持包装中混合气体的组成。

微孔足够小时可以使氧气、二氧化碳、乙烯和许多其他气体在薄膜之间内外交换快于一般的基膜，然而，其对水蒸气的通透率和一般的基膜相似。微孔薄膜一般更倾向于减少水分损失，同时还可以防止产品重量、质地、光泽等特征损失。微打孔技术可以应用于单一膜或像用复合挤压法和层压法制出的混合薄膜。此技术可以消除生产、销售和食品研发三者之间的许多折中措施。最重要的是，这是一种可以给绿豆、芦笋、浆果和樱桃等高呼吸速率水果提供足够透氧性且经济实惠的包装材料的方法。在本书的其他部分还指出，鲜切果蔬制备过程，即对水果和蔬菜剥皮、切块，可以大大增加它们的呼吸速率，因而也大大增加了对微孔技术的需求。

## 10.2　微孔薄膜的优缺点

微孔技术增加了包装的成本，即使近年来生产速度和生产效率的提高又大大降低了其成本。相对于各种各样微孔薄膜可以在气调包装薄膜上提供微孔，使其能够在较低成本下提供更有价值的产品（努力使它们可以自动地应用于薄膜或终产品）。

微孔薄膜在包装过程中可以省去气充包装这一步，即使微孔薄膜和气充方法组合后更有利于保持产品在保质期内的质量。包装内的产品会消耗氧气并释放出二氧化碳，最终包装内部气体会因微孔薄膜的控制作用在 $24 \sim 30h$ 内达到预期的平衡。然而，充气包装可以通过降低产品的呼吸速率使包装后气体立即达到平衡，可以使保质期多延长两天或多天。然而对此实际上存在着两种不同的看法，许多生产者更偏向省掉气充以节约用于气冲洗的氮气或其他气体。

微孔薄膜可提供 $1:1$ 的 $\beta$ 值（$CO_2$TR/OTR），这意味着氧气进入包装材料的速率将与二氧化碳溢出包装材料的速率相同。这也意味着，包装顶部空间中氧气和二氧化碳的总浓度将达到约 $21\%$ [$O_2$ 含量（%）＋$CO_2$ 含量（%）＝$21\%$]。这对于某些商品是比较有利的，例如樱桃，因为其需要 $3\% \sim 5\%$ 的氧气和 $15\% \sim 18\%$ 的二氧化碳。但是，对于那些易受二氧化碳伤害的产品，则无法达到与专业气调集装箱或托盘系统或实验室条件下的保质期。此时，使用某特定补丁技术可提供不同的 $\beta$ 值从而达到比微孔膜更好的效果。

花椰菜包装就是一个很好的例子。通过实验分析可得出：对不同种类和尺寸的鲜切花椰菜，最适顶部空间气体浓度是 3％～5％ 氧气和 5％～8％ 二氧化碳，而此气体浓度很难在微孔薄膜包装中实现。若包装袋中氧气含量是 5％，则二氧化碳含量会达到（21－5 ＝）16％，就会发生二氧化碳损伤。然而，当包装中的氧气为 12％ 和二氧化碳为 9％ 时，保质期可延长，每年数百万磅的西兰花都用微孔薄膜包装。用高 $\beta$ 值的薄膜（4∶1 $CO_2$TR/OTR）进行挤压复合可以提高微孔薄膜的 $\beta$ 值（1∶1）。在特定补丁技术和微孔薄膜间做出选择，需要综合考虑成本和贮藏天数等因素，其中成本包括补丁自身以及在薄膜上打补丁的印刷成本（自动化并且稳定的印刷成本）。

微孔薄膜的一大优势是当其与几乎任何材料混合后都可达到特定的氧气传输率，即使材料可能非常厚、非常硬，像用于站立袋技术的新材料。尽管果蔬加工商可能需要 23 种具有不同氧气传输率的包装膜用于不同的产品，微孔薄膜技术只需一个规格使其可在一台包装机完成。所有 23 种氧气传输率规格都可由激光制得的微孔薄膜提供，而包装膜和包装生产线都不需要改变。

曾经一个很大的争论点是包装膜上的微孔会不会导致微生物进入包装内。理论上讲，这是有可能的，因为微生物能通过微孔洞（40～200 $\mu m$，一般是 50～60 $\mu m$ 直径）并进入到包装中。但是世界各地的生产商每年用于微孔薄膜和层压法的费用高达 8 千万美元，可见采用微孔薄膜所带来的经济利益似乎远远超过这个风险。在工厂常规的包装和分销过程中，和加工后产品上的微生物相比，微生物通过微孔进入的风险是非常低的。据报道，迄今为止涉及食品包装的食物中毒事件中没有一起是由微孔薄膜引起的。

如果包装膜设计合理并且温度链维护合理，微孔薄膜最大的优点是在包装膜中产生安全的有氧环境（与其他可持续性气调薄膜材料一样），可以避免厌氧条件的产生。设计合理的微孔薄膜可以将水分损失、重量和颜色变化都降到最低，在不加入防腐剂的情况下，延长产品保质期并保持高呼吸率果蔬产品的质量和新鲜度。

## 10.3 无微孔薄膜聚合物材料用于制作完整包装的局限性（连续性薄膜）

双向拉伸聚丙烯可用于生鲜农产品包装，因为其透明、有光泽、低表面雾度、坚硬、脆性好、坚固并且耐久性强，其氧气传输率大约为 1660$cm^3$/（$m^2$·d·atm）（mil 厚度）。它也可以抵抗屈曲开裂（薄膜的开裂是由重复弯曲引起的），表明其氧气透过率不会因正常的运输、分配和操作而改变（增加），并且若在制造时对 OTR 加以控制会非常可靠。虽然 1660cm³/（m²·d·atm）的薄膜非常适合 10OZ（1OZ 合 28.3495g）的凯撒沙拉（鲜切莴苣），但是此 OTR 规格太低，对其他什锦沙拉来说不适合，并且对大多数鲜切蔬菜或预处理水果也不适合。

低密度聚乙烯类和超低密度聚乙烯类（LDPEs 和 ULDPEs）也适用于鲜切产品包装，它们的 OTR 值约为 7800cm³/（m²·d·atm）。但相比于 BOPP，这些薄膜通常都很柔软、模糊并且亚光。这些薄膜通常都是组合薄膜，例如 ULDPE 和 BOPP 的混合层压板就是生产、市场和科学三者合作的结晶。这些微分层压板在美国广泛用于新鲜农产品，近年来在欧洲也开始有应用。

层压板是将两种不同的薄膜粘合在一起，或者是用第三种塑料树脂将这两者粘合在一起。层压板中的每个薄层都有其特有的性质表现和经济效益，而将二者混合会使其优势更为突出。比如，油墨可提前印刷在夹层之间，外层的 BOPP 使其印刷光泽良好并耐擦。典型的 BOPP 和 ULDPE 层压板的整体厚度大约为 2.0 mils，其 OTR 约为 2100cm³/（m²·d·atm）（1mil 厚度），甚至可提高到 3000cm³ORT。

混合挤压（成型）是将各种薄膜同时融化，再对不同塑料树脂进行挤压成多层薄膜，一般膜包括 3～5 层，而商业应用的可达 9 层。混合膜可显著提高 OTR，并保持了原有的良好切削性和适销性。这些薄膜的 OTR 值可达 5425cm³/（m²·d·atm），非常利于生菜和卷心菜的保鲜。

塑料包装膜制造过程的 4 个关键步骤为：

① 薄膜挤压及复合挤压；

② 印刷——复合挤压膜表面印刷和层压薄膜背面印刷；

③ 层压片——利用对人体无害的胶水进行粘连或熔融塑料树脂作为第三层；

④ 按照客户所要求的宽度对薄膜纵切。

最后一步纵切过程，也是通常进行微穿孔的步骤。在纵切过程中增加的价值考虑微穿孔是如何影响吞吐率、废品和必要的质量保证系统。

微穿孔薄膜、层压膜和复合挤压薄膜的 OTR 很容易达到 77500cm³/（m²·d·atm），可克服存在于典型层压膜、复合挤压膜和单层膜的 OTR 上限问题。此类薄膜很适合那些需要较高 OTRs 的蔬菜，例如花椰菜、芦笋、玉米、西葫芦、豌豆、青豆、菜花、浆果、西瓜切片及其他便捷水果和蔬菜。

## 10.4 微穿孔包装高效应用的技术需求

微穿孔薄膜上的孔洞通常都是连续的单孔洞，沿着包装材料机械的加工方向。如果运行一个垂直密封包装线，一个或两个连续的单孔洞可能被包括，其定位由用户的需要所定。如果运行一个横向四托盘包装机，每个托盘都需一个连续的单孔洞在托盘封膜上。

确定所需包装膜的切割长度和定位点以及热封位置，将清楚地看到每个包装的平均微穿孔数目，并且数目会随着微孔间距的改变而改变。此数量的变化范围可能是每包±1个。假设一个产品包装所需要的OTR值是3000cm³/d，如果包装膜上微孔尺寸为100μm，膜厚度为50μm（2.0mil），则每个微孔膜提供的OTR为160cm³，这就意味着需要提供19个微孔膜。如果一种包装需要18个洞，另一种需要20个，每种包装的OTR需要320cm³/d或者10%。那如果供应商能够制造的孔径更小呢？每包多孔意味着增加或者减少一个微穿孔的较小方差。如果OTR的变异系数为10%，每包装是15%，并且应用同一产品，那么产品的货架期是否不用呢？考虑到这些，我们决定应用经济便宜的微孔膜。

激光微穿孔薄膜技术也可以用于印刷后的包装，还可以按需要在包装膜上打准确数量的微孔。那么质量问题仅限于偶尔缺失或不太完整的洞，希望这些偶然事件的发生率低于1%中的1/10。"完善打印"技术在小袋或托盘盖子上的运用是特别重要的，因为这时对OTR规格有更高的要求。

激光微穿孔包装薄膜的生产改进了质量监督和保障体系，先进的系统将使机器视觉系统、电力监控系统和计算机程序整合在一起。系统可以显示激光是否发射、是否打了一个洞、这个洞是否穿过所有层数，所有这些成千上万的计算都在1s内完成。当此过程监控系统与质量保证文件结合在一起，表明整个生产过程是在控制内完成，就会获得良好可靠的穿孔结果。基于此加工控制过程，微穿孔包装材料的供应商、激光供应商和一些食品包装方面的科学家及工程师将有信心准确地算出某一确定孔及特定厚度材料的OTR值。

根据美国学会的程序测试方法，用OTR值测定工具可以精确测出完整（密封）薄膜的OTR值，首先在环境温度下进行测量，之后用于接近冰点的温度下。薄膜在低温运行时，其行为会非常不同，因此其OTR值当然也会发生变化。我们通常不会将Mocon™OTR的规格作为一个理论值，但是在利用可靠的实验室仪器和科学方法建立的标准化方法来测量流速或微穿孔薄膜之前，我们必须将微穿孔薄膜的OTR值看作是理论数据。

这是一个多年来笔者自己总结的简表（表10.1）。

**表 10.1 不同厚度微穿孔薄膜的理论氧气传输率（cm³/24h 或 mL/d）**

| 孔直径/μm | 孔径/μm | | | | | |
|---|---|---|---|---|---|---|
| | 29 | 32 | 37 | 40 | 41.3 | 50.7 |
| 50 | | 73 | | | | |
| 55 | | 81 | | | | |

续表

| 孔直径/μm | 孔径/μm | | | | | |
|---|---|---|---|---|---|---|
| | 29 | 32 | 37 | 40 | 41.3 | 50.7 |
| 80 | | | 101 | | | |
| 90 | | | 124 | | | |
| 100 | 137 | | 147 | | | 185 |
| 120 | | 158 | 172 | | 190 | |
| 160 | | | 305 | | | |

微孔包装的 OTR 值标准通常是以单线表示或者以每个包装来表示，然而完整薄膜的 OTR 通常是以平方英寸来表示（金属协会用每平方米表示）。假设一家膜供应商引用一种高 OTR 值的材料为市场上已有微孔产品的竞争对象，供应商需要知道这种市售材料基于一平方米的 ORT 值数据是多少，同时每个包装的 OTR 值和平方米数都需要计算。例如，如果包装尺寸是 0.229m（9 英寸）×0.305m（12 英寸），那么包装的面积大约是 $0.07m^2$。每个包装 OTR 的目标值为 $69750cm^3$，相当于一个 $32240cm^2/（m^2 \cdot d \cdot atm)$ 的标准 OTR。此 OTR 值太高了，任何供应商都不可能获得具有如此高 OTR 值的连续（或积分）薄膜。

## 10.5 微孔膜及其在典型新鲜产品中的应用

苹果切片（Sliced apples）：微穿孔 MAP 可以很好地应用于苹果切片，通常与专业的抗氧化剂和抗软化剂混合使用，有些品种优于其他品种。微穿孔薄膜通常是应用于大包装，因为那些受生产和销售所偏爱的薄膜或层压膜的 OTR 值无法达到要求。

绿芦笋（Green asparagus）：微孔薄膜 MAP 的效果非常好。

灯笼椒（Bell peppers）：MAP 的效果不好，受霉菌高发性影响大，微孔包装可能比微穿孔的效果好。

四季豆（Green beans）：微孔 MAP 的效果非常好，只要处理过程中将清洗的豆角干燥。

西兰花（Broccoli florets）：微孔薄膜 MAP 的效果好，可能需要为避免二氧化碳损伤放弃最佳氧气浓度。

樱桃（Cherries）：微孔 MAP 的效果非常好，市场上反响比较好的是用于内衬的微穿孔薄膜包装。

玉兰菜（Belgium endive）：微孔 MAP 的效果非常好。

切块水果（Cut fruits）：微孔 MAP 的效果非常好，特别是瓜切块和菠萝切块。典型的应用是硬制托盘上面带有微孔的可剥离薄膜。

葡萄（Grapes）：没有霉菌抑制剂，MAP效果不好。

草本植物（Herbs）：使用MAP并没有明显的优势。

卷心莴苣（Iceberg lettuce）：整块薄膜MAP的效果非常好（不要打洞），即使仅有一个微打孔都会导致发褐色，除非在混合的沙拉中含有的高呼吸强度蔬菜能消耗袋中90％的氧气。

嫩生菜和招牌生菜（Baby and specialty lettuces）：微孔MAP的效果好，只是处理过程中要将清洗的叶子彻底干燥。

大葱（Green onions）：微孔膜MAP的效果非常好，只是处理过程中要将清洗的产品彻底干燥。

菠菜（Spinach）：微孔薄膜MAP中的微弱效果。通常这是大穿孔薄膜的一个更好的应用，如果任何多余的水分都不能从包装袋中溢出，将会导致菠菜的腐败。

草莓（Strawberries）：微孔薄膜MAP中的微弱效果，必须除去花萼以防止霉菌生长，如果二氧化碳浓度过高会产生异味。

甜玉米棒子（Sweet corn on the cob）：微孔膜MAP的效果非常好，在应用时选择非常薄的薄膜，若薄膜有足够高的OTR可不使用微穿孔薄膜。

托盘蔬菜（Vegetable party trays）：微孔薄膜MAP的效果非常好，典型应用是使用刚性托盘和微穿孔薄膜含有可剥离的盖子或一个补丁。

【注：以上结论均为根据个人观察所得】

## 10.6 微孔薄膜在其他鲜切产品中的应用

假如看到包装胀袋了，消费者会对这个包装持怀疑的态度。对于罐头食品，任何人拿起一个胀起来的罐头，都知道最好不要打开它或吃它。然而，一些新鲜农产品中存在很多酵母和霉菌，还有真菌，它们的活动也可能会导致胀袋。这似乎并不存在任何食品安全风险，但是微孔薄膜允许气体从包装中逸出从而避免出现胀袋现象。

另一个例子是在公共领域存在一项专利申请书，将特定的气体加入到一个包装中，这些气体具有非常高的灭菌率，但混合气体也可能会对新鲜农产品的风味造成不利的影响。微穿孔薄膜可使这些气体在正常的周期时间内逸出包装袋，即在消费者购买之前。一旦打开包装袋并食用该产品，这些特定气体就会逃离袋子而被空气中的气体取代，这是由于产品呼吸以及气体在微穿孔薄膜间的流动造成的，产品的自然风味和香气消失，并保留新鲜食品处在相对清洁和安全的状态。

不同的加工方法使加工后新鲜农产品的水分含量产生了变化。微穿孔薄膜对产品在一个加工过程中可能会失败，但在另一个加工过程中却能对该商品产生较好的影响。使产品被非常彻底干燥的处理过程，可与微穿孔薄膜配合得非常好。但这样会在产品中残留更多水分，因此该处理过程使用热针大穿孔薄膜效果会更好。包装薄膜和层压膜必须在进行微穿孔前打印好，很少在微穿孔以后再打印的，因为油墨会通过小孔，使印刷的图案变得一团糟。

**参考文献**

Ghosh V and Anantheswaran RC. 2001. Oxygen transmission rate through micro-perforated films: measurement and model comparison. J. Food Proc Eng. 24: 113–133.

Gonzales J, et al. 2007. Determination of $O_2$ and $CO_2$ transmission rates through microperforated films for modified atmosphere packaging of fresh fruits and vegetables. J. Food Eng. 86 (2008): 194–201.

Farber JN, et al. 2003. Microbiological safety of controlled and modified atmosphere packaging of fresh and fresh-cut produce. Comp. Rev. Food Sci. Food Saf. 2: 142–160.

Mangaraj S, Goswami TK, and Mahajan PV. 2009. Applications of plastic films for modified atmosphere packaging of fruits and vegetables: A review. Food Eng Rev 1: 133–158.

Zagory D. 1998. An update on modified atmosphere packaging of fresh produce. Packaging International. http://www.nsf.org/business/nsf davis fresh/articles map.pdf (accessed April 1, 2010).

# 第 11 章
# MAP包装机械的选择和规范

*作者：Chris van Wandelen*
*译者：龙门 、王佳媚、章建浩*

## 11. 1  引言

　　选择 MAP 包装设备，应当建立一套选择标准来适当促进这个过程。大多数情况下需求会随着业务而增长以及客户需求和政府安全监管的新要求而增长。采购新设备也可能是由于更换磨损设备或更新到最新技术的需求。设备更新过程中，必须需要阐明和检查，并且还要与整个商业环境以及公司的长期战略目标和目的相一致。在不断变化和竞争的环境中，识别并选择最新及最合适的技术用最低成本满足新的需要是至关重要的。同时，任何的新设备必须与预期产品、设备、操作人员技能、机器维护和预算完全兼容。在所有情况下，必须考虑的关键因素包括产品特点、包装要求、生产设施和所有法律或监管要求。在许多情况下，大型零售商是提出技术实际应用要求的人员。最终，需求是由消费者需要和供应商愿意及所能供给二者共同决定的。此外，指定产品的生命周期评价（LCA），一个关于指定设备对环境影响的调查和评价，是设备在选择过程中越来越重要的一个因素。为了使设备得以正确应用，应该对规范操作的关键因素做到心中有数。在采购加工设备时，以下几个关键因素适用于所有工业：产品质量、可清洗性、吞吐量、运营成本、加工产量以及供应商的声誉。供应商的声誉不仅包括原始设备和安装质量，还包括售后服务以及备件支持。当然，设备价格也是一个重要的标准；然而，最初的收购成本不是唯一的决定因素。成本最终考虑应该集中考虑总的拥有成本（TCO）而不仅仅是最初的收购成本。总的拥有成本指在整个生命周期中所评估的全部直接和间接成本，包括收购、运营、维护和整个生命周期中的管理成本。因此，TCO 可以细分成三个不同的类别：收购成本、所有权成本、后股权成本（Burt，Dobler and Starling，2003）。TCO 可以通过净现值（NPV）分析来评估，将成为总决策过程中的一个元素。收购采购成本包括采购价格、计划成本、质量成本和税收。所有权成本包括停机时间成本、风险成本、周期成本、转换成本、增值成本和非增值成本。后股权成本包括环境成本、担保成本、产品责任成本以及客户投诉所造成的成本。一旦确定了最初的需要，便可定制特定的需求。在这一章中有多种类型的可供选择的设备将被讨论，包括：垂直式填充密封机、流动式包装机、水平式填充密封机、托盘封口包装机、管式包装机。

## 11. 2　常见设备注意事项

生产过程中速度最慢的一步决定了生产链完成的速度，因此，最慢一道工序必须能够跟上所需要的生产速度和生产能力，否则在生产过程中就会出现瓶颈。关于产品用途和系统要求的详细描述将有助于限定需求。机器是专用于单一的产品还是要求可以运行操作多种产品？此外，最终产品是一个大小固定尺寸的包装，还是一个消费产品？以及所预期的生产系统容量和生产速率是多少？此外，上游和下游控制装置的兼容性与连接性对操作的顺畅性和连续性是至关重要的。最后，实际生产程序要求解决电气、饮用水、热水、气压范围以及散装或瓶装气体这些问题。

包装机械对电气要求有很大的区别，主要取决于包装机械的复杂性。典型的电压要求是 110V、220V、380V 和 440V。电流量与机器的能源要求相关，并且提供充足的能源给各种热封系统。同时，由于国家和地区不同对电的频率（Hz）需求也不同，通常美国是 60Hz，而其他国家是 50Hz。

包装装置的需水量通常是由就地清洗系统（clean in place）决定的，在每班次结束以后或者在同一条生产线上的产品更替时，需要对系统进行清洗杀毒，显然，干净水以及适当的清洁解决方案是必要的。

系统若想通过气体反冲洗包装来调节气体在包装中的组成，就需要稳定的气体供给，这可通过利用一个气体收集罐来实现。同时，充分并持续地压缩空气供应［至少 80psi（$1psi=1bf/in^2=6894.76Pa$）］，对文丘里式泵的正确操作至关重要。此外，还应当考虑如何简化设备的操作，操作界面可以简单地被看作为带有简单开关的电路机器，或者需要多屏和多功能操作知识才能操作的多功能性 PLC 控制器。此外，设备维护和清洁能力、改变机床装备的便利性和安全运行也是选择机器的重要因素。

另外一些考虑虽然它们并不会影响机器的操作或产品质量，但会影响最终设备购置的决定。这种例子包括设备所需要占用的面积和在操作过程中的气体排放。此外，设备的预期使用寿命、税收抵免和销售免税同样需要包括在全面评估中。

最后，任何机器的行业标准和规范都必须考虑遵守食品安全条款。以下是一些积极参与制定包装机械标准的组织：

乳制品 3-A

美国食品及药物管理局（FDA）

职业安全与风险协会（OSHA）

美国农业部（USDA）

美国肉品协会（AMI）

食品安全检验局（FSIS）

美国国家卫生基金会（NSF）

美国国家标准协会（ANSI）

国家电气制造商协会（NEMA）

## 11.3  产品与包装

产品和所用包装将决定所需的设备。包装尺寸由最终客户所决定，包括零售、机构或餐饮部门。方便食品的创新和在产品包装与形式方面的趋势推动了鲜切产品的发展，促进了保质期延长，提高了产品质量和安全。水果和蔬菜的天然形式提供了它们自己特有的完美包装，即皮、外皮和膜；而油、香精作为天然防腐剂提供了抗微生物的性质。然而，产品一旦受到进一步加工处理，例如剥离、分割、切片、切丁、粉碎、清洗和干燥，天然保护成分受损，对防护产生需求。因此，通过 MAP 包装达到维持质量并延长保质期的效果直接影响到包装设计（IFPA White Paper，2004）。MAP 指的是包装袋中的气体成分其不同于空气中的 78％的氮气（$N_2$）、21％的氧气（$O_2$）、0.03％的二氧化碳（$CO_2$）和其他微量气体，并有助于实现延长货架期要求（Farber et al.，2003）。由于经过加工的新鲜水果仍然是活体组织，继续进行呼吸作用，即消耗氧气并产生二氧化碳和水蒸气，包装系统设计成功的关键是保证它们各自呼吸气体的交换。一个成功 MAP 系统的关键因素包括适当的温度控制、可以支持适当空气交换特性的包装薄膜和适宜的混合气体。影响鲜切农产品腐败的因素是微生物生长、酶促褐变以及水分流失。通常情况下，减少氧气、增加二氧化碳含量会降低呼吸速率，延缓成熟和抑制酶促褐变。呼吸特性应与所用薄膜透气性适当匹配，所以，具有极高呼吸速率的商品需要用高氧渗透性的薄膜包装（空气化工产品公司）。因此，货架期延长的决定因素取决于实现特定产品的最佳呼吸速率。一般情况下，具有较高呼吸速率的产品的保质期较短。适宜包装设计的关键依赖于实现气体和水分交换的最佳比例，最终，成功延长货架期不仅取决于设备的正确选择，同时也取决于产品的新鲜度、卫生水平、加工设备、供应链温度、包装内部 $O_2$ 浓度、包装袋和密封的质量。

## 11. 4　供应商

识别潜在的供应商可以通过多种渠道，如托马斯登记、特定行业的供应商目录、贸易展参与或互联网"关键字"搜索进行，对大多数产品通常会有几个在特定领域的著名供应商互相竞争。调查应包括询问供应商在高校及行业团体中的声誉和检查引用情况。一旦确定潜在供应商，初步讨论时应概述需要和确认可交付性。在这个过程中，全面了解设备特性及其局限性是至关重要的。一旦确定了设备的类型和指定的操作需求，即可以从两个或三个入围供应商中获取报价。报价同付款条件、保证书、交货期，将为价格提供好的指导。外国供应商的额外问题是要考虑运输成本、外汇和信用证要求。

## 11. 5　设备的选择

### 11. 5. 1　垂直式填充密封机和流动式包装机

垂直式填充密封机（VFFS）是在产品形成时使其落入包装袋里而完成操作的（见图 11.1）。它们主要用于零售包装切洗后的产品或者有固定重量和大小的混合产品。由于产品会从一定高度落入包装袋中，很容易受损，因此，易于受损的产品最好用水平式填充密封机。产品经过称重后落入垂直式填充密封机（VFFS），VFFS 使用清晰的或预先印妥的卷筒薄膜，将其牵拉成一个正在成形的肩状或衣领状薄膜，最终使薄膜形成管状结构。随着薄膜成管状，薄膜的两边在热封系统的帮助下封起来，随后前袋子底部和后袋子的顶部同时热封起来，然后前、后袋在热封之间剪开。即使 VFFS 机器并没有从包中取出氧气的功能，它们可以通过用气体连续地冲洗气体管来改变包装中气体的组分。随着气体吹入

图 11.1　Ulma 立式制袋包装机
（Ulma 包装提供照片）

管内空气被排出而创建所需要的 MAP 环境，机器配置取决于产品的特性以及包装设计要求。

多用途包装方案是存在的。当产品不能一次性用完，能够重复密封的包装袋便非常受欢迎。这种包装技术包括拉链、胶带、打孔标签，使取出部分产品后包装可再被密封。此外，"易开特征"，例如可剥离密封、锯齿状切口或缺口都非常受消费者的欢迎。穿孔包装袋能够挂起来便于携带；其他形式的穿孔有助于产品透气或者微波加热时排气。设备和包装薄膜的选择还将会受到包装风格的影响，比如，站立包装袋需要三角撑板、平底、或四站脚。设备尺寸和规格始终取决于所需的生产速度和包装功能的复杂性，可选项通常包括标签和印记以及日期编码或条形码。其他的选项，气体流量控制和气体混合器，其能够帮助创建并控制一个合适的 MAP 环境。

流动式包装机的操作理念与之相似，但它是水平运行而非垂直方式运行，广泛适用于多种产品，可避免瘀伤，例如多盘式包装（见图 11.2）。

图 11.2　Ulma 流式包装（Ulma 包装提供照片）

### 11.5.2　水平式填充密封机

水平式填充密封机（HFFS）（见图 11.3）已经存在多年而且被广泛使用。

HFFS 包装同时具备简单和灵活的特点，这种包装的制作来自于直线式卷状薄膜生产线，大多数用于零售。HFFS 封口机使用可成为下腹板的轧辊成型薄膜，在整个包装过程中，依靠一个在机器两边的爪链来夹持和控制住薄膜，最终形成一个成型的网格。薄膜首先预热到所需的灵活性，使其成为包装的空腔，按应用所需设计的专用模具帮助包装成型，底部的真空泵帮助形成最终包装。循环时间取决于薄膜特点以及包装空腔的宽度和深度，与柔性灵活的薄膜相比，硬质膜需要一个较长的循环周期来形成。各式各样的薄膜都可以应用于水平式填充密封机，从用于高真空度的高阻隔膜到允许空气进行交换完成产品呼吸作用的透气

图 11.3　Hooper 水平式制袋包装机（Harpak 公司提供照片）

性膜等。一旦包装空腔形成，产品可以通过手动或自动加入。此时形成的带有产品的容器可以再次采用带盖的卷筒材料，用连续方式从顶部进行热密封，然后可打印上各种形式的代码、日期、标注和产品标识。最后，该包装可从网格处被切断。根据不同的封装，切断可用联合打孔器、切刀机或横切而完成。

### 11.5.3　托盘封口机

托盘封口机（图 11.4）在概念上与 HFFS 包装机相似，不同的是它使用预制的托盘而不是在线生成的托盘。

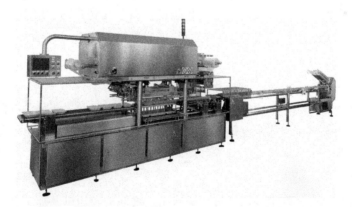

图 11.4　Mondini 托盘封口机（Harpak 公司提供照片）

托盘封口机可自动将预制的托盘脱集并分发至包装线，农产品或者水果可以通过手动或自动加载，托盘密封机能够仅用真空密封或者用真空充气密封。预成型托盘有许多不同的形状、形式和材料，从单隔到多隔托盘等多种形式。当托盘充满产品后，热封柔性薄膜从顶部密封，然后用切割刀切成托盘的形状，使用顶封盖子的一个可替代性选择是用"直接固定盖"。托盘封口机广泛应用于新鲜水果、冷冻水果、水果丁和浓水果以及多种多样的鲜切蔬菜产品。

### 11.5.4 管式包装机

管式包装机的参数是根据包装袋的型号、大小及生产速率来设定的。MAP管式包装机是根据真空充气原理使用带有插入管的真空装置设计充气，管插入包装袋后，袋子用歧管夹住，气体成分调节将通过一个或两个插入管真空充气完成。

单管的包装机是对生产要求不高的产品的一种常见选择（见图11.5）。这种设备可安装在支架或框架上，能对5～25lb的袋子进行垂直或水平包装，使用具有适宜氧透气率的预制包装袋对产品进行包装。在包装过程中包装袋通常被放置在支架上，然后用拉伸机进行拉伸。然后，通过插入管对拉伸的包装袋进行真空充气。真空充气循环结束后，对袋子用热封条进行密封。热封条的密封方式包括脉冲密封、弧形密封、热压密封及等离子涂层密封，根据包装的材料、厚度和层数选择而定。当每个循环周期包装两包产品时，生产速率可达到每分钟10袋。在线包装机可以每分钟25袋的生产速率加工大小标准的包装产品（见图11.6）。预制的包装袋被从滚轴上拉出并进入同步双齿型带，对包装袋进行印刷和代码日期标注后，包装袋上的齿孔被机械分离开来，然后灌装嘴打开包装袋并通过填料槽放入所规定的产品。放入产品的包装袋通过振动输送带运输到下一步包装点，接着一根通气管通过在除去袋中原有的气体时帮助固定包装袋的海绵橡胶之间。袋中的氧气水平降到1%～8%，对许多产品来说这个氧气的范围最佳。例如，当氧气含量高于10%，生菜将会变成粉红色；在氧气含量低于1%的条件下，厌氧条件会导致生菜腐败。随着在包装中的氧气被除去，两块在包装两侧的气动不锈钢板从两侧挤压排除残余气体使包装成型，最后采用热压杆密封使包装牢固完整。多管包装机用于对产品进行散装或箱装，在这些包装形式中，MAP常用于产品货架期延长（见图11.7）。

多管包装机散装技术多用于对加工或生产之间的转运以及加工产品前的临时存放，散装的生菜或卷心菜包在一个有塑料内衬的箱子或盒子中。包装袋的顶部被拉伸以保证密封更加严密和光滑，随后管子插入包装袋中并用密封歧管进行固定。当包装袋行至安全的位置，通过一个或两个真空/气体冲洗周期来改变包装袋内的气体成分，最后，包装袋进行热压密封，可以是脉冲密封也可以是热压杆密封。

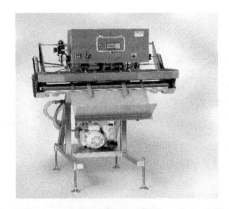

图 11.5　CVP 系统 Vac A-600 吸管式包装机（CVP 系统公司提供照片）

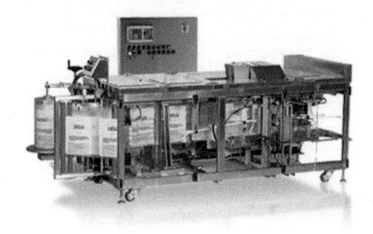

图 11.6　CVP 系统新型 Vac Z-1200 串联式包装机（CVP 系统公司提供照片）

图 11.7　CVP 系统新型 Vac A-200 顶封式包装机（CVP 系统公司提供照片）

## 11. 6　结论

在选择仪器时，MAP 包装机的规格正确非常重要。2008 年的一项调查（食品工程杂志，2008）表明，选择仪器时重要性排名前五的关键因素分别是：产品安全、机械安全、生产精度、成本低和易于转换。在充满激烈竞争和挑战性的环境中，还要受到大量的联邦和国家规定的制约，因此选择合适的、能够满足全部要求且成本最低的技术显得尤为关键。

参考文献 ...............................................................................................

Air Products. 2010. Modified atmosphere packaging (MAP). http://www.airproductsafrica.co.za/market-page-misc/modified-atmosphere-packaging/ (accessed April 2010).

Burt DN, Wobler DW, and Starling SL. 2003. World Class Supply Chain Management: The Key to Supply Chain Management. New York, N.Y.: McGraw-Hill.

Farber JN, et al. 2003. Microbiological safety of controlled and modified atmosphere packaging of fresh and fresh-cut produce. Compr Rev Food Sci. Food Saf 2:142–160.

Food Engineering. 2008. 23rd Annual Packaging Trends Study: Get the waste and the weight out.

International Fresh-cut Produce Association (IFPA). 2004. White Paper: Fresh-cut Produce Fuels an America On-the-go.

# 第 12 章
# 机械卫生设计

*作者：Chris van Wandelen*
*译者：章建浩、马磊、王佳媚*

## 12.1 引言

在食品加工设备的设计和加工过程中，为了预防食源性病原体进入食物链，考虑与卫生相关的因素是至关重要的。媒体曾经详细描述了消费者因食用鲜切水果和蔬菜而导致疾病发生的事件。美国疾病控制中心（Center for Disease Control，CDC）估计食源性疾病导致每年有 7600 万人患病，300000 人住院，并有 5000 人死亡，因果蔬导致的疫情爆发变得更加普遍。在 20 世纪 70 年代它们仅占 1%，而在 20 世纪 90 年代已经升至 6%（CDC，2006）。切割水果和蔬菜逐渐普及、进口量增加以及集中配送中心的使用，都有助于污染和交叉污染风险的增加。番茄、西瓜、生菜、豆芽和葱已被果蔬工业和美国政府确定为食源性疾病的主要来源（Zang，2005）。目前面临的主要挑战在于如何防止污染，因为水果和蔬菜都是在未经灭菌的环境中存放，很可能被病原微生物污染，并且大多数水果在食用之前不进行烹调或者高温处理，这减少了杀死任何细菌的可能性（FDA，2003）。可能产生致病菌污染的因素包括：农业用水质量、作为肥料的粪便、活动在地里或包装场所的动物，以及包装、加工、运输、分销或准备过程中处理果蔬的工人健康和卫生情况（CFSAN，2004）。美国疾控中心的 FoodNet 通过对照病例研究，确定沙门菌、大肠杆菌、隐孢子虫和单核增生李斯特菌为主要的病原体（Batz et al.，2005）。其中，单核细胞增多性李斯特菌是加工环境中再次污染的主要来源之一（Kornacki，2008）。污染病例数量的增加促使人们采用一系列举措应对这些情况的发生，"新鲜农产品安全法"规定 FDA 负责监督果蔬生产企业和保证食品安全指导方针的实施。议案的关键条款包括利用监测系统找出、研究并消灭新鲜农产品污染源，以更好地解释农产品被污染的原因，从而防止农产品被污染（Harkin，2007）。

许多政府、行业和标准制定机构试图建立食品加工和处理设备的卫生设计和加工标准，各种标准已经用于新鲜农产品、肉类、家禽和奶制品行业。尽管这些组织全都有相同的目标，但因个体差异导致很难建立健全的卫生设计和加工原则，监管机构一直因为行业监管和执法缺乏连续性，并且对问题的跟进不够及时而被批评。

## 12. 2  危害分析和关键控制点

危害分析和关键控制点（hazard analysis and critical control point，HACCP）是一个过程控制系统，旨在对食品生产过程中的微生物、化学和物理方面的安全危害进行识别、预防、消除并使其降低到可接受的水平。HACCP 最主要的概念是识别危害并实施必要的控制以防止其发生，关于控制水平的后续监测和完成相关的书面报告也是整个控制过程的重要组成部分。适当的 HACCP 程序是整个食品供应链安全规范的一个关键组成部分，美国国家食品微生物标准咨询委员会（NACMCF）认定了七个基本原则作为一个有效的 HACCP 体系的关键点。

(1) 危害分析

(2) 关键控制点的识别

(3) 建立关键限值

(4) 建立监控程序

(5) 建立纠正措施

(6) 建立验证程序

(7) 建立有效的记录

危害分析的原则是关注各种各样的危害因素，是整个生产过程中的一部分，而整个生产过程还包括确定设备、确定生产方法和卫生习惯。设备设计不佳以及难以进行日常维护和清洁是受病原微生物污染的一项最主要的因素（Keller，2003）。致病性污染风险是一种永远存在的健康风险。由美国众议院监督委员会委托进行的一项"FDA 和新鲜菠菜安全"的研究报告显示，美国 FDA 对菠菜加工设备检验方面的工作很差。FDA 对蔬菜的检查为平均每 2.4 年进行一次，而几乎一半的食品安全问题是由于相关的卫生问题引起的；FDA 还被指责在已知道问题存在的情况下，也没有对蔬菜进行微生物检查。

为了消除这些问题，蔬菜种植者和管理者开始进行自我监管，签订了绿色蔬菜市场营销协议，并向外报告了许多问题，旨在给绿色蔬菜生产经营者提出明确的指导方针。此外，美国 FDA /农业部发布了"如何将鲜切果蔬的微生物危害降到最低"的文件（FDA，2008），但此文件只是不具约束力的指导和建议。这组指导方针是一个食品安全计划的结果，此计划名为"保障进口和国内水果与蔬菜的安全性"，其目标是确保美国人民消费的国内和进口水果与蔬菜达到最高的安全标准，此指导方针旨在降低微生物污染，并对生的或初加工水果和蔬菜的种植、采收、洗涤、分拣、包装和运输提供良好的发展和管理实践方案。病原体污染新鲜农产品是在剥皮、切片、分解、取核和整理这些加工过程中产生的，这些操作步骤都可能会增加农产品被细菌污染的风险，因为这些加工过程会破坏农产品的保护屏障，导致营养物质外流促使病原体生长（FDA，2007）。该指南基于广泛的科学原理，主要集中在减少微生物污染的风险并不能完全消除污染。此外，它更关注如何减少微生物危害和在农场供应链中的卫生操作，而不是具体解决有关食品设备的卫生设计问题。因此，为了建立一个设备设计指南，我们应该参考由食品行业其他标准制定组织提出的倡议。

## 12.3　十大卫生设计原则

美国农业部（US Department of Agriculture，USDA）通过食品安全检验局（Food Safety and Inspection Service，FSIS）来控制肉类和家禽产业，除此以外，美国肉类协会（American Meat Institute，AMI）也进行相关管理。美国肉类协会的设备卫生设计标准是由 2001 年成立的美国肉类协会设备设计工作组（Equipment Design Task Force，EDTF）提出的，他们正努力降低食品中李斯特菌的爆发率，并防止其在食品加工厂的生长和传染。EDTF，由肉类和家禽加工企业的代表与设备制造商协商成立，着手确定设备设计的关键和性能标准以减少食品被李斯特菌污染的风险，并提出了以下"十大卫生设计原则"（American Meat Institute，2008）。

（1）易于杀菌清洁　食品设备的构造必须确保在其使用期限内可以有效地进行清洁和杀菌。设备在设计过程中应该考虑防止细菌在产品和其他物品接触时进入设备内生长和繁殖。

（2）选用合适的材料　所有制造设备的材料必须与该设备生产的产品、生产环境、清洁和卫生要求完全相符。

（3）易于检查、维护、清洁和保持卫生　所有部件必须易于在不需要使用工具的情况下进行检查、维护、清洁和保持环境卫生。

（4）在不生产时进行液体收集　设备应该可以自动排液，防止细菌生长，设备上不积液、不蓄池或浓缩凝集液体（示例图 12.1 和图 12.2）。

（5）空心区域应该密封　设备的空心区域，如：框架和辊必须尽可能地消除或永久密封。螺栓、安装板、支架、连接盒、铭牌、弹簧盒盖和套筒等其他类似的物品应焊接在表面，而不是通过钻孔打洞连接起来。

（6）没有缺陷　设备的部件应该是没有缺陷的，不能有裂缝、腐蚀、角落、开缝、缝隙，更不能有突出的地方、内部线头、螺栓铆钉和死角。

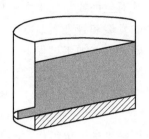

图 12.1　错误的排水设计

（改编自 NSF / ANSI / 3-A 14159-1-2002）

图 12.2　正确的排水设计

（改编自 NSF / ANSI / 3-A 14159-1-2002）

（7）操作过程的卫生性　在正常操作时，设备必须可以正常运行，不能产生不卫生或细菌数目增多的情况。

（8）维护附件的卫生性　维护附件和人机接口处，例如按钮、阀门手柄、开关和触摸屏，此处的设计必须确保食品、水、产品中的液体不会渗透进去或积累在外壳或接口处。另外，这些附件的结构应该设计成倾斜状态来避免液体蓄积。

（9）与工厂的其他系统卫生兼容　设备的设计应确保与其他设备及系统的卫生兼容，如电气、液压、蒸汽、空气和水系统等。

（10）明确的清洗和消毒程序　清洗和消毒卫生程序要清楚地注明和设计并要行之有效。用于清洁和消毒的试剂必须对设备和生产环境无毒无害。

这十项原则已经成为美国肉类研究会的设备卫生设计标准，用于对工厂设备的卫生程度进行评级，所有原则和评级内容都适当参考了 AMI 或美国国家卫生基金会（National Sanitation Foundation，NSF）的标准。评级是基于以下标准的：①满足；②基本满足；③不满足。基于这些评级标准和相关附加内容，就可以查找出设备中的卫生缺陷并改进完善（AMI 卫生设计检查表）。

## 12.4　3-A 卫生标准

美国国家卫生基金会（National Sanitation Foundation，NSF）是一个独立的、非营利组织，它提供的服务包括为设备设立标准以及产品测试、认证和现场审计及检查。NSF 与 Dairy 3-A 共同建立了一套肉类和家禽加工设备的标准称为3-Dairy 3-A 卫生标准。按照 Dairy 3-A 标准开发的生产设备，可保护食品免受污染并确保所有的产品接触表面都能被机械清理干净，这一标准的优势源于专业的公共卫生学家、设备制造商和生产加工人员合作的结果（3-A Sanitary Standards，Incorporated 2008a）。

3-A 卫生标准和规范的主要作用是保证根据要求设计和制造的设备的可清洗性。标准中认为最关键的是材料的选择，所选的材料必须与所加工的产品相协调，并且能抵抗常见化学用品和消毒措施对它造成的影响。设备设计标准中包括消除或减少裂缝和缝隙的数量，因为这些裂缝和缝隙能容纳下产品残留物而影响卫生效果，同时保证内角有足够大的半径存在并防止土壤残留。同时，标准中还强调了与产品接触表面的重要性，好的表面设计可以移出泥土并保证设备易于拆除，便于清洗和检查。所有上述规定，都是为了便于产品所有的接触表面在使用洗涤液清洗时可以除去所有残留的产品（3-A Sanitary Standards，Incorporated，2008b）。食品加工设备在设计和制造中所需的一系列卫生要求已由 NSF 国际/美国国家和 3-A 标准联合指定（NSF/ANSI/3A 14159-1-2002，2002）。

## 12.5 材料选择和机械制造过程中的卫生设计

机械设计和制造的关键之处除了设计还有材料。制造机器的材料必须可以抵御操作环境的潮湿和高压、清洗用的热水以及腐蚀性化学试剂，所选用的材料还必须适合加工。因此，材料表面、表面涂层和表面处理都必须耐用、无毒、无吸收和易于清洗，并且还不会开裂、破碎、脱皮或腐蚀，所有的材料和涂料都要能抵抗其他物质渗入。

在整个机械设计过程中接触面金属材料的使用是至关重要的。AISI300 不锈钢是用于所有产品接触面的首选材料。然而，其他合金如果也具有类似不锈钢的抗腐蚀特性、不易吸湿并且无毒也是可以被采用的。碳钢和黑铁管很少在食品加工方面应用。铜、铜合金、青铜和黄铜或镀锌等材料不能用于产品接触表面，除非接触表面只与空气、天然气和水接触。铝可以当作轻质材料而被使用，由于铝容易被腐蚀，表面应镀上阳极氧化膜或涂上具有类似功能的涂料。所有产品表面的材质必须要能抗腐蚀、不起纹、不产生裂缝。表面资质最好是玻璃珠状或用2B 喷丸硬化的表面，不锈钢表面也必须得抛光达到 4 号水准。

如将非金属材料用作制造设备上的产品接触表面时，必须非常谨慎地选择材料，因为非金属材料不能影响加工产品的颜色、味道和气味等特性。所选用的材料不能直接或间接混入到食品中去。一般来说，这些非金属材料必须是安全无害的，也必须是美国 FDA 规章中注明可以使用的。垫圈和 O 形环也必须无毒、不吸水和无孔，而且不受产品或清洗液影响；吸收性纤维材料只能一次性使用，例如作为过滤器。

易于清洁和检查，也是设备设计中比较重要的问题，和产品表面易于触碰和清洗一样，设备的所有表面都必须易于清洗，设备中的各个组成部分都应该易于被拆下和消毒。设备上还应该安装上就地清洁系统，以便于清洁那些难以清洁或不可拆卸的设备组件。在进行表面设计时，必须要注意液体不会在表面蓄积且可以自动排除。此外，在任何条件下设备上都不能留有死角，因为这些部位可能会导致细菌遗留和生长。

设备的连接处是另一个需要特别关注的地方，所有永久性的连接处都应该是无隙焊接以及表面平整的［见图 12.3 和图 12.4，改编自 NSF/ANSI/3-A 14159-1-2002（2002）］。

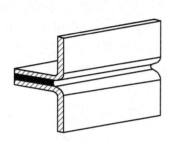 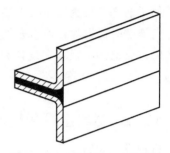

图 12.3　错误的固定连接设计　　　　图 12.4　正确的固定连接设计

设备中的一些内角、角落和凹槽都必须按照固定设计方式进行，要么被覆盖住或有一个平滑连续的半径来促进液体排出。管道系统也需要遵守同样的设计理念，不能让液体产生蓄积［见图 12.5 和图 12.6，改编自 NSF/ANSI/3-A 14159-1-2002（2002）］。

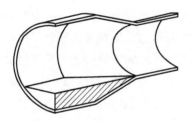 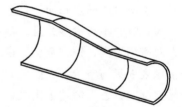

图 12.5　错误的渐缩管设计　　　　图 12.6　正确的渐缩管设计

轴和轴承也必须设计成易于接触和清洁。特别是当一个轴承需经过产品接触表面时，必须注意防止污染产生。所有其他的接头，例如管道和连接传感器的地方，都需要清洁密封。缺口、覆盖和阀门在设计中都需要防止土壤在其中堆积，并且易于清洗。所有的阀门都必须以一定的角度倾斜以方便液体的流出，不与产品接触的表面一般应注意防止水分残留和异物进入或残留。设备的框架和支撑结构都必须光滑且有圆形的回转头，设计的时候必须保证要在设备的周围和底下留有足够的空间以便进行清洗和检查（NSF/ANSI/3A 14159-1-2002）。

总之，对设备卫生状况方面的考虑，都应该建立在食品保护的基础上，同时食品加工设备所选用材料、制造过程和建造方式都要满足食品保护的要求。设计方面最关键的是必须考虑建造所选用的材料，特别是是否用于食品接触和非接触式表面。此外，设计标准还应包含选用适当表面质地的材料，保证易于拆卸清洗和检查。设备中还应该注意平面并且对固定接头和内角、管道、仪表及辅助设备连接处的加工方式都要遵守合理的加工程序。如果完全按照标准来进行设计，会使机械设备在使用寿命内都可以进行有效的清洗并且防止微生物污染。

参考文献

3-A Sanitary Standards, Inc. 2008a. A Primer for 3-A Sanitary Standards and 3-A Accepted Practices. http://www.3-a.org/resource/papers/primer.html (accessed March 18, 2008).

3-A Sanitary Standards, Inc. 2008b. Cleanability of Equipment and the Role of 3-A Sanitary Standards. http://www.3-a.org/resource/papers/cleanabilitymonograph1106.html (accessed March 18, 2008).

American Meat Institute. 2008. AMI Fact Sheet: Sanitary Equipment Design. http://www.meatami.com/ht/a/GetDocumentAction/i/11006 (accessed April 2010).

American Meat Institute. 2002. Sanitary design checklist. http://www.meatami.com/ht/a/GetDocument Action/i/7281 (accessed Sep 15, 2008).

Batz MM, et al. 2005. Attributing Illness to Food. Emerging Infect Dis 11: 993–999.

CDC. 2006. CDC Food Safety Activities and the Recent E. coli Spinach Outbreak. http://www.cdc.gov/Washington/testimony/2006/t20061115.htm (accessed Sep 18, 2008).

CFSAN. Office of Plant and Dairy Foods. 2004. Produce Safety From Production to Consumption: 2004 Action Plan to Minimize Foodborne Illness Associated with Fresh Produce Consumption. http://www.cfsan.fda.gov/~dms/prodpla2.html (accessed Sep 18, 2008).

Christie S. 2008. Cleaning up an Industry: Studies point to deficiencies in food safety in leafy greens. Fresh Cut Magazine April, 2008. http://www.freshcut.com/pages/arts.php?ns=868 (accessed April 2010).

FDA. 2003. FDA Survey of Domestic Fresh Produce. http://cfsan.fda.gov/~dms/prodsu10.html (accessed Sep 18, 2008)

FDA. 2007. FDA Fact Sheet. Fresh-Cut Fruits and Vegetables Draft Final Guidance. http://www.fda.gov/oc/fctsheets/foodsafety2007.html (accessed Sep 18, 2008)

FDA. 2008. Guidance for industry: guide to minimize microbial food safety hazards for fresh-cut fruit and vegetables. http://www.fda.gov/food/guidancecomplianceregulatoryinformation/guidancedocuments/produceandplanproducts/ucm064458.htm (accessed April 2010).

FSIS. 1998. Key Facts: HACCP Final Rule. http://fsis.usda.gov/oa/background/keyhaccp.htm (accessed Oct 8, 2010).

Harkin T. 2007. The Fresh Produce Safety Act. http://harkin.senate.gov/blog/?i=66be0147-e150-49dd-994e-d543845aee84 (accessed August 8, 2008).

Keller JJ. 2003. Compliance manual for food quality and safety. Neenah, Wisc: J. J. Keller & Associates.

Kornacki JL. 2008. Detecting sources of Listeria monocytogenes in the ready-to-eat food processing environment. http://199.140.94.5/PDF/Seminar_Detecting_Sources_of_LM.pdf (accessed April 2010).

NSF/ANSI/3-A 14159-1-2002. 2002. Hygiene Requirements for the Design of Meat and Poultry Processing Equipment. NSF International/3-A Standard.

Zhang J. 2005. Illnesses Tied to Produce Become Far More Common as Consumption Rises. Wall St J. Nov 30, 2005.

Modified Atmosphere Packaging
for Fresh-Cut Fruits and Vegetables

▼

第3部分

# 包装新技术

# 第 ⑬ 章
# 纳米结构包装技术

*作者*：Loong-Tak Lim
*译者*：王佳媚、马磊、章建浩

## 13.1　引言

纳米材料指在至少一维中粒径小于 100nm 的材料。纳米材料可以通过"自上而下"或者"自下而上"的方法制得。在"自上而下"方法中，材料通过物理和/或者化学方法被分解成小颗粒；相反，在"自下而上"或"自组装"方法中建立微粒复杂系统是通过一个一个地对分子进行组装实现的（Warad and Dutta，2005）。纳米制造技术可以进一步分类成"增量式"和"进化式"。在"增量式"纳米技术中，材料改性是通过控制其纳米级别的结构而实现。该技术科学基础复杂并且对材料特性可以显著改进，但是，此技术的发展迄今没有取得决定性的突破。相比之下，"进化式"纳米技术超越了在纳米规模上材料的重新设计，而得到功能化的实际纳米装置（Jones，2004）。一般来说，纳米技术是指用"自下而上"的技术去创造纳米材料和设备，如设计、特性化、生产和应用纳米级系统及组件（Uskokovic，2007）。

纳米材料新增的工业应用和研究兴趣的原因之一是它们能表现出不同于其宏观尺寸粒子所具有的"新"性质。当材料大小从微米级降低至纳米级时，其常规的化学和物理性质趋于向"量子力学"方向变化，从而表现出导电性、强度、反应性、颜色和其他属性全部以在已知宏观特性的基础上不可预测的方式发生变化（Jones，2004；Uskokovic，2007；Warad and Dutta，2005；Mohanpuria and others，2008）。同时，随着粒径的减小，纳米材料比表面积显著增加。图 13.1 所示尺寸减少对假设性的材料暴露表面面积的影响。材料表面粒子的数量随着团簇尺寸的减小而急剧增加，导致含有外包层材料和环境介质的反应活性增加。这些属性被用于开发增强材料特性的新型结构。值得注意的是，1～100nm 通常被认为是"纳米"基准，而超出此范围的小粒径颗粒不一定会完全失去其新特性。

在食品包装领域，包括纳米材料升级在内的技术发展主要是"增量式"。目前，纳米材料在园艺产品包装中的商业应用是有限的。这种现象预计会随着技术的进步和消费者对纳米技术接受度的增加而发生改变。在这一章中，我们将集中论述功能性纳米材料、纳米复合技术和纳米颗粒增强包装性能的新用途，特别是与活性和智能包装有关的性能。

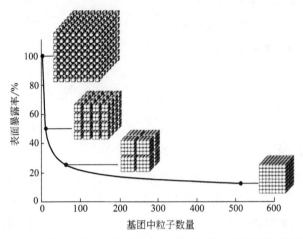

图 13.1　团聚尺寸减小对立方体结构组成的理想状态材料暴露表面积的影响

## 13.2　纳米复合技术

过去二十年中，由于重量轻、易于转换、设计灵活并且成本低，热塑性塑料在包装行业中的使用量急剧增加。然而，塑料的材料特性存在固有缺陷，其透气性和热稳定性低。为了增强塑料材料的功能特性，有机或者无机纳米材料已用于与热塑性塑料等聚合材料相结合制成高性能纳米结构。纳米复合材料通过界面相互作用与聚合物基体材料相结合，综合了填料的高强度和刚度的优点。复合后的新材料保留了材料原有的物理和化学特性，同时也具有比原材料优越的性质，如：机械和弯曲性能提高，热变形温度升高，阻隔性能增强，可降解聚合物的生物降解性提高。

由于比表面积较大，与微观和宏观尺度的填料颗粒（滑石粉、玻璃纤维、碳颗粒等）相比，少量的纳米颗粒（2%～8%，质量之比）就可以改善材料的性能。多种纳米材料已被用于增强材料性质的目的，包括层状硅酸盐、碳纳米管、羟基磷灰石、层状钛酸盐、氢氧化铝等。迄今为止，层状硅酸盐蒙脱土（MMT）已经被最广泛地研究（Pandey and others，2005；Ray and Bousmina，2005；Yu and others，2006；Singh and Ray，2007）。

### 13.2.1　蒙脱土纳米复合材料

蒙脱土（MMT）是土系列的蒙脱石晶体，此晶体结构由两个熔融硅四面体

层夹着一个边缘共享的由铝、铁、镁或者锂金属氢氧化物组成的八面体层（图
13.2）。晶体的单层厚度约为1nm，横向尺寸范围从30nm到几微米或更大。晶
体规则的堆叠形成范德瓦尔斯空隙，就是所谓的通道（Ray and Okamoto，
2003；Zeng and others，2005）。四面体层给每个三片层一个整体的负电荷，用
于抵消阳离子对通道的占据，如 $Na^+$、$Li^+$、$Ca^{2+}$、$Fe^{2+}$ 和 $Mg^{2+}$ （Zeng et
al.，2005）。蒙脱土的一个独特性质是硅酸盐层可剥脱并分散到聚合物中，产生
约1nm厚的独特不透水的小薄层，具有非常大的高宽比、大界面和纳米厚度等
优点。这个游离的小薄层具有多项有利于增强聚合物材料性能的特点。鉴于丰田
集团的开拓性工作，聚合物纳米复合材料激发了人们的许多研究兴趣，并在汽车
和包装行业取得商业应用（Hiroi and others，2004；Ray and Bousmina，2005；
Okamoto，2005；Ray and Okamoto，2003）。

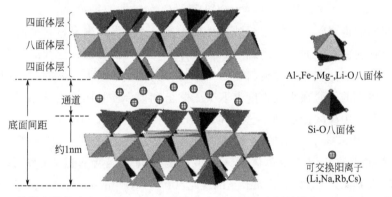

图13.2　蒙脱土结构由上下两个硅四面体层和中间八面体夹层的纳米"三明治"厚层构成
[引自 Zeng et al.（2005）以及 Ray and Bousmina（2005）的文章]

为增强纳米复合材料的机械性能，确保纳米黏土填料及其周围的聚合物基体
之间的界面相互作用是非常关键的。此相互作用取决于两种成分之间的化学作
用、形态和热熔性。由于硅酸盐层的亲水性，原始蒙脱土颗粒与相对更疏水的热
塑性塑料是不混溶的，因此，蒙脱土纳米黏土通常需要通过修饰提高硅酸盐层和
聚合物基体之间的界面相互作用强度。若无此修饰过程，MMT 将会保持微米级
颗粒并表现出传统填料的特征。MMT 改性通常使用阳离子表面活性剂代替通道
中的阳离子而实现，常用的阳离子表面活性剂有初级、二级、三级或季铵阳离子
以及十七阳离子（Ray and Okamoto，2003）。

纳米复合 MMT 的特性很大程度上取决于聚合物基体在黏土中分散的好坏程
度。通常情况下，黏土分散可以分成三种方式（图13.3）：①当黏土颗粒不分
层，形成的材料就会倾向于表现出与传统微复合材料相似的特性。被聚合物包围
的未分层的蒙脱土（MMT）层通常被称做类晶团聚体。②当聚合物链插入溶胀

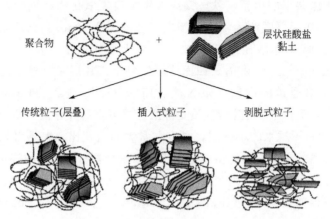

图 13.3 层状硅酸盐通过熔融弯曲在聚合物中的扩散模型

[引自 Usuki and others（2005）以及 Zeng et al.（2005）]

硅酸盐层的通道内时，此黏土层被称为插土层，插层导致聚合材料链的流动性降低，引起材料变得坚固。③当黏土是完全分层并均匀地分散在连续的聚合物基质中时，层状硅酸盐被称为对材料物理性能的提高提供了最大潜能的剥脱纳米复合材料。蒙脱土的剥脱在很大程度上取决于黏土和聚合物基体的化学相容性，以及用于分散黏土中硅酸盐层的工艺条件。

总的来说，插层与剥脱效果最大化的方法有三种。在原位聚合方法中，单体与膨胀硅酸盐混合使单体插入通道内的空间，之后通道内的单体聚合实现最优的插层（Uyanik and others，2006；Krishnamoorti and Giannelis，1997；Usuki and others，1993；Messersmith and Giannelis，1994）。这种方法的潜在缺点是分子不能完全聚合，形成寡聚物。在溶液中的剥脱方法中，层状硅酸盐首先剥脱到与聚合物相溶的溶剂中，接着聚合物溶解在黏土悬浮液中，之后再将溶剂蒸发（Ogata and others，1997；Chen and others，2004；Lim and others，2003）。这种方法能实现最大程度剥脱，但是需使用大量溶剂，限制了大规模生产应用。第三种方法被称为熔融插层/脱落（Dennis and others，2001；Chavarria and Paul，2004；Chen et al.，2004；Li and Ton-That，2006），此种方法中，纳米黏土与聚合物在高剪切双螺杆混炼机中直接混合，然后通过常规加工技术（注塑、挤出、拉伸吹塑成型等）转换成所需的形态。通过这种方法，黏土颗粒通常进行有机修饰来提高与其分散连续相的相容性，并促进黏土颗粒的分层。为了有效地剥脱蒙脱土，黏土颗粒需要进行剪切并碎裂成小薄片（约 100 nm 的厚度）。一旦小薄片堆叠达到一定高度，小薄片的进一步分散主要由聚合物链在黏土通道中的扩散作用引起，这种作用主要取决于聚合物与黏土表面的化学相容性（Dennis et al.，

2001)。到目前为止，熔融插层/脱落是行业中应用最为广泛的方法。

尽管有机改性的层状硅酸盐可以提高所制纳米复合材料的力学机械性能，但是季铵基团已被证明在挤压过程中易受热降解。Xie 等（2001）证明市售有机改性黏土的分解起始温度范围为 155～180℃，此范围远低于用于食品包装的热塑性塑料的典型加工温度。十八烷基三甲基氯化铵和有机改性的层状硅酸盐降解产生长链叔胺、长链烯烃、氯代烃、支链烯烃和醛（Xie and others，2001）。此外，季铵化合物没有获得美国 FDA 直接用于可接触食品的许可。另一种替代表面改性剂季戊四醇硬脂酸，经 FDA 批准可作为食品防腐剂，已被提出可用于层状硅酸盐的修饰改性（Bartels and others，2008）。Bartels 等（2008）报道，经季戊四醇硬脂酸有机改性的 MMT 使小薄片在聚合物基体中的分散更加容易。季戊四醇硬脂酸改性蒙脱土在尼龙、醋酸乙烯酯和聚烯烃中有非常好的剥脱效果。

目前，热塑性复合纳米黏土的主要商业供应商主要有南方黏土产品（Southern Clay Products）、Nanocor、Elementis、Laviosa 和 Chemica Mineraria。纳米黏土比其他纳米材料便宜的部分原因是可以用现有设备对其进行生产，同时其可从自然原料中直接得到（Anonymous，2005）。

### 13.2.1.1 机械性能

黏土纳米复合材料表现出的机械性能优于原始聚合物，即使当填料量低至 1%（质量分数）时，添加层状硅酸盐粒子能够导致材料机械系数大量增加。图 13.4～图 13.6 对纳米材料的机械系数、拉伸强度和伸长率进行了比较。图中显示，层状硅酸盐颗粒在聚合物中分散普遍提高纳米复合材料的拉伸强度和机械系数至一个较临界负荷值，超过之后机械性能趋于稳定水平或者是处于被削弱的趋势。这个临界负荷值很大程度上取决于配对黏土与聚合物的分散方法以及相容性。刚度和强度的增强可以归因于黏土颗粒的刚度、层状硅酸盐通道空间中聚合物链的锚定效应以及聚合物链与黏土表面的相互作用。超过临界黏土负荷值，由于黏土颗粒的团聚引起拉伸强度和机械系数下降。相反，断裂拉伸率随着黏土含量的增加而呈现降低趋势。

图 13.6 所示的四种纳米复合材料中，当黏土含量增加至 4% 时，聚乳酸层状硅酸盐复合材料的断裂拉伸率初始值增加（Chang and others，2003），而另外三种纳米复合材料随着黏土量增加，断裂拉伸率全部表现出下降趋势（Chen and Zhang，2006；Cho and Paul，2001；Wang and others，2006）。这种不同的趋势可能是由 Chang 等（2003）使用的准备方法不同而造成的，他们的准备方法是基于溶剂浇铸，而别人的方法是基于黏土颗粒在熔融相中的分散。由此表明，纳米复合颗粒的机械性可能受到所用黏土分散方法的显著影响。

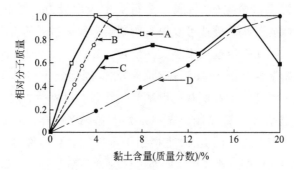

图 13.4　所选纳米 MMT 粒子的标准化系数

□（A）聚乳酸-层状硅酸盐（Chang et al.，2003）；○（B）聚丙烯-层状硅酸盐（Usuki et al.，2005）；

■（C）凝胶-层状硅酸盐（Zheng et al.，2002）；

●（D）大豆蛋白提取物-层状硅酸盐（Chen and Zhang，2006）

基于文献数据绘制（Chang et al.，2003；Zheng and others，2002；

Chen and Zhang，2006；Usuki and others，2005）

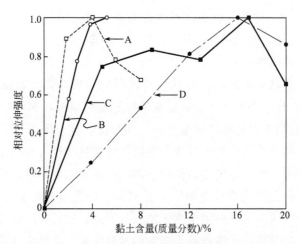

图 13.5　所选纳米 MMT 粒子的标准化拉伸强度

□（A）聚乳酸-层状硅酸盐（Chang et al.，2003）；○（B）聚丙烯-层状硅酸盐（Usuki et al.，2005）；

■（C）；凝胶-层状硅酸盐（Zheng et al.，2002）；

●（D）大豆蛋白提取物-层状硅酸盐（Chen and Zhang，2006）

基于文献（Chang et al.，2003；Usuki et al.，2005；Zheng et al.，2002；Chen and Zhang，2006）

### 13.2.1.2　阻隔性

含有剥脱黏土颗粒的纳米复合粒子比原始聚合物材料表现出更强的阻隔性。阻隔性增强是由可渗透扩散路径的弯曲度增加而引起的，弯曲度增加又是由聚合物材料中结晶黏土小薄片的不渗透性导致的（图 13.7）。简单的弯曲度模型已被证明与实验数据高度符合（Nielsen and E.，1967；Ray and others，2003；Fredrickson and Bicerano，1999；Bharadwaj and others，2002；Ellis and D'Angelo，2003）；

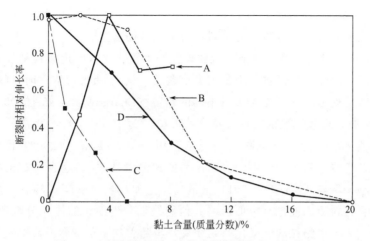

图 13.6　所选纳米 MMT 粒子的标准化断裂拉伸率

□ （A）聚乳酸-层状硅酸盐（Chang et al.，2003）；○ （B）尼龙-层状硅酸盐（Cho and Paul，2001）；

■ （C）聚酯纤维-层状硅酸盐（Wang et al.，2006）；

● （D）大豆蛋白提取物-层状硅酸盐（Chen and Zhang，2006）

基于文献数据绘制（Chang et al.，2003；Cho and Paul，2001；

Chen and Zhang，2006；Wang et al.，2006）

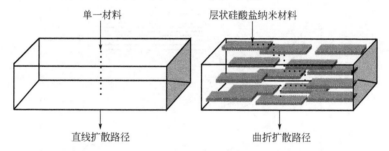

图 13.7　渗透分子通过单一材料的理论扩散路径（左）和通过与扩散方向

垂直的分散的不可渗透性剥脱硅酸盐的理论扩散路径（右）

$$\frac{P_s}{P_p} = \frac{1-\phi}{1+\dfrac{L}{2W}\phi} \tag{13.1}$$

式中，$P_s$ 和 $P_p$ 分别表示纳米复合材料和原始聚合物的渗透度；$\phi$ 表示填料的体积分数；$L$ 表示硅酸盐层的长度；$W$ 表示硅酸盐层的宽度。

另一个预测分散黏土在稀或半稀复合材料中效果的模型如下（Fredrickson and Bicerano，1999；Xu and others，2001）：

$$\frac{P_s}{P_p} = \frac{1}{1+\mu a^2 \phi^2} \tag{13.2}$$

式中，$\alpha$ 是粒子的长宽比 $(L/2W)$；$\mu=\pi^2/16\ln\alpha^2$，这是一个几何形状因素。

这些模型假设阻隔硅酸盐的排列是与扩散路径垂直的。

Bharadwaj 等（2002）报道，交联聚酯纳米复合材料的透氧性随着黏土含量增加而下降。此外，他们发现当黏土含量超过 2.5%（质量分数）时，$O_2$ 通过性的下降趋势呈现出与低于此含量时不同的趋势（Bharadwaj et al.，2002）；含量低于 2.5%时，透氧率数值的最佳符合值 $L/2W$ 为 100，而当含量高于 2.5%时，最佳符合值 $L/2W$ 为 28［见图 13.8，基于 Bharadwaj et al.（2002）已发表原始数据绘制，实线是基于两个不同方面比率的预测渗透率］，这表明黏土随着含量的增加而趋于聚集。Xu 等（2001）报道，黏土加载量对（聚氨酯脲）层状硅酸盐纳米复合材料透水性也有类似影响。他们发现，当黏土的体积分数比较高时，水蒸气透过率与小颗粒的纵横比密切相关，与随着黏土负载量升高黏土层聚集增加相一致。另一方面，Ray 等（2003）发现，透氧率单调减少是有机改性［用 $N$-（共烷基）-$N$，$N$-双（2-羟乙基）-$N$-甲基铵氢阳离子改性］合成氟云母纳米复合颗粒的函数。可能的原因是，与其他两个研究相比，合成云母粒子聚集趋势低并且由于使用的合成工艺不同导致了改进小薄片分散性增强。

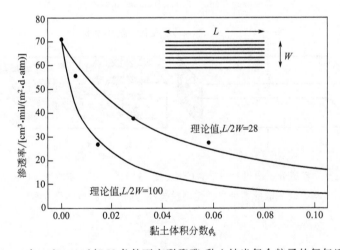

图 13.8 在 40℃、90%RH 条件下交联聚酯-黏土纳米复合粒子的氧气透过率

### 13.2.1.3 热稳定性

层状硅酸盐在聚合物中分散会导致其热变形温度升高（heat distortion temperature，HDT）。如图 13.9 所示，当黏土的添加量高达 5%（质量分数）时，HDT 的增加量最大，超过 5% 时 HDT 的变形效果降低。HDT 增加量非常重要，因为受到温度影响，纳米复合材料变得更加不易变形，这使纳米复合材料可用于那些需要热包装（85℃以上）以及包装后使用巴氏杀菌的液体食品。

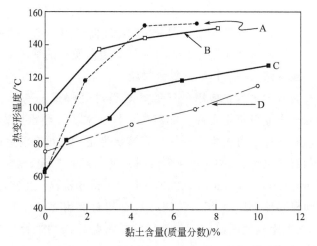

图 13.9 含有层状硅酸盐纳米粒子的热变形温度

□ (B) 聚乙烯-层状硅酸盐——原位聚合 (Ma et al.，2001)；

■ (C) 尼龙 6-层状硅酸盐——熔融插层 (Liu et al.，1999)；

● (A) 尼龙 6-层状硅酸盐——原位聚合 (Usuki et al.，2005)；

○ (D) 聚乳酸-层状硅酸盐——熔融插层 (Ray et al.，2003)

根据文献原始数据绘制 (Ma and others，2001；Liu and others，1999；

Usuki et al.，2005；Ray et al.，2003)

### 13.2.2　生物可降解或可分解性的纳米复合材料

热塑性材料包装在大多数食品安全和有效流通过程中起至关重要的作用。然而，由于其生产原料为不可再生以及用后产生不可降解的固体废弃物，导致塑料包装材料对环境产生危害。其他塑料在农业领域中促进农作物生长和保护后熟农产品方面也有大量应用，常见例子有：温室塑料薄膜，在作物生长后期覆盖、青贮和包裹，同时这些也会导致固体废弃物处理产生难度和环境问题 (Zhao and others，2008)。尽管采取了环境管理措施，如减少、再利用和循环利用，有助于缓解塑料包装和薄膜废物对环境的危害，但是这些并不能长期解决问题也无可持续性。随着公众和政策制定者整体环境意识增加，在过去十年这些被关注的热点已经引起对源于可持续性原料的生物可降解和可分解聚合物等材料的使用。基于生物可降解/可分解聚合物的含有纳米 $TiO_2$ 或者硅酸盐等纳米颗粒的纳米复合材料与原材料相比，它们具有可降解和增强的材料特点，而在工业中被优先考虑。

根据定义，生物可降解聚合物由自然存在的微生物，如细菌、真菌和藻类活动解聚。相反，可分解聚合物是通过在堆肥环境（例如：市政堆肥设施或家庭堆

224

肥桩）中发生的生物过程，产生二氧化碳、水、无机化合物和生物量，并且不会留下可见的可分解或有毒残留物。下面，我们将简单介绍几种基于聚乳酸（PLA）、聚羟基脂肪酸酯和生物聚合物（多糖和蛋白质）的纳米复合材料。

### 13.2.2.1　聚乳酸（PLA）纳米复合材料

目前，聚乳酸（PLA）是应用最广的乳酸类可分解聚合物材料，因为乳酸基础材料是来源于农业可再生资源（如淀粉、糖、木质纤维素生物质）的发酵，并且聚合物在堆肥条件下可被生物分解，它被认为是一种很有前途的可以用于解决固体废弃物和石油来源产物的可持续性问题的"绿色"聚合物（Lim，2008；Auras and others，2004；Garlotta，2001；Lim and others，2008）。

与其他热塑料相比，PLA相对易碎并具有相对低耐热性。多种纳米材料已经被用于提高PLA阻隔性的研究，包括层状硅酸盐、碳纳米管、羟磷石灰、层状钛酸盐和氢氧化铝等（Chen and others，2005；Singh and Ray，2007；Ray and Bousmina，2005；Kuan and others，2007；Kim and others，2006；Nishida and others，2005；Hiroi et al.，2004；Ray and others，2002；Ray et al.，2003；Sinha Ray and Okamoto，2003；Ray and Okamoto，2003）。这些纳米材料中，MMT层状硅酸盐黏土被研究得最深入。与纯PLA相比，加入蒙脱土能够显著提高纳米复合材料的性能（包括机械性能和弯曲性能）、热变温度升高、阻隔性能增强（Pandey et al.，2005；Ray and Bousmina，2005；Yu et al.，2006；Singh and Ray，2007）。

纳米黏土比较受欢迎的一个原因是它增强了PLA在堆肥条件下的生物可降解性。例如，Ray等（2003）发现，当含有机改性合成氟云母的PLA纳米复合材料暴露在堆肥条件下（58℃）时，PLA的生物可降解性增强。在50天时，层状硅酸盐纳米复合材料的生物降解率达到100%，而纯聚合物只有60%的降解率。基于在纯PLA降解和黏土分解过程中原始分子量以相似方式降低，而纯PLA结晶度比PLA纳米复合材料的低（这会导致微生物对纯PLA的作用更大）。Ray等（2003）认为，掺入有机改性层状硅酸盐可能导致微生物对PLA作用模式不同，可能因为羟基基团的存在使酯键的断裂方式不同而引起。PLA在环境中的降解速率非常慢，除非暴露在堆肥条件下（Kale and others，2006）。增加材料在环境条件中降解的方法将会解决一些受关注的废弃物的降解问题，从而确保实现废弃物循环。

### 13.2.2.2　聚羟基脂肪酸酯（PHA）纳米复合物

聚羟基丁酸酯（PHB）是聚羟基脂肪酸酯（PHA）的一种，在细菌（产碱杆菌、巨大芽孢杆菌、甲基杆菌）中被作为备用碳源。因为来自可持续资源，PHA聚合物已被看作是石油来源包装材料的一种潜在的替代品（Schut，2008；

Bucci and others，2005；Khanna and Srivastava，2005）。

PHB 具有与聚丙烯相似的熔点、结晶度、拉伸强度和玻璃化转变温度，但是由于老化快，PHB 会变得比聚丙烯更硬并且熔融加工后变得易脆（Khanna and Srivastava，2005）。由于易脆和不可预测的生物可降解率，其应用受到了限制。为了克服上述缺点，纳米级材料应运而生。Maiti 等（2007）通过熔融挤出法制备 PHB 层状硅酸盐纳米复合材料，发现该材料的热性能和机械性能与纯聚合物相比都有提高。他们报道，纳米粒子在 PHB 结晶过程中可以起到结晶剂的作用，纳米黏土能够增强 PHB 的生物可降解率（图 13.10）。由于具有高度无定型晶球之间区域，RHB 纳米材料中的微小晶体容易被微生物攻击并降解，它与黏土的催化效果一起被认为是与原始 PHB 相比提高黏土纳米复合材料生物降解率的原因。样品中大量结晶体导致其在 60℃时的降解率较低。这些现象表明，纳米黏土可以应用于控制 PHB 的生物降解率。降低黏土含量能够提高 PHB 的生物降解率；当黏土含量升高，由于水的扩散和微生物的攻击被限制，可能会导致生物可降解性降低。聚己内酯，一种合成生物可降解聚合物，已被用于作为 PHB 的一种增塑剂、增加蒙脱土的分散性以及减少 PHB 纳米黏土复合材料的透氧性（Sanchez-Garcia and others，2008）。

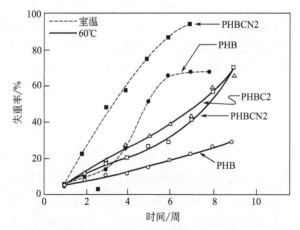

图 13.10　室温和 60℃下纯 PHB 及其层状硅酸盐在复合介质中的失重率
PHB：纯聚合物；PHBCN2：2%（质量分数）牛脂改性氟金云母黏土；PHBC2：2%（质量分数）未改性 MMT
图表是用 Maiti et al.（2007）发表的数据绘制

除纳米硅酸盐片之外，纳米 $TiO_2$ 也能非常有效地增强 PHB 的降解率。Yew 等（2006）报道，纳米 $TiO_2$（锐钛型 80%，板钛型 20%）的分散减弱了 PHB 在土壤中的生物降解率，但是由于纳米 $TiO_2$ 在太阳光照射下具有光催化活性，又增强了 PHB 的降解率。含有 TiO$_2$ 的纳米复合材料可以作为控制农业覆盖膜降解比较有发展前途的材料。

### 13.2.2.3　淀粉纳米复合材料

当对淀粉用定量的甘油和水进行增塑时，它表现出与合成热塑性材料相似的性质，并且能够在高温（90～180℃）下用挤出机加工而成。用于减少热塑性淀粉对水分的灵敏度并增强材料的机械性能的纳米尺寸填料并不会影响合成的淀粉纳米复合材料的生物降解性（Rhim and Ng，2007）。

与合成聚合物中必须经过改性后才达到硅酸盐小薄片插入和剥脱要求的 MMT 不同，在热塑性淀粉中，分散的 MMT 因亲水性淀粉聚合物的存在，该功能通常是使用未改性的 MMT 实现的。Park 等（2002）对三种有机修饰的 MMT 和未经修饰的 MMT（Cloisite® Na$^+$）进行了比较，其中三种有机修饰的 MMT 分别是南方黏土公司（Southern Clay）生产的用甲基牛脂双（2-羟乙基）修饰的 Cloisite® 30B、二甲基苄基氢化牛脂胺修饰的 Cloisite® 10A 以及二甲基和脱氢牛脂季铵氯化物修饰的 Cloisite® 6A。他们发现，未经修饰的 Cloisite® Na$^+$ 黏土在热塑性淀粉基体中能够产生最好的剥脱作用，从而具有比用原始热塑性淀粉和有机修饰 MMT 制备的纳米复合材料更好的拉伸特性和低水蒸气透过率（Park et al.，2002；Park and others，2003）。他们的研究中使用双螺杆挤出机挤压制得淀粉黏土纳米复合材料，Chiou 等（2006）也报道过类似的结果。此外，他们注意到，热塑性淀粉中水分含量对 Cloisite® Na$^+$ 的发散性的影响最大，在挤出过程中水分含量最高的淀粉产生剥脱最好的纳米黏土。经过 Cloisite® Na$^+$ 增强的热塑性淀粉材料，可以归因于直链淀粉和支链淀粉链的膨胀与渗出作用，支链淀粉中含有的羟基可以插入到亲水性黏土中并与之反应，导致热塑性纳米黏土复合材料的系数升高。乙酰化淀粉中的 D-吡喃葡萄糖单元中的羟基被酯化反应转换成乙酰基，由于羟基乙酰化增加了淀粉的疏水性，其与有机改性蒙脱土结合制得比用非改性的 MMT 具有更好机械性能的新材料。

除甘油和水之外，尿素/乙醇胺的混合物也可用做增塑剂来制备热塑性淀粉。使用该增塑剂和乙醇胺作为蒙脱土的活化溶剂，Huang 和 Yu（2006）发现在液态氮中冷却后，纳米复合材料的结构呈网状纤维结构，并显著改善复合材料的机械性能。由于其潜在的毒性，用这些增塑剂制得的淀粉纳米复合材料在应用中不可以直接接触食品。

### 13.2.2.4　蛋白质纳米复合材料

通过化学反应、物理变化或者热变性作用，蛋白质可以转换成聚合物膜。变性步骤对球状蛋白打开聚肽链发生分子间相互作用特别重要，具有反应活性的氨基酸侧链（羟基、羧基、胺、酚和巯基）使得蛋白质能形成具有良好机械性能和阻氧性的致密性薄膜。然而，当蛋白质膜暴露在湿度较高的环境中时，这些特性就会明显减弱（Gennadios，2002；Krochta，2002；Lim and others，1999；Lim and others，1998）。

与前面讨论过的聚合物材料的生物可降解性/可分解性相似，MMT 能够应用于蛋白质膜中来增强材料特性。由于蛋白质特有的亲水性，与淀粉-黏土纳米复合材料一样，非修饰的 MMT 也常常被用来制备纳米复合材料。Chen 和 Zhang（2006）使用两步制备法来制备 SPI-MMT 纳米复合材料。制备方法包括非修饰的 MMT 首先批量混合于 SPI 水溶液中，然后通过真空干燥制得纳米复合材料粉末，所得粉体与甘油在混合器中混合均匀后再冲入压缩模具中成型。当 MMT 的添加量低于 12%（质量分数）时，产生 1~2 nm 厚的剥脱 MMT 层，但是当 MMT 在 SPI 溶液中的添加量高于 12%（质量分数）时，插层结构形成更加普遍。含有负电性 MMT 黏土的 SPI 富正电荷区域与—NH 和 Si—O 基团氢键之间的表面静电荷相互作用，对 SPI-MMT 纳米复合材料机械强度的增加和热稳定性有重要作用（Chen et al.，2004）。

Xu 等（2006）发现，凝胶，一种两性聚电解质无规则排列蛋白，能够被插入月桂酸钠/MMT 以及脱羟基 MMT 中间形成凝胶纳米黏土复合材料。他们发现，凝胶链上的—COO—通过氢键与 MMT 上的羟基发生强烈的交互作用，在碱性介质（pH>pI，pI=5.05）中制备的凝胶-MMT 复合材料的机械性能明显高于酸性介质中制得的材料（Xu and others，2006）。在另外一项关于 MMT-小麦谷蛋白复合物膜的研究中，Olabarrieta 等（2006）也报道，碱性（pH11）条件更加有利于甘油醇-塑化小麦谷蛋白膜中非修饰 MMT 的剥脱。此报道与 Tunc 等（2007）的报道一致。Tunc 等报道，当小麦谷蛋白/MMT 纳米复合膜制备条件的 pH 为 4 时，有机修饰的 MMT 纳米复合材料会均匀分布在小麦谷蛋白基体中，但是并未完全剥脱。这些研究表明，pH 对 MMT 在蛋白材料中的分布具有非常重要的影响。

### 13.2.3　抗菌纳米复合材料

目前已有关于具有抗菌功能纳米复合材料在食品包装和涂膜应用中减少微生物增殖方面的研究报道。纳米复合抗菌材料的另一个创新性是可稳定易受微生物威胁的基于生物聚合物的包装材料。在本部分中，我们将对纳米 $TiO_2$、Ag 和硅酸盐黏土的抗菌性进行综合介绍。

二氧化钛（$TiO_2$）是一种半导体，能够利用紫外光发生氧化还原反应（见可控活性的氧气指示剂）。Maneerat 和 Hayata（2006a）发现，$TiO_2$ 粉末（平均粒径为 7nm）在聚丙烯镀膜上具有抗真菌活性。柠檬经接种苹果青霉（*Penicillium ex-*

228

*pansum*）后，分别用非涂膜和涂有 $TiO_2$ 的膜包裹，在25℃下用 UVA 紫外灯照射14天，结果显示纳米 $TiO_2$ 光催化反应能够显著减缓柠檬中由苹果青霉导致的霉斑和暗痕的产生（Maneerat and Hayata，2006a）。Cerrada 等（2004）报道，在乙烯-乙烯醇共聚物（EVOH）中加入 2%～5%（质量分数）的纳米 $TiO_2$（粒径约为10nm）能够制成具有光或紫外光照激发产生自洁活性的复合纳米材料。据报道，抗菌性纳米复合材料对食品污染和质变中常见的革兰阳性和革兰阴性菌以及酵母菌都有杀菌作用，包括大肠杆菌（*Escherichia coli*）、软腐欧文菌（*Erwinia caratovora*）、铜绿假单胞菌（*Pseudomonas aureus*）、鲁氏接合酵母属（*Zygosaccharomices rouxii*）和杰丁毕赤酵母菌（*Pichia jadini*）（Cerrada and others，2008）。尽管 $TiO_2$ 的光催化活性可以应用于控制收后农产品中的腐败菌，但是紫外线照射的需求会限制其使用，因为紫外光照射会加快产品中紫外光敏感成分的降解。为了克服纳米 $TiO_2$ 需紫外线催化的不足，不同金属离子已用于对纳米 $TiO_2$ 进行修饰处理，如碱性土、$Fe^{3+}$、$Cr^{6+}$、$Co^{3+}$、$Mo^{5+}$ 以及稀土离子（Carp and others，2004），使其可利用可见光而起作用。

纳米银离子已经被广泛应用于开发纳米复合材料。Del Nobile 等（2004）研究了含纳米 Ag 复合活性包装系统对一种普遍存在于酸性果汁饮料中的革兰阳性产芽孢菌——酸土环脂芽孢杆菌（*Alicyclobacillus acidoterrestris*）的杀菌作用效果。他们用银电极在频率为 13.56MHz 的等离子体处理工艺将含 Ag 类似聚合物（环氧乙烷）材料涂到聚乙烯膜上，获得 200nm±20nm 厚的纳米涂膜，所得粒子的平均粒径为 90nm。他们发现，制得的活性膜可以抑制能够在酸性麦芽提取液和苹果汁中苹果青霉的生长，抑制效果的强弱与释放到反应介质中的 Ag 粒子含量多少有直接关系（Del Nobile et al.，2004）。Damm 等（2008）研究了银离子从尼龙 6 纳米复合材料中的释放效果，纳米复合材料通过在 230℃下热还原醋酸银制得，形成的纳米银粒子直径在 10～20nm。纳米复合材料中银离子的释放量在水提取液培养基中是零级反应过程，当纳米 Ag 的添加量为 0.06%（质量分数）时，释放率可以达到 $9.5×10^{-4}$mg/（L·cm²·d），所得含 Ag 材料可以在 24h 内杀死全部大肠杆菌。相反，如果在挤压过程中将 Ag 粉末直接加入到聚合物基材中，纳米复合材料中 Ag 的释放率会低于临界值，即使添加量高达 1.9%（质量分数）（Damm and others，2008）。Perkas 等（2007）采用一种新技术来制备 Ag-尼龙 6，将尼龙母料加入含有硝酸银、氨和乙二醇的溶液中用超声辐射处理来制备纳米粒子。粒径大小为 50～100nm 的 Ag 纳米晶体会沉积在尼龙材料的表面，这种 Ag-尼龙纳米复合材料可以作为产品的抗菌包装主体材料使用。

多项研究表明，经有机修饰的硅酸盐具有抗菌特性。Rhim 等（2006）证明，在硅酸盐层中的季铵盐基团通过破坏菌体细胞膜引起菌体细胞分解而产生抗菌作用。为了增强材料抗菌特性，Weickmann 等（2005）制备混合粒子，包括层状硅酸盐与中性银纳米粒子，并将钯和铜纳米粒子（14～40nm）固定在纳米片表面，含有银和铜的硅酸盐纳米粒子能有效抑制细菌生长（Weickmann and others，2005）。尽管有机黏土表面的抑菌作用对抗菌应用非常具有吸引力，但是由于材料的表面迁移作用限制了这些活性材料在食品直接接触材料中的应用。开发非迁移抗菌性有机黏土将会拓宽抗菌性纳米复合材料的应用。

可食性涂膜能够用于果蔬产品，通过降低脱水和抑制呼吸作用防止产品变质，提高质构并保持挥发性成分。可食性涂膜还是一种控制生物活性剂释放的理想载体。An 等（2008）采用涂膜技术与抗菌性纳米银粒子相结合控制微生物生长，来提高芦笋的货架期。为了把银纳米粒子掺入聚乙烯吡咯烷酮（PVP）涂膜聚合物，他们在聚合物基体溶液中加入 $NaBH_4$，之后加入 $AgNO_3$ 溶液。据报道，与对照组相比较，使用涂膜包装的芦笋样品失重率更低、颜色更绿、质地更嫩。银离子浓度为 0.06 mg/L（此浓度低于美国环保局所规定的饮用水中的最小值 0.1mg/L）的涂膜显著延缓了低温菌、酵母菌和霉菌的生长，样品菌落数量在 2℃ 和 10 ℃ 下贮藏 25 天后显著降低（大于 1log）（An et al.，2008）。另外一种具有潜力的技术是微胶囊技术，此技术把功能性成分（抗菌药物、益生元、酶、营养物、维生素）加入微加工水果可食性涂膜中。这种方法中，活性成分被包装在密封的纳米微胶囊中，在特定的启动条件下（如：pH、温度、照射和渗透压），微胶囊能够以可控制速度释放出适量的活性成分（Vargas and others，2008）。

## 13. 3　纳米 $TiO_2$ 活性包装/智能包装

关于活性及智能包装的概念在本书其他部分已经有详细介绍，在此处不再重复。纳米 $TiO_2$ 粒子具有多样独特的光催化特性，使其在活性及智能包装的应用中很有潜力，此部分对有关 $TiO_2$ 在食品包装中的应用进行综述性介绍。

$TiO_2$ 是一种普通白色素，被广泛应用于造纸、塑料、唇膏、牙膏和药片中。它主要有三种晶体结构，分别是：板钛型、锐钛型和金红石。在纳米范围内，$TiO_2$ 表现出不同寻常的特点并被应用于多种产品中，如：自清洁玻璃、空气和水纯化器、抗菌涂膜等。只有锐钛型和板钛型能在光催化过程中起作用。纳米 $TiO_2$ 光诱导反应是由吸收具有一定能量的光子引起（能量大于 3.2eV，＜388nm）。吸收光能后价带上的电子跃迁到导带上形成分离电荷，此过程的结果是在价带上留下一个空穴（图 13.11）。在此反应中，通常电子被传递到氧原子，该过程是光催化反应速率的决定步骤。价带上形成的空穴（$h^+$）有很强的氧化作用，它能够与吸收的水或者表面的羟基反应形成氢氧自由基。在相关的各种氧化还原反应中，空穴、•OH 自由基和 $O_2^-$ 都发挥了重要作用（Carp et al.，2004；Choi，2006）。

粒子大小直接影响催化剂的特殊面积，减少粒子大小可以增加表面活性位点数量以及表面电子载体的传递速度。Zhang 等（1998）报道称，纯的纳米粒子 $TiO_2$ 光催化剂的最佳粒径大小是 10nm 左右，这是由于粒子尺寸降低导致表面的电子（$e^-$）和空穴（$h^+$）的结合率增加造成的，而这也抵消了增加的比表面积效应。掺杂 $Fe^{3+}$ 及 $Nb^{5+}$ 等粒子已经被证明能够协助电子和空穴增强光催化反应（Zhang and others，1998）。

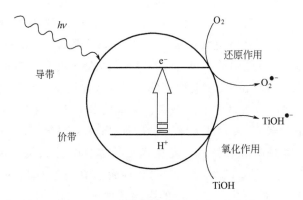

图 13.11  $TiO_2$ 完整光催化反应过程的示意图

引自 Carp et al. （2004）

### 13.3.1  可控活性氧指示剂

纳米 $TiO_2$ 的光催化特性在活性及智能包装中的应用已经被用于研究。在尝试建立监测包装泄漏的方法中，Lee 等（2005）研发了一种独特的氧气感应技术。该技术用纳米 $TiO_2$（紫外光感应器）与一种温和的还原剂结合，在紫外光照下控制亚甲基蓝指示剂的激活。此技术用纳米 $TiO_2$ 粒子（锐钛矿：金红石＝80：20，直径约 30 nm）光降解亚甲基蓝以羟乙基纤维素包囊介质中的三乙醇胺，此种包囊介质可以作为墨水用在纸上或作为塑料薄膜的载体。通过用 UV 光照射氧敏感墨水，亚甲基蓝将会被激活成一种无色氧敏感形态。一旦暴露于氧气，活性指示剂被氧化成蓝色，其变化强度与反应氧气的数量成比例。反应机理的概括总结见图 13.12。紫外光照射 $TiO_2$ 半导体产生电子-空穴对，这些空穴不可逆地快速氧化电子供体。光氧化产生的电子会还原对氧化敏感的亚甲基蓝至一种无色状态。一旦染料暴露于氧气，墨水被氧化至其原始颜色（Lee et al.，2005）。

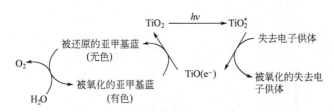

图 13.12　包括纳米 $TiO_2$ 粒子的紫外光激活氧感应器理论反应示意图

引自 Lee et al.（2005）

与没有一个反应起始点的控制机理的典型氧指示剂不同（如：用前必须贮藏在厌氧条件下），这种方法优越得多，因为指示剂在反应之前处于稳定状态。此方法同时提供一种更加一致的颜色反应解读，因为感应器在用前才能被激活。只要包装可使紫外光透过，密封包装中的指示剂可就地激活；只要还原反应剂仍有活性，指示剂可在紫外光照射后重复利用。此氧气指示剂可以应用于 MAP 使其具有能反映包装产品质量的智能型包装，例如，可用于显示包装已经被打开或者包装有泄漏。此检测过程可通过在氧气指示器上覆盖一系列不同厚度（见图 13.13）或者具有不同氧气渗透量的阻隔膜来实现。因此，指示器被较厚的或者高氧阻隔膜覆盖时，其变蓝的速度低于那些被较薄的且氧气透过率高的薄膜覆盖的指示器。此方法的独特优势是价格低廉、反应不可逆，使包装灵活而且可印刷。

如图 13.11 所示，光催化反应导致电子释放，释放出的电子通过还原吸附氧气产生超氧离子（$O_2^-$），生成的离子可以还原过氧化氢生成水。因此，光催化反应的一个结果是消耗分子氧。Xiao-e 等（2004）测定了 UV 照射对玻璃和塑料底物上镀膜 $TiO_2$ 晶体的光催化效果，在一个含有多种不同纳米 $TiO_2$/聚合物纳米复合粒子的密闭光电化学反应腔室中，获得良好脱氧效果。在有氧条件下，一级氧气还原反应的反应速率常数是 70 $s^{-1}$（Xiao-e and others，2004）。这项结果表明，$TiO_2$ 与光照相结合可以作为活性氧去除系统实现降低 MAP 包装中氧气的效果。

### 13.3.2　光催化降解去除乙烯

除了在氧气指示剂和去除剂中的潜在应用外，纳米 $TiO_2$ 也可以作为光催化

232

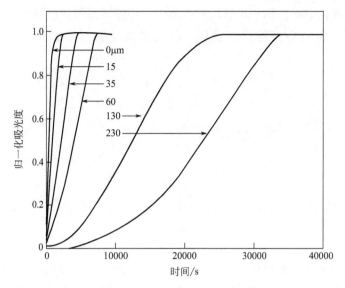

图 13.13　不同厚度聚合物（聚酯纤维）膜覆盖的 UV 活性氧指示器在 610nm 的标准化吸光度
图表在已发表 Lee et al.（2005）的原始数据上绘制

剂去除园艺产品包装中的乙烯。乙烯累积能够加速对乙烯敏感产品的变质并大大降低贮藏期。由于园艺产品通常在销售市场和超市的荧光灯照射下，利用光能可以激发 TiO₂ 发生光催化反应有效去除包装空隙中累积的乙烯气体。与受清除剂用量限制清除能力的传统乙烯清除剂不同，TiO₂ 催化剂的清除能力不受用量限制。基于此概念，Maneerat 和 Hayata（2008）测定了在聚丙烯表面的 TiO₂ 纳米粒子和微米粒子镀膜对园艺产品包装中乙烯气体的去除效果。镀膜过程包括 TiO₂ 粒子分散在有机溶剂混合物（甲基乙基酮、甲苯、异丙醇、醋酸乙酯）中形成 TiO₂ 胶体悬浮液，将所得悬浮液直接涂布在基体膜上并干燥成膜。结果显示，TiO₂ 涂膜能够有效光降解乙烯。与微米 TiO₂ 粒子相比，纳米 TiO₂（锐钛型，7nm）粒子为乙烯吸附和降解提供了所需的大表面积，可实现较高的紫外光吸收作用（如图 13.14 所示）。TiO₂ 镀膜有效减少了番茄包装空隙中的乙烯含量（图 13.15），当包装暴露于 25℃黑光灯（紫外光）下时，包装内的乙烯含量减少了 88%，而当暴露在 5℃荧光灯下时乙烯减少量为 76%。据报道，暴露在紫外光下并未引起番茄成熟时显现异常症状（Maneerat and others，2003）。

上述研究表明，使用纳米 TiO₂ 镀膜包装材料作为园艺产品包装中的乙烯清除剂是可行的。随着光能在延长产品货架期的应用中呈现出可行性，关于使用后产生的潜在危险还需要深入研究，例如紫外光频率与可用强度的效果、阴影作用的影响以及对紫外线敏感食品成分的影响。TiO₂ 光催化反应对减少果蔬后熟保

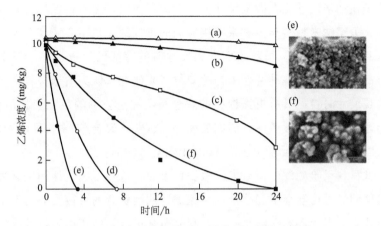

图 13.14　各种来源的聚丙烯膜对乙烯的光降解

（a）未涂膜；（b）0.1％纳米 TiO₂ 涂膜；（c）1％纳米 TiO₂ 涂膜；（d）5％ 纳米 TiO₂ 涂膜；

（e）10％纳米 TiO₂ 涂膜；（f）10％微米 TiO₂ 涂膜

图表在 Maneerat 和 Hayata（2008）已发表的原始数据基础上绘制

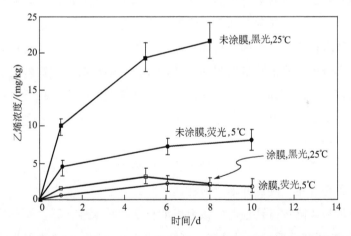

图 13.15　黑光灯照射下未涂膜和 TiO₂ 涂膜番茄在 25 ℃及 5℃贮藏过程中包装内乙烯含量变化

图表在 Maneerat 和 Hayata（2008）已发表的原始数据上绘制

藏时环境中乙烯、乙醛和乙醇的累积或许有重要作用（Maneerat and Hayata，2006b）。

## 13. 4　纳米材料在食品包装中的可接受度和安全问题

　　尽管用纳米材料处理可以增强包装效果，但是关于其安全性的问题也备受关注，特别是关于包装材料中纳米成分是否会迁移到食品中以及迁移成分的安全问题。因粒子在纳米尺寸比在微米尺寸的比表面积更大，纳米材料具有更高的生物活性。因此关于纳米材料与生物系统接触面的毒性的评估不会像其在大尺寸材料中一样（Taylor，2008）。虽然它们在大尺寸时的特征已经很清楚，但是每一种纳米材料都应该看作是一种特性未知的新材料来研究。认为纳米材料全部比其微米以及宏观尺寸时粒子具有更强毒性的观念是不完全正确的。除了粒子大小外，材料的物理性质还应该被考虑，例如表面特征、粒子聚合/解聚特征、合成方法、粒子形状以及表面带电性等（Tsuji and others，2006）。

对纳米材料风险的评估没有多少数据可参照，这些不确定性和缺乏关于风险和益处清楚的讨论可能会引起公众产生顾虑。从消费者的可接受的角度来说，他们适应新技术的观念和意愿将是一个在食品包装中成功使用纳米技术的重要决定性因素。在瑞士最近的调查报告中显示，纳米技术应用于包装中被认为比直接应用于食品中产生的问题要少（Siegrist and others，2008）。此外，这项研究推断，若在增强健康的产品中使用纳米技术，其风险等级会被认为最高，但是用纳米技术提高产品安全性被认为效益最高。对天然产品的保护和信任是影响食品及包装中所用纳米技术的所谓风险和效益的重要因素（Siegrista and others，2007）。因此，对基于纳米技术的新产品进行介绍需要谨慎，在此过程中通过食品产业进行公众教育是必需的。除消费者的观念之外，文化影响也会左右纳米技术产品在不同市场中的接受度。例如，瑞士人民对新技术持怀疑的态度，相反，中国人对食品纳米技术似乎更能接受（Siegrist et al.，2008）。对基于纳米技术的食品包装的法规在科学和法律上很复杂，因此，除了考虑消费者对纳米技术产品的喜好、可接受度以及需求外，公司在开发纳米技术包装时还需要与政府机构进行紧密合作，确保产品符合相关规定并面对潜在的风险。

对纳米材料风险进行评估时应该考虑的科学和技术性问题主要包括化学风险（鉴定材料的特征和性质、材料纯度、迁移性）、毒理学风险（当前暴露性、毒理学资料；使用纳米材料的宏观尺寸颗粒的风险）和环境风险（分析方法的精确度、环境灾害、对植物和动物种类的影响）。根据科学知识的现状和案例评价的要求，要建立更广泛的监管标准，需要大量的投资和创新。

## 13.5　结论

由于食品生产者一直在努力寻求提高产品质量、安全性和销售量，需要对包装系统不断地改进使其对消费者更具吸引力。人们对于环境和资源保护意识的增加，也会对开发基于可持续性生物材料的高性能包装材料提出要求。纳米技术被认为对解决这些问题能发挥非常重要的作用。当纳米包装的益处得到肯定，更多关于明确纳米尺寸材料潜在的风险问题的合作研究项目会在企业、政府和学术界之间进行。纳米技术被期望会有重要进展的领域包括：①增加包装材料的机械和阻隔性能，特别是源自生物废弃物的材料；②提高包装智能性，例如通过包埋纳米尺寸感应器来检测腐败菌，或启动一种可见反应来警告消费者产品已变质；③研发提供产品营养状态信息的纳米感应器；④开发能够释放所需保护物质的活性包装，特别是在贮藏条件没有好的控制时；⑤延缓微生物繁殖来保证食品安全的纳米结构膜。

参考文献 ............................................................................................

An J, et al. 2008. Physical, chemical and microbiological changes in stored green asparagus spears as affected by coating of silver nanoparticles-PVP. Lebensm-Wiss Technol 41:1100–1107.

Anonymous. 2005. Automotive and packaging offer growth opportunities for nanocomposites. Plast Addit Compd 11/12:18–21.

ASTM. 2004. D6400-04 Standard specification for compostable Plastics. In: Annual Book of ASTM Standards Philadelphia, Pa.: American Society for Testing and Materials.

Auras R, Harte B, and Selke S. 2004. An overview of polylactides as packaging materials. Macromol Biosci 4:835–864.

Bartels J, et al. 2008. Intercalated Clays from Pentaerythritol Stearate for Use in Polymer Nanocomposites. J Appl Polym Sci 108:1908–1916.

Bharadwaj RK, et al. 2002. Structure-property relationships in cross-linked polyester-clay nanocomposites. Polymer 43:3699–3705.

Bucci DZ, Tavares LBB, and Sell I. 2005. PHB packaging for the storage of food products. Polym Test 24:564–771.

Carp O, Huisman CL, and Reller A. 2004. Photoinduced reactivity of titanium dioxide. Prog Solid State Chem 32:33–177.

Cerrada ML, et al. 2008. Self-sterilized EVOH-TiO$_2$ nanocomposites: interface effects on biocidal properties. Adv Funct Mater 18:1949–1960.

Chang J-H, An YU, and Sur GS. 2003. Poly(lactic acid) nanocomposites with various organoclays. I. thermomechanical properties, morphology, and gas permeability. J Polym Sci, Part B: Polym Phys 41:94–103.

Chavarria F and Paul DR. 2004. Comparison of nanocomposites based on nylon 6 and nylon 66. Polymer 45:8501–8515.

Chen GX, et al. 2004. Crystallization kinetics of poly(3-hydroxybutyrate-co-3-hydroxyvalerate)/clay nanocomposites. J Appl Polym Sci 93:655–661.

Chen G-X, et al. 2005. Controlled functionalization of multiwalled carbon nanotubes with various molecular-weight poly(L-lactic acid). J Phys Chem B 109:22237–22243.

Chen P and Zhang L. 2006. Interaction and properties of highly exfoliated soy protein/montmorillonite nanocomposites. Biomacromolecules 7:1700–1706.

Chiou B-S, et al. 2005. Rheology of starch-clay nanocomposites. Carbohydr Polym 59:467–475.

Chiou B-S, et al. 2006. Effects of processing conditions on nanoclay dispersion in starch-clay nanocomposites. Cereal Chem 83:300–05.

Cho JW and Paul DR. 2001. Nylon 6 nanocomposites by melt compounding. Polymer 42:1083–1094.

Choi W. 2006. Pure and modified TiO$_2$ photocatalysts and their environmental applications. Catal Surv Asia 10(1):16–28.

Damm C, Munstedt H, and Rosch A. 2008. The antimicrobial efficacy of polyamide 6/silver-nano- and microcomposites. Mater Chem Phys 108:61–66.

Del Nobile MA, et al. 2004. Effect of Ag-containing nano-composite active packaging system on survival of Alicyclobacillus acidoterrestris. J Food Sci 69(8):E379–E383.

Dennis HR, et al. 2001. Effect of melt processing conditions on the extent of exfoliation in organoclay-based nanocomposites. Polymer 42:9513–22.

Ellis TS and D'Angelo JS. 2003. Thermal and mechanical properties of a polypropylene nanocomposite. J Appl Polym Sci 90:1639–1647.

Fredrickson GH and Bicerano J. 1999. Barrier properties of oriented disk composites. J Chem Phys 110(4):2181–2188.

Garlotta D. 2001. A literature review of poly(lactic acid). J Polym Environ 9(2):63–84.

Gennadios A. 2002. Protein-Based Films and Coatings. Boca Raton, Fla.: CRC Press.

Hiroi R, et al. 2004. Organically modified layered titanate—a new nanofiller to improve the performance of biodegradable polylactide. Macromol Rapid Commun 25:1359–1364.

Huang M and Yu J. 2006. Structure and properties of thermoplastic corn starch-montmorillonite biodegradable composites. J Appl Polym Sci 99:170–176.

Jones R. 2004. The future of nanotechnology. Phys World 8:25–29.

Kale G, Auras R, and Singh SP. 2006. Comparison of the degradability of poly(lactide) packages in composting and ambient exposure conditions. Packag Technol Sci 20:49–70.

Khanna S and Srivastava AK. 2005. Recent advances in microbial polyhydroxyalkanoates. Process Biochem 40:607–619.

Kim H-W, Lee H-H, and Knowles JC. 2006. Electrospinning biomedical nanocomposite fibers of hydroxyapatite/poly(lactic acid) for bone regeneration. J Biomed Mater Res 79A:643–649.

Krishnamoorti R and Giannelis EP. 1997. Rheology of end-tethered polymer layered silicate nanocomposites. Macromolecules 30:4097–4102.

Krochta JM. 2002. Proteins as raw materials for films and coatings: definitions, current status and opportunity. In: Gennadios A editor. Protein-Based Films and Coatings. Boca Raton, Fla.: CRC Press, pp. 1–42.

Kuan C-F, et al. 2007. Mechanical, electrical and thermal properties of MWCNT/poly(lactic acid) composites. In: ANTEC 2007, Cincinnati, Ohio. Conference Proceedings. Newtown, Conn.: Society of Plastics Engineers, pp. 2250–2254.

Lee S-K, Sheridan M, and Mills A. 2005. Novel UV-activated colorimetric oxygen indicator. Chem Mater 17:2744–2751.

Lee S-R, et al. 2002. Microstructure, tensile properties, and biodegradability of aliphatic polyester/clay nanocomposites. Polymer 43:2495–2500.

Li J and Ton-That M-T. 2006. PP-based nanocomposites with various intercalant types and intercalant coverages. Polym Eng Sci 46:1060–1068.

Lim L-T. 2008. Advances in biodegradable packaging for foods. Int Rev Food Sci Technol 1:76–79.

Lim L-T, Mine Y, and Tung MA. 1998. Transglutaminase cross-linked egg white protein films: tensile properties and oxygen permeability. J Agric Food Chem 46:4022–4029.

Lim L-T, Mine Y, and Tung MA. 1999. Barrier and tensile properties of transglutaminase cross-linked gelatin films as affected by relative humidity, temperature and glycerol content. J Food Sci 64(4):616–622.

Lim L-T, Auras R, and Rubino M. 2008. Processing technologies for poly(lactic acid). Prog Polym Sci 33:820–852.

Lim ST, et al. 2003. Preparation and characterization of microbial biodegradable poly(3-hydroxybutyrate)/organoclay nanocomposite. J Mater Sci Lett 22:299–302.

Liu L, Qi Z, and Zhu X. 1999. Studies on nylon 6/clay nanocomposites by melt-intercalation process. J Appl Polym Sci 71:1133–1138.

Ma J, Qi Z, and Hu Y. 2001. Synthesis and characterization of polypropylene/clay nanocomposites. J Appl Polym Sci 82:3611–3617.

Maiti P, Batt CA, and Giannelis P. 2007. New biodegradable polyhydroxybutyrate-layered silicate nanocomposites. Biomacromolecules 8:3393–3400.

Maneerat C and Hayata Y. 2006a. Antifungal activity of $TiO_2$ photocatalysis against Penicillium expansum in vitro and in fruit tests. Int J Microbiol 107:99–103.

Maneerat C and Hayata Y. 2006b. Efficiency of TiO2 photocatalytic reaction on delay of fruit ripening and removal of off-flavors from the fruit storage atmosphere. Trans ASABE 49(3):833–837.

Maneerat C and Hayata Y. 2008. Gas-phase photocatalytic oxidation of ethylene with TiO2-coated packaging film for horticultural products. Trans ASABE 51(1):163–168.

Maneerat C, et al. 2003. Photocatalytic reaction of TiO2 to decompose ethylene in fruit and vegetable storage. Trans ASAE 46(3):725–730.

Messersmith PB and Giannelis EP. 1994. Synthesis and characterization of layered silicate-epoxy nanocomposites. Chem Mater 6:1719–1725.

Mohanpuria P, Rana NK, and Yadav SK. 2008. Biosynthesis of nanoparticles—technological concepts and future applications. J Nanopart Res 10:507–517.

Nielsen LE. 1967. Models for the permeability of filled polymer systems. J Macromol Sci, Chem A1(5):929–942.

Nishida H, et al. 2005. Feedstock recycling of flame-resisting poly(lactic acid)/aluminum hydroxide composite to L,L-lactide. Ind Eng Chem Res 44:1433–1437.

Ogata N, et al. 1997. Structure and thermal/mechanical properties of poly(L-lactide)-clay blend. J Polymer Sci, Part B: Polym Phys 35:389–396.

Okamoto M. 2005. Biodegradable polymer/layered silicate nanocomposites: a review. In: Mallapragada S and Narasimhan B, editors. Handbook of Biodegradable Polymeric Materials and Their Applications. Valencia, Calif.: American Scientific Publishers, pp. 1–45.

Olabarrieta I, et al. 2006. Properties of aged montmorillonite-wheat gluten composite films. J Agric Food Chem 54:1283–1288.

Pandey JK, et al. 2005. An overview on the degradability of polymer nanocomposites. Polym Degrad Stab 88:234–250.

Park H-M, et al. 2002. Preparation and properties of biodegradable thermoplastic starch/clay hybrids. Macromol Mater Eng 287:553–558.

Park H-M, et al. 2003. Environmentally friendly polymer hybrids—Part I Mechanical, thermal, and barrier properties of thermoplastic starch/clay nanocomposites. J Mater Sci 38:909–915.

Perkas N, et al. 2007. Ultrasound-assisted coating of nylon 6,6 with silver nanoparticles and Its antibacterial activity. J Appl Polym Sci 104:1423–1430.

Qiao X, Jiang W, and Sun K. 2005. Reinforced thermoplastic acetylated starch with layered silicates. Starch 57:581–586.

Ray SS and Bousmina M. 2005. Biodegradable polymers and their layered silicate nanocomposites: In greening the 21st century materials world. Prog Mater Sci 50:962–1079.

Ray SS and Okamoto M. 2003. Polymer/layered silicate nanocomposites: a review from preparation to processing. Prog Mater Sci 28:1539–1641.

Ray SS, et al. 2002. Polylactide-layered silicate nanocomposite—a novel biodegradable material. Nano Lett 2(10):1093–1096.

Ray SS, et al. 2003. New polylactide/layered silicate nanocomposites. 3. High-performance biodegradable materials. Chem Mater 15:1456–1465.

Reddy CSK, et al. 2003. Polyhydroxyalkanoates—an overview. Bioresour Technol 87:137–146.

Rhim J-W, et al. 2006. Preparation and characterization of chitosan-based nanocomposite films with antimicrobial activity. J Agric Food Chem 54:5814–5822.

Rhim J-W and Ng PKW. 2007. Natural biopolymer-based nanocomposite films for packaging applications. Crit Rev Food Sci Nutr 47:411–433.

Sanchez-Garcia MD, Gimenez E, and Lagaron JM. 2008. Morphology and barrier properties of nanobiocomposites of poly(3-hydroxybutyrate) and layered silicates. J Appl Polym Sci 108:2787–2801.

Schut JH. 2008. What's ahead for "green" plastics. Plast Technol Feb: 64–89.

Siegrist M, et al. 2008. Perceived risks and perceived benefits of different nanotechnology foods and nanotechnoogy food packaging. Appetite 51:283–290.

Siegrista M, et al. 2007. Public acceptance of nanotechnology foods and food packaging: The influence of affect and trust. Appetite 49:459–466.

Singh S and Ray SS. 2007. Polylactide based nanostructured biomaterials and their applications. J Nanosci Nanotechnol 7:2596–2615.

Sinha Ray S and Okamoto M. 2003. New polylactide/layered silicate nanocomposites, 6a melt rheology and foam processing. Macromol Mater Eng 288(12):936–944.

Taylor MR. 2008. Assuring the safety of nanomaterials in food packaging—The regulatory process and key isues. Washington, D.C.: Woodrow Wilson International Center for Scholars.

Tsuji JS, et al. 2006. Research Strategies for Safety Evaluation of Nanomaterials, Part IV: Risk Assessment of Nanoparticles. Toxicol Sci 89(1):42–50.

Tunc S, et al. 2007. Functional properties of wheat gluten/montmorillonite nanocomposite films processed by casting. J Membr Sci 289:159–168.

Uskokovic V. 2007. Nanotechnologies: What we do not know. Technol Soc 29:43–61.

Usuki A, et al. 1993. Synthesis of nylon 6-clay hybrid. J Mater Res 8(5):1179–1184.

Usuki A, Hasegawa N, and Kato M. 2005. Polymer-clay nanocomposites. Adv Polym Sci 179:135–195.

Uyanik N, et al. 2006. Epoxy nanocomposites curing by microwaves. Polym Eng Sci 46:1104–1110.

Vargas M, et al. 2008. Recent advances in edible coatings for fresh and minimally processed fruits. Crit Rev Food Sci Nutr 48:496–511.

Wang Y, et al. 2006. Study on mechanical properties, thermal stability and crystallization behavior of PET/MMT nanocomposites. Composites, Part B 37:399–407.

Warad HC and Dutta J. 2005. Nanotechnology for agriculture and food systems—a review. In: Proceedings of the Second International Conference on Innovations in Food Processing Technology and Engineering, Bangkok, Jan 11–13, 2005. Pathumthani, Thailand: Asian Institute of Technology.

Weickmann H, et al. 2005. Aqueous nanohybrid dispersions, nanohybrid catalysts and antimicrobial polymer hybrid nanocomposistes. Macromol Mater Eng 290:875–883.

Xiao-e L, et al. 2004. Light-driven oxygen scavenging by titania/polymer nanocomposite films. J Photochem Photobiol, A: Chem 162:253–259.

Xie W, et al. 2001. Thermal degradation chemistry of alkyl quaternary ammonium montmorillonite. Chem Mater 13:2979–2990.

Xu R, et al. 2001. New biomedical poly(urethane urea)-layered silicate nanocomposite. Macromolecules 34:337–339.

Xu SW, et al. 2006. Interaction of functional groups of gelatin and montmorillonite in nanocomposite. J Appl Polym Sci 101:1556–1561.

Yew S-P, Tang H-Y, and Sudesh K. 2006. Photocatalytic activity and biodegradation of polyhydroxybutyrate films containing titanium dioxide. Polym Degrad Stab 91:1800–1807.

Yu L, Dean K, and Li L. 2006. Polymer blends and composites from renewable resources. Prog Polym Sci 31:576–602.

Zeng QH, et al. 2005. Clay-based polymer nanocomposites—research and commercial development. J Nanosci Nanotechn 5:1574–1592.

Zhang Z, et al. 1998. Role of particle size in nanocrystalline $TiO_2$-based photocatalysts. J Phys Chem B 102:10871–10878.

Zhao R, Torley P, and Halley PJ. 2008. Emerging biodegradable materials—starch and protein-based bio-nanocomposites. J Mater Sci 43:3058–3071.

Zheng JP, et al. 2002. Gelatin-montmorillonite hybrid nanocomposite—1. preparation and properties. J Appl Polym Sci 86:1189–1194.

# 第 ⑭ 章
# 鲜切果蔬的活性包装

*作者*：G. F. Mehyar、J. H. Han
*译者*：黄明明、刘桂超、王佳媚

## 14. 1 引言

鲜切果蔬又称初加工果蔬，它是指以新鲜果蔬为原料，经去皮、切分、清洗等一系列处理后的产品。鲜切果蔬保留果蔬的新鲜度、新陈代谢及其他生理活性，包括成熟和衰老（FDA，2007）。它们不经过加热即可食用。新鲜果蔬经过切分等处理后保质期变短，即便在最适温度和湿度贮藏环境下，通常只有1～3天，不如未经处理的新鲜果蔬保质期长（Allende et al.，2006；Abadias et al.，2008；Galindo et al.，2004）。鲜切果蔬由于表皮等组织经过机械破坏，使内部组织暴露，更容易受物理和微生物等的再次破坏，从而引起新陈代谢改变，导致货架期缩短，营养价值流失和有害成分形成（Artés et al.，2007；Galino et al.，2007）。鲜切果蔬虽然可以通过使用商业灭菌、紫外灯照射、瞬时高温、臭氧、化学处理和包装等方法延长货架期，但是也会带来其他问题，例如降低了消费者对产品的满意度、引起新鲜程度以及感官品质下降和营养价值的流失（Chonhenchob et al.，2007；Erturk and Picha，2008；González-Aguilar et al.，2008）。因而活性包装的出现和使用可能是保持鲜切果蔬品质的一个有效方式。

首先，活性包装拥有传统包装特性，如：对水分和气体的隔绝作用；防止产品受外界污染；方便食品处理和识别（Ahvenainen，1996；Ozdemir and Floros，2004）。此外，活性包装还具有其他功能，例如：抗菌、抗氧化以及可以对产品进行溯源检查，从而进一步改善产品品质。

随着人们对食品品质、新鲜程度、快捷方便等要求的增加，鲜切果蔬的需要也随之增加。传统的塑料包装不能很好地控制鲜切果蔬因新陈代谢造成的品质变化，而活性包装却可以很好地弥补这一缺陷（Ozdemir and Floros，2004），从而引起了科学研究界对活性包装领域的研究热潮。活性包装技术从发明之初到如今，已有很大的发展，各色活性材料相继被开发出来，如：除氧剂、二氧化碳吸收剂、除湿剂、乙烯吸收剂、抗菌物释放剂、时间-温度积分仪、气体与挥发性成分指示器以及无线频率指示器等（Han and Floros，2007）。

## 14.2 鲜切果蔬加工过程中生理活性变化

果蔬因其品种的不同，成熟状态也有很大的差异。处于最佳成熟状态的果蔬其糖分含量、硬度、香气和色泽等为最上等，因而如何保持果蔬在销售期间处于最佳状态是关键问题。在水果成熟时，由于新陈代谢作用，水果中的有机酸和淀粉降解成小分子，使 pH 上升（Galindo et al.，2007）；可溶性固形物、干物质、蛋白质、含氮物和还原糖等也有所增加。成熟期挥发性芳香物质和酚类的生成引起果蔬品味和颜色变化（Chaib et al.，2007；Coolong et al.，2008）。果胶的降解使细胞不再丰盈，导致水果硬度下降，果皮变软，这些感官特性和质构的变化使水果变得更加可口美味（Ng et al.，1998）。但是如果控制不当，就会造成水果过度成熟，过度成熟导致水果组织软化和色素降解，而且还原糖为致病菌和腐败菌的生长提供适宜环境，这些因素都会影响水果品质（Poole and Gray，2002）。而蔬菜的成熟与水果有所不同，蔬菜随着成熟程度的提高，组织变硬、色素沉积，从而使蔬菜更加诱人（Toivonen and Brummell，2008）。但是蔬菜的过度成熟会导致细胞壁变厚，细胞黏附性增强，从而使蔬菜变老，同时风味变差、颜色变黄，消费者的接受程度下降（Toivonen and Brummell，2008）。

新鲜果蔬经切割等机械作用后，其外观、结构和新鲜程度均有不同程度的下降。不同种类的果蔬据其本身特点加工处理方式有所不同，因而由机械作用引发的问题也不相同，如：苹果表面的褐变、多叶植物中叶绿素的降解、胡萝卜的白变等（Toivonen and Brummell，2008）。在切割过程中，细胞的完整性有所破坏，结构的破坏使本不在同一细胞器的物质相互作用，例如酶与潜在底物的反应。这些反应的速率取决于加工类型和程度（Iqbal et al.，2008；Park et al.，1998）。新鲜果蔬经过切分处理后，呼吸作用是完整果蔬的 3～25 倍，同时乙烯的产量和蒸腾作用也有所增加（Ahvenainen，1996）。

在现实中，有很多因素可以影响水果最佳成熟期的货架期。其中，贮藏环境、包装形式、加工方式是决定性的因素。包装可以阻碍产品与大气中氧气的接触，从而减缓呼吸和蒸腾作用以及新陈代谢速率，进而控制食品质量（Abbas and Ibrahim，1996）。研究发现，气调包装可以有效地延长水果最佳货架期，在 10℃条件下可将最佳货架期延长至 4 周，在 15℃条件下延长至 3 周，而在相同环境下，非气调包装的水果的最佳货架期仅为 1 周（Mohamed et al.，1996）。1999 年，Sozzi 研究发现，番茄贮藏环境为低氧气含量 3%或者高二氧化碳含量 20%时，乙烯产量显著减少，产品硬度和色泽得到良好保持，细胞壁酶的活性被减弱（Sozzi et al.，1999）。

## 14.3　鲜切果蔬的包装需求

活性和智能包装使用的先决条件是对症下药，即只有知道产品变质的主因后，才能设计出具有针对性的活性智能包装。例如：当贮藏环境有利于霉菌生长时，那么活性包装中可以通过添加除氧剂或抗菌剂来抑制霉菌的生长，达到控制食品品质的需求（Jong and Jongbloed，2004）。引起食品变质的因素可以分为两类。第一是内因：pH、营养成分、氧气残留量、种类和成熟度；第二是外因：贮藏温度、处理手段、压力、有效氧量（Chakraverty，2001）。活性包装通过控制这些因素，从而达到对产品的保鲜保质。通过研究典型案例发现，贮藏条件下引发产品变质的主因才是发展和选取适当的活性包装的关键。

贮藏环境中的气体组分是影响新陈代谢的关键因素，因而，可以通过对气体组分的调控，来达到对产品品质的保障。由于产品种类不同，属性不同，贮藏温度不同，贮藏时间不同，每种果蔬的贮藏都有其最佳气体组成比率（Argenta et al.，2004）。在产品贮藏时，贮藏环境中的气体组分还会随着贮藏时间和贮藏温度的不同而发生变化，这是由于产品本身的呼吸作用产生二氧化碳、乙烯等气体，因此在包装选取上，应用高透气或含有气体吸收剂的材料。传统新鲜水果和蔬菜的气调包装所用气体中，含有 2%～5%二氧化碳和 2%～5%氧气，但是鲜切果蔬的呼吸作用更为旺盛，可能需要更大浓度的二氧化碳和氧气（Mohamed et al.，1996）。Chonchenchob 等（2007）研究发现，当贮藏温度为 10℃，气调包装中氧气浓度和二氧化碳浓度在平衡时分别为 6%和 14%时，鲜切凤梨的货架期可延长 7 天。Ayhan 等（2008）发现，在高浓度氧气下（80%氧气和 20%二氧化碳）贮藏的轻加工胡萝卜品质比低氧浓度（0～5%）贮藏时高。但是一般塑料薄膜因渗透性无法满足对包装内高浓度气体的要求，厌氧呼吸作用将发生（Ahvenainen，1996）。Avell 等研究出一种新型纳米复合包装材料，通过阻碍氧化和抑制微生物增长，使鲜切苹果在 4℃条件下货架期延长到 10 天（Avell et al.，2007）。当材料的氧气渗透性不是最佳时，可以调节初始氧气浓度来达到相同的目的，Kim 等在 2005 年研究发现，通过调节鲜切莴笋包装内初始氧浓度可达到延长货架期和保持其食用品质的目的（Kim et al.，2005）。

可食用涂膜包装阻碍鲜切水果与大气中水分和气体的交换（Park，1998），从而对鲜切果蔬的外观、质构、气味和营养价值都起到良好的保护作用（Daniel and Zhao，2007；Olivas et al.，2003；Vargas et al.，2008；Shon and Haque，2007；Dang et al.，2008）。可食用涂膜还通过阻止好氧微生物接触氧气，以抑制水果的表面变质（Park et al.，1998）；用于水果可食用涂膜包装材料可以由蛋白质（酪钙蛋白、乳清分离蛋白）、多糖（淀粉、纤维素、羟甲基纤维素钠、藻朊酸纤维）和脂肪（短链脂肪酸、人工蜡和天然蜡）组成（Conforti and Totty，2007；Olivas et al.，2007）。与昂贵的蛋白质涂膜相比，多聚糖涂膜材料是被研究最多的，其价格低廉、是低过敏源、可携有各种各样的功能组分，其物理性质可与价格昂贵的蛋白质涂膜材料相媲美（Hernández-Muñoz et al.，2006）。Mehyar 和 Han（2004）通过改性豌豆淀粉制作出和蛋白质涂膜材料类似阻湿性和较好隔气性的材料。

## 14.4 鲜切果蔬的活性包装

除了和传统包装一样可保持鲜切果蔬的食用品质和食用安全性外，活性包装还有其他功用，可利用材料内或包装内含有的活性成分来达到防止食品变质反应（Rooney，2005；Day，2008；Ozdemir and Floros，2004）。智能包装使用感应器测定包装内部食品或环境状态，从而获知包装的食品质量或安全性（Rodrigues and Han，2003；Day，2008）。如前所述，每一类食物有其特有的致腐机制，为了保证不同品种的鲜切果蔬在货架期内的质量与安全，活性和智能包装需根据致腐机制不同而做不同的调整，从而满足厂家和消费者的要求。表 14.1 列出一些已用或可用于鲜切果蔬的活性和智能包装。

表 14.1　可用于鲜切果蔬的商业活性和智能包装材料

（内容取自 Day，2008；Lopez-Rubio et al.，2008 和 Smolander，2008）

| 包装系统 | 商业名称 | 活性机理 | 制造商 | 包装形式 |
|---|---|---|---|---|
| 除氧剂 | Ageless | 铁氧化 | Mitsubishi Gas Chemical Co. Ltd. | 带标签的小袋 |
| | Freshlizer | 铁氧化 | Toppan Printing Co. Ltd. | 小袋 |
| | Oxygauard | 铁氧化 | Toyo Seikan Kaisha Ltd. | 塑料托盘 |
| | Zero$_2$ | 染料/有机成分 | Food Science Australia | 塑料薄膜和塑料盒 |
| 乙烯清除剂 | — | 高锰酸钾 | Air Repair Products,Inc. | 小袋/垫子 |
| | Neupalon | 活性炭 | Sekisui Jushi Ltd. | 小袋 |
| | Ever-Fresh | 沸石 | Evert-Fresh Corporation | 塑料薄膜 |
| | Bio-fresh | 沸石/黏土 | Grafit Plastics | 塑料薄膜 |
| 除湿剂 | Toppan Sheet | 未知 | Toppan Printing Co. | 吸湿片 |
| | Thermarite | 未知 | Thermarite Pty Ltd. | 吸湿片 |
| 温度-时间指示器 | ChechPoint | 酶反应 | VITS A. B. | 附着性标签 |
| | eO | 微生物的生长 | CRYOLOG | 附着性标签 |
| | TT Sensor | 极性物质的扩散 | Avery Dennisson Corp. | 附着性标签 |
| 气体和挥发性成分指示器 | It's Fresh | 化学反应 | It's Fresh Inc. | 指示标签 |
| | Freshness Guard | 酶指示剂 | UPM Raflatac | 生化传感器或试条 |
| 微生物生长 | Toxin Gu rad | 免疫化学 | Toxin Alert Inc | 指示标签 |

### 14.4.1 活性包装

目前大部分鲜切果蔬活性包装使用所谓香包（Sachet）技术。在香包技术中，一个含有活性成分的小袋子被放入食品包装中。小袋的包装材料通常对气体有很好的通透性，但对袋内部的活性成分通透性很差。因为小袋的存在会引起误食等事故，所以对此种包装方式的接受度不算满意（Ozdemir and Floros，2004）。鲜切果蔬具有较高的水分含量和蒸腾作用，从而可以导致香包中的亲水活性成分溶解，而这部分亲水成分往往具有毒性。因而，活性薄膜或盒子更适合于鲜切果蔬包装（Day，2008）。这种活性塑料转换技术比起香包还具有其他优势，例如减小了包装尺寸、通过与食品接触提高活性因子的工作效率、易于包装加工、价格低廉和方便等（López-Rubio et al.，2004；Han and Floros，2007）。

尽管活性包装薄膜和涂层很方便，但是其商业应用需注意以下几点（López-Rubio et al.，2004；Han and Floros，2007）：

① 其活性组分可能会改变聚合材料的性质，像阻隔效果（水分和空气的通透性）和物理特性（拉伸力和延展性）。

② 当活性组分与食品接触或有残留时，可能对人体健康有危害。

③ 活性组分解吸动力学会因其塑料透性、产品类型和贮藏环境的不同而变化。

④ 活性成分在商业化应用前需有质监部门许可。

⑤ 不能因为使用了新包装或者对新供应链的投入而使消费者不知所措。

#### 14.4.1.1 除氧剂

包装中氧气浓度过高，会加速具有高呼吸作用的农产品质量及安全的衰变和乙烯的合成；同时过高氧气的存在会促进鲜切农产品中的营养成分，如维生素以及色素（通过酶催化或无酶参与的褐色反应）、风味物质和酯质的氧化以及微生物的生长。例如：鲜切马铃薯、苹果、香蕉和桃子，加工过程增加其氧化还原势，促进产生促使色素氧化的活性氧成分，如过氧化物和超氧歧化物（Sanjeev and Ramesh，2006）。适度地控制氧气浓度可阻止由氧气造成的农产品质量蜕变，如异味形成、颜色变化、营养流失和保证食品安全（Sanjeev and Ramesh，2006）。在低氧气浓度下，呼吸作用和乙烯形成速率下降，从而延长了产品货架期（Sanjeev and Ramesh，2006），因此，适度地控制氧气浓度成为延长货架期的重要手段（Gorny et al.，2002；Oms-Oliu et al.，2008b）。活性包装中的除氧剂可以清除密闭包装中的残留氧气、植物生理作用产生的氧气以及因材料通透性进入的氧气。

包装内的氧气浓度取决于产品的呼吸作用和包装材料通透性的平衡（Lam-

244

mertyn et al.，2001），因此，仅仅向包装中充入低浓度氧气并不足以保证包装中具低浓度氧气（López-Rubio et al.，2008；Sanjeev and Ramesh，2006）。好氧微生物（假单胞菌、曲霉菌属、青霉菌属等）和兼性厌氧微生物（肠杆菌属）能够在低氧（1%～2%）、高二氧化碳的环境中生长（Bennik et al.，1998）。因此除氧剂可以作为附加保护作用措施，与 MAP 和真空包装联合使用于鲜切果蔬的包装中（Sanjeev and Ramesh，2006）。

在图 14.1 中列举了一种多层结构的除氧包装系统。它的除氧层对氧有足够的透性去吸收袋内的氧气。系统的内层通透性高，但可以阻止除氧剂自身向食品内迁移，外层不可以透氧，这样就可以阻止大气中的氧气接触到除氧层（Ozdemir and Floros，2004）。但在实际生产中，还要考虑其他诸多问题，对一个具有特定呼吸速率的产品当除氧剂的除氧速率大于包装的透氧速率时，会造成无氧环境。因此在选择合适的除氧剂时，对 MAP 储藏时靶向氧浓度数据模型需要因产品而异（Charles et al.，2003）。

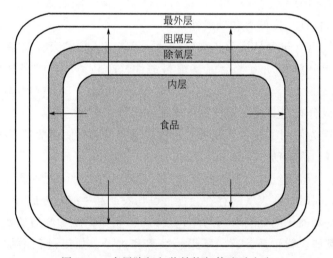

图 14.1　多层除氧包装结构气体流动方向

多数可商用除氧剂的机理是利用铁与氧气反应的原理，这种金属除氧剂可以将包装内的氧浓度控制在低于 100mg/kg（Sanjeev and Ramesh，2006）。非金属除氧剂，如抗坏血酸、抗坏血酸盐、儿茶酚、谷胱甘肽、酶（葡萄糖氧化酶、乙醇氧化酶）和不饱和脂肪酸，此类除氧剂在应用中可接触食品。与金属除氧剂相比，这些材料通常是无毒的，但是氧气清除能力略低（López-Rubio，2008；Day，2008；Oms-Oliu，2008a）。ZerO$_2$ 是一种商业高分子材料，它在正常情况下是惰性的，但是可以被紫外光激发产生活化。其活性不受加工过程影响，可以用于构建多层除氧结构中的除氧层，紫外辐照后，可以清除密封包装中的氧气

（Day，2008）。Oxygurd Tray®是另一种多层结构的除氧包装，它的表面热密封层可用于密封。在它的上面是内除氧层，覆盖在除氧层上面的是阻隔层，用于阻止大气氧接触到除氧层，最后是对包装具有支撑和保护作用的外层（López-Rubio et al.，2004）。用于涂膜包装的除氧剂也已有发展，例如以芦荟油和鞣花酸做抗氧化剂的小烛树蜡膜液，在 5℃贮藏 6 天期间，可以有效地减少鲜切果蔬的失水率，保持鲜切果蔬的 pH、新鲜度和颜色（Saucedo-Pompa et al.，2007）。

值得注意的是，包装材料的阻气性受贮藏环境的温湿度影响很大。因为在运输中温度的波动而引起包装材料阻气性改变，已成为影响产品质量的突出问题之一；阻气性变化导致食品变质速率，特别是呼吸率，远远高于涂膜材料的通透性改变。一种可根据储藏温度改变其通气性的包装材料已被研发出来。Breath Way™就是一种可以根据温度变化而调节自身透气性的材料，从而能够将包装内的气体组成控制在最佳范围（Poças et al.，2008）。商用透气薄膜或所谓的可呼吸包装是一种可以使包装内外气体进行交换的包装，一种具有三层结构高透气性的可呼吸包装膜最近被用于延长新鲜蔬菜沙拉的贮藏期（Ahvenainen，1996）。

### 14.4.1.2　除湿剂

在果蔬产品贮藏中，控制气体相对湿度对保持产品品质至关重要。果蔬蒸腾作用可产生水分，蒸腾作用因温度波动和昼夜更替差异很大（Chakraverty，2001），包装中水分的产生是蒸腾作用和材料的透湿性导致的结果。鲜切果蔬由于表皮被破坏，水分流失增加，产品包装中湿度加大，为真菌和细菌的生长提供了有利环境。同时，产品水分流失又会导致产品褶皱、质量下降、感官效果下降（Rico et al.，2007）。

商业除湿一般通过纸或除湿垫包裹单个或者多个水果的方法达到除湿效果（Ozdemir and Floros，2004）。Toppan Sheet™、Thermarite™和 Luquasorb™都是很好的商业除湿片和除湿垫（Day，2008）。薄膜微穿孔，即在一定面积的薄膜上打一定数量和尺寸的孔，是另一种为水果和蔬菜除湿的方法。虽然两头开放式包装箱和高透水性多聚复合薄膜的应用已有研究，但是这仍不能解决产品因失水过多和内环境水分分布不均造成的变质问题。Dijkink 等（2004）研究出一种新的控湿系统，可将菜椒贮藏室湿度控制在 90.5％±0.1％的范围内，在 3 周的控温控湿期中，真菌数量和褶皱都没有增加。农产品重量丢失和褶皱产生与蒸气压相关。

二氧化硅、天然黏土、氧化钙、氯化钙和改性淀粉这些除湿剂都是可以用于控制包装中湿度的材料（Day，2008）。Pitchit™是一种具有夹层结构的除湿垫，中间部分是除湿部分，两侧是聚乙烯醇，可以用于包装高湿性食品。CSIRO 研发出一种潮湿控制系统，用于作为内部撑垫控制包装内的水分（Ozdemir and Floros，2004）。防雾薄膜，包含了复合除温剂、亲水性内衬或微孔结构，可便于消费者透过包装清晰地看到内部商品的状态。这些薄膜用于包装可呼吸产品，如鲜切果蔬，可减少包装内的蒸气压并阻止水分冷凝（Ozdemir and Floros，2004）。

### 14.4.1.3 乙烯吸收剂

乙烯（$C_2H_4$）是一种生长刺激激素，刺激跃变型果实的成熟，但对完全成熟的产品会有副作用。在衰老过程中，它对跃变型水果的呼吸速率、质构和色泽的变化比非跃变型水果影响更大。乙烯可以加速绿叶蔬菜中叶绿素的降解（Toivonen and Brummell，2008），因而，控制包装材料中乙烯的含量，可延长果蔬的货架期（Martïnez-Romero and Bailén，2007）。在传统包装中，往往使用开放式包装方式来加速空气的流通从而达到降低乙烯含量的目的（Terry，2008）。

高锰酸钾是目前商业应用最广、研究最深的乙烯吸收剂，它通过氧化乙烯成乙二醇，再进一步氧化成二氧化碳和水，以除去包装袋内产品周围气体中的外源乙烯（Martinez-Romero and Bailen，2007）。生成的二氧化碳和水对延长货架期有二级作用，二氧化碳可以抑制果蔬的呼吸作用，从而抑制内源性乙烯的生成；高水含量可以减缓果蔬的蒸腾作用（Day，2008；Sammi and Masud，2008）。高锰酸钾因有毒性所以不能与食品直接接触，它一般被包埋到二氧化硅中，二氧化硅再被填充到具有高乙烯渗透率的香包、薄膜或过滤网等装置中，乙烯可快速渗透穿过装置被高锰酸钾吸收。高锰酸钾还被用于与包裹果蔬的聚合薄膜复合。Sammi 和 Masud（2008）研究发现，将塑料薄膜与高锰酸钾复合后，可以有效延缓番茄变色和成熟，使货架期和质量品质延长到 80 天。Howard 等（2006）发现，高锰酸钾可以有效吸附切片洋葱包装中的乙烯，同时可以降低包装中挥发性硫化物和二氧化碳的浓度，在保证食品品质的前提下，在 2℃ 下可贮藏 10 天。钯和光激活二氧化钛是高锰酸钾的金属催化剂，它们可以加速高锰酸钾的氧化反应，使高锰酸钾的吸收速率提高 6 倍（Martinez-Romero and Bailen，2007）。

活性炭和沸石也被添加到气调包装薄膜或小香包中（Bailén et al.，2006）。活性炭与金属钯（催化剂）共同使用时可以减少番茄包装中乙烯的积累，延缓产品的质变（干耗、色变、软化），保持产品原有的感官特性（Bailen et al.，2006）。同样的包装，在 20℃ 贮藏环境下，可以延缓奇异果的变软和菠菜中叶绿素的降解（Abe and Watada，1991）。各种各样的材料（黏土、沸石和碳）已被掺入到商业塑料膜中用于蔬菜水果的包装，如 Evert-Fresh（美国）、Peakfresh（澳大利亚）、Orega（韩国）和 Bio-fresh（以色列）（Scully and Horsham，2007）。1-甲基环丙烷也已商业化，它可通过阻塞乙烯受体而达到抑制乙烯活性

的目的 (Scully and Horsham，2007)。

### 14.4.1.4 二氧化碳释放剂

包装中高浓度的二氧化碳可以抑制微生物生长，降低呼吸速率，从而延缓产品衰老 (Chakraverty，2001)。使用二氧化碳释放剂时，要尽量避免过量二氧化碳引起的厌氧代谢，因而薄膜的透气性和呼吸速率必须要考虑。

二氧化碳释放剂一般可被包装中来自产品的湿气激活 (Ozdemir and Floros，2004)，因此限制了其在低水分含量食品中的应用，高水分含量的食品中（如肉、鱼、微处理果蔬），二氧化碳释放剂的效率更好。二氧化碳释放剂利用保湿剂（如偏酸性的水）与碳酸氢钠反应生成二氧化碳 (Ozdemir and Floros，2004)。此类产品的一个很好的例子是一种称为 Verifrais™ 的包装，由法国巴黎 SARL Codimer 公司开发，可有效地延长新鲜鱼和肉的货架期。此包装利用普通的 MAP 托盘，托盘底部由多孔结构组成，内有一个装有碳酸氢钠和抗坏血酸的小香包，当食品中的汁液通过托盘底部的微孔渗入小包时，会激发二氧化碳生成 (Day，2008)。

### 14.4.1.5 抗菌薄膜和抗菌涂膜

表面微生物引发的腐败是影响鲜切食品货架期的最重要因素 (Jays，2005)，不正确的收割、运输、包装和加工处理等环节是引入微生物的主要原因 (Erdoǧrul and şener，2005)。刚采摘的成熟果蔬中含有大量微生物，如：大肠杆菌、乳酸菌、假单胞菌、欧文菌，其中，酵母菌、霉菌和假单胞菌是引发鲜切果蔬腐败变质的主因，尤其在冰箱有氧贮藏的环境下 (Ahvenainen，1996；May and Fickak，2003)。由于切割等机械操作，破坏了新鲜果蔬天然的外部保护结构，引起营养物质流失，为微生物的生长繁殖提供了有利环境 (FDA，2007)。有报道称，在 1996～2006 年之间的所有食源性致病菌爆发案例中，26% 是由食用被污染的鲜切果蔬引起 (FDA，2007)。

通过向清洗液中添加除菌剂，如：过氧化氢、过氧乙酸、臭氧、氯离子、植物提取物等，可以有效减弱微生物的活性，但不能抑制所有因微生物生长所导致的腐败变质问题 (Akbas and Ölmez，2007；Alegria et al.，2009；Win et al.，2007)。直接应用除菌剂可与果蔬中的化学成分快速发生反应，从而降低药效 (Mehyar et al.，2006)。抗菌活性包装通过控制除菌剂的释放速率，使除菌剂浓度处于目标微生物的最低抑菌浓度之上 (Han，2003；Suppakul et al.，2003)。这种包装可通过选取合适的材料和与之相容的除菌剂实现，除菌剂最好是极性适中（亲水性/疏水性），不会与包装材料发生相互作用，不会因离散或排斥反应而快速释放 (Han and Floros，2000)。

除菌剂在活性薄膜中可以迁移到食品表面或通过化学键的作用固定在薄膜表面（叫不可移动膜）(Han，2004)。直接把除菌剂混入包装材料或在多层复合膜

的其中一层中添加除菌剂，可以使生鸡肉、苹果切片和草莓中的微生物稳定
（Ozdemir and Floros，2004；Rojas-Graü，2007）。

可食性涂膜无色、无味，在高湿条件下稳定，仅含有一般认为安全的组分
（GRAS）（Krochta and De Mulder-Johnston，1997），在食品表面附着均匀且稳定（Me-
hyar et al.，2006；Ribeiro et al.，2007）。可食性抗菌薄膜包装和抗菌涂膜对农产品货
架期的影响仍在研究中。Rojas-Graü 等（2007）研究发现，向海藻酸盐膜液中添加柠
檬草、牛至、香草精油等可以有效减缓鲜切苹果中好氧菌、酵母菌和霉菌的生长，抑
制效果可以达到 2log cfu/g 以上（Cong et al.，2007）。含有纳他霉素的壳聚糖双层涂
膜能显著减少两株腐败真菌导致的新鲜瓜果腐败（Cong et al.，2007）。用添加丁香、
肉桂、牛至精油的石蜡涂膜液处理过表面的纸包装草莓，可全面抑制白假丝酵母菌、
黄曲霉菌、葡萄曲霉菌的生长，于 4℃ 下贮藏 7 天后草莓无霉变（Rodriguez et al.，
2007）。壳聚糖是一种天然抗菌剂，可在鲜切木瓜表面形成一层稳定的薄膜，抑制微
生物生长（González-Aguilar et al.，2009）。

单一包装中添加多于一种活性助剂的方法已用于新鲜农产品，在微孔膜中同
时添加除氧剂、二氧化碳释放剂、乙烯吸附剂或抗菌剂比使用单一活性助剂更有
效（Ozdemir and Floros，2004）。这可归因于使用多种活性助剂可以同时应对多
种引发食品变质的因素。Ever-Agless™ type E、Fresh Lock™ 和 Freshilizer™
type CV 同时添加除氧剂和二氧化碳吸收剂；Agless™ type G 和 FreshPax®
type M 同时添加除氧剂和二氧化碳释放剂（Day，2008）；Fresh Bags® 包装在使
用环境友好型材料的同时，添加除湿剂、除氨剂、二氧化碳吸收剂和乙烯吸收剂
（Anonymous，1995）。

最近抗菌气体释放剂的商业化发展和应用已在进行，含有异硫氰酸的环糊
精薄膜被加入塑料薄膜内部，有水汽时异硫氰酸被释放到包装中，从而起到除
菌作用。美国的 American Air Liquide 和日本合作测试了这种材料对致病菌的
作用效果。Quimica Osku 公司在智利推广二氧化硫释放垫的商业化，澳大利亚
食品科学（Food Science Australia）通过混合有机酸和亚硫酸钙开发可释放二
氧化硫的塑料膜（Steale and Zhou，1994）。用于包装果蔬杀菌的二氧化氯释放
薄膜已商业化（Scully and Horsham，2007；Han and Floros，2007）。Han 和
Floros（2007）在他们的报道中列入了商用活性包装技术和专利，其中包括抗
菌包装。

### 14.4.2 果蔬智能包装技术

#### 14.4.2.1 时间-温度积分器

温度是对植物代谢过程中的呼吸作用、微生物生长和化学反应最有影响力的

因素（Erturk and Picha，2008）。通过精确控制温度，可以延缓果蔬制品的变质。一般而言，温度每升高 10℃，果蔬的呼吸速率提高 2 倍（Atkin and Tjoelker，2003）。温控包装可以很好地控制包装内的温度变化。时间-温度积分器（TTI）可用作食品质量安全的指示器（Taoukis，2008）。TTI 通过简单不可逆的机械、化学、酶反应或微生物变化而做出精细、准确的预测（Ozdemir and Floros，2004；Taoukis，2008）。若要有效使用 TTI，TTI 的反应要和决定农产品货架期的变质反应高度相关。TTI 反应和变质反应的动力学模型必须针对某一个特别的农产品，才能预测此产品的货架期（Vaikousi et al.，2008）。

在市场上，大多数 TTI 都是自贴式标签的形式，可以很容易地黏附在包装内或者商品上，同时必须满足实用需要，如：很容易地通过紫外辐照激活。TTI 对于新鲜果蔬，特别是对温度波动相对敏感的新鲜沙拉等有很好的应用（Taoukis，2008）。

#### 14.4.2.2 挥发性气体指示器

果蔬的新鲜程度可以通过检测包装内部的气体和挥发成分得知，这种指示器可以检测出农产品新陈代谢的气体产物，如氧气、二氧化碳、二乙酰、胺类、乙醇和硫化氢（Brody et al.，2001；Smolander，2003；Han and Floros，2007；Poças et al.，2008）。酶指示剂可以与乙醇发生显色反应，通过检测颜色的深浅就可以判断出产品发酵的程度（Smolander，2008）。溴百里酚蓝和亚甲基红可以与发酵产物二氧化碳发生显色反应，因而可作为发酵反应进程的指示剂（Smolander，2008）。而基于二氧化碳产量的微生物指示剂在新鲜果蔬中很难得到推广，因为包装中新鲜果蔬和微生物都可以通过呼吸产生二氧化碳（Smolander，2008）。芳香指示剂可以检测水果的发酵程度。由 Ripesense 研发的 Rip Sense® 指示剂可作为新鲜度指示剂，它可以通过色变而检测水果释放出的芳香成分，消费者通过比对指示剂与标准色卡就可以选择自己想要的产品（Poças et al.，2008）。

#### 14.4.2.3 射频指示器

射频指示器（RFID）是通过无线电波实现产品的可鉴定性和可追溯性。RFID 将其标签整合在包装上，标签内部的传感器用以收集产品状态的数据信息，而用另一个传感器激活 RFID，并将数据信息传输给计算机，解码并处理信息（Brody et al.，2008；Yam et al.，2005）。这些信息包含产品简介、成分含量和历史信息（包括加工操作流程以及温度、压力、湿度和漏气情况），其数据信息可在产品加工或者流通的任何时间采集。分析 RFID 中的信息便可判断产品的状态，如应用在食源性致病菌爆发案例中的可追溯性。在冷链运输过程中使用 RFID 可以监控新鲜农产品，X-Track™ 包装就是一个例子，这种包装中 RFID 装置和 TTI 联在一起可以持续记录产品暴露的贮藏时间和温度。这些信息通过

RFID 上传到安全数据库终端，消费者就可以在任何时间任何地点检索这些信息（Poças et al.，2008）。2003 年，Rodrigues 和 Han 的报道中列举了各种智能包装系统及其潜在应用。

## 14.5　活性及智能包装的相关法律法规

相对于美国、日本、澳大利亚而言，欧洲对活性及智能包装的使用管理更为严格。这有多重原因，包括立法问题、有效的认证体系、消费者接受程度、成本以及环境问题（Jong and Jongbloed，2004）。大部分活性和智能包装包含两部分，即活性或智能组件部分和载体。在欧洲，商用的活性或智能包装材料被认为是食品添加剂，经授权后才可使用，这些材料必须符合由欧盟委员会和科技委员会指定的科技标准（Council Directive 89/107/EEC）。在美国，活性和智能包装材料被逐一归类为食品添加剂或食品接触性物质。新的包装必须通过风险和安全评估后，才能被授权使用。对食品添加剂的授权是基于欧盟委员会和科技委员会通过的科学与技术标准（Council Directive 89/107/EEC）。这就意味着只有当该食品添加剂或食品接触性底物被授权认证后，才能进入市场流通。同时法律规定，在食品的标签说明上需要注明食品原料与食品添加剂［Regulation（EC）No.1935/2004］。

载体或智能包装中的非活性部分都属于食品接触性材料（在美国为食品接触物质），因而要遵循欧洲管理标准中关于食品接触性材料的安全性规定［Regulation（EC）No.1935/2004］。此法案的第三章包括如下要求：食品接触性材料必须是惰性材料，不能够向食品中迁移，或迁移的浓度不能对人体健康造成危害；食品接触性材料的迁移不能引起不可接受的食品感官特性变化或引发变质等现象［Regulation（EC）No.1935/2004］。法案的第三章和第四章还规定，活性智能材料应和那些传统上使用可天然释放其组分的材料（木桶）区别开。

由 2003/89/EC 最新修正的 2000/13/EC 法案专用于食品标签、说明和广告（Directive 2003/89/EC）。该法案要求食品制造商列举所有存在于食品内的组分，包括含有的活性包装装置和成分（Directive 2000/13/EC），1989 年的法案（Directive 89/107/EEC）列举了对食品添加剂标签的要求。

## 14.6　总结

尽管食品活性包装和智能包装能够有效地控制鲜切果蔬变质，但是其商业应用和研究还不成熟，需要更广泛更深入的研究来确保活性包装和智能包装可以有效地应用于鲜切果蔬包装，进而提高食品安全和食品质量。

参考文献 ········································································································

Abadias M, et al. 2008. Microbiological quality of fresh, minimally-processed fruit and vegetables, and sprouts from retail establishments. Int J Food Microbiol 123:121–129.

Abbas MF and Ibrahim MA. 1996. The role of ethylene in the regulation of fruit ripening in the Hillawi date palm (*Phoenix dactylifera* L). J Sci Food Agric 72:306–308.

Abe K and Watada AE. 1991. Ethylene absorbent to maintain quality of lightly processed fruits and vegetables. J Food Sci 58(6):1589–1592.

Ahvenainen R. 1996. New approaches in improving the shelf life of minimally processed fruits and vegetables. Trends Food Sci Technol 7(6):179–187.

Akbas MY and Ölmez H. 2007. Effectiveness of organic acid, ozonated water and chlorine dipping on microbial reduction and storage quality of fresh-cut iceberg lettuce. J Sci Food Agric 87:2609–2616.

Alegria C, et al. 2009. Quality attributes of shredded carrot (*Daucuc carota* L. cv. Nantes) as affected by alternative decontamination processes to chlorine. Innovative Food Sci Emerging Technol 10:61–69.

Allende A, Tomás-Barberán FA, and Gil MI. 2006. Minimal processing for healthy traditional foods. Trends Food Sci Technol 17:513–519.

Anonymous. 1995. New product extends the life of fresh fruits and vegetables. Camp Mag 68(10/11):53.

Argenta LC, et al. 2004. Production of volatile compounds by fuji apples following exposure to high $CO_2$ or low $O_2$. J Agric Food Chem 52:5957–5963.

Artés F, Gómez PA, and Artés-Hernández, F. 2007. Physical, physiological and microbial deterioration of minimally fresh processed fruits and vegetables. Food Sci Technol Int 13(3):177–188.

Atkin OK and Tjoelker MG. 2003. Thermal acclimation and the dynamic response of plant respiration to temperature. Trends Plant Sci 8(7):343–350.

Avella M, et al. 2007. Innovative packaging for minimally processed fruits. Packag Technol Sci 20:325–335.

Ayhan Z, Eştürk O, and Taş, E. 2008. Effect of modified atmosphere packaging on the quality and shelf life of minimally processed carrots. Turk J Agric 32:57–64.

Bailén G, et al. 2006. Use of activated carbon inside modified atmosphere packaging to maintain tomato fruit quality during cold storage. J Agric Food Chem 54:2229–2235.

Bennik MHJ, et al. The influence of oxygen and carbon dioxide on the growth of prevalent Enterobacteriaceae and *Pseudomonas* species isolated from fresh and controlled-atmosphere stored vegetables. Food Microbiol 15:459–469.

Brody AL, Strupinsky ER, and Kline LR. 2001. Active Packaging for Food Applications. Lancaster, Pa: Technomic.

Brody AL, et al. 2008. Scientific status summary: Innovative food packaging solutions. J Food Sci 73(8):R107–R116.

Chaib J, et al. 2007. Physiological relationships among physical, sensory and morphological attributes of textures in tomato fruits. J Exp Bot 58:1915–1925.

Chakraverty A. 2001. Postharvest Technology. Enfield, NH: Scientific Publishers.

Charles E, Sanchez J, and Gontard N. 2003. Active modified atmosphere packaging of fresh fruits and vegetables: modeling with tomatoes and oxygen absorber. J Food Sci 68(5):1736–1743.

Chonhenchob V, Chantarasomboon Y, and Singh SP. 2007. Quality changes of treated fresh-cut tropical fruits in rigid modified atmosphere packaging containers. Packag Technol Sci 20:27–37.

Conforti FD and Totty JA. 2007. Effect of three lipid/hydrocolloid coatings on shelf life stability of golden delicious apples. Int J Food Sci Technol 42(9):1101–1106.

Cong F, Zhang Y, and Dong W. 2007. Use of surface coatings with natamycin to improve the storability of Hami melon at ambient temperature. Postharvest Biol Technol 46:71–75.

Coolong TW, Randle WM, and Wicker L. 2008. Structural and chemical differences in the cell wall regions in relation to scale firmness of their onion (*Allium cepa* L.) selections at harvest and during storage. J Sci Food Agric 88:1277–1286.

Council Directive 89/107/EEC of 21 December 1988 on the approximation of the laws of the member states concerning food additives authorized for use in foodstuffs intended for human consumption. Off J Eur Union L40, 11-2-1989; 27–31.

Dang KTH, Singh Z, and Swinny EE. 2008. Edible coatings influence fruit ripening, quality and aroma biosynthesis in mango fruit. J Agric Food Chem 56:1361–1370.

Daniel L and Zhao Y. 2007. Innovations in the development and application of edible coatings for fresh and minimally processed fruits and vegetables. Compr Rev Food Sci Food Saf 6:60–75.

Day BPF. 2008. Active packaging of food. In: Smart Packaging Technologies for Fast Moving Consumer Goods. Hoboken, NJ: John Wiley, pp. 1–18.

Dijkink BH, et al. 2004. Humidity control during bell pepper storage, using a hollow fiber membrane contractor system. Postharvest Biol Technol 32:311–320.

Directive 2000/13/EC of the European Parliament and the Council of 20 March 2000 on the approximation of the laws of the member states relating to the labeling, presentation and advertising of foodstuffs. Off J Eur Union L109, 6-5-2000: 29–42.

Directive 2003/89/EC of the European Parliament and the Council of 10 November 2003 amending Directive 2000/13/EC as regards indication of the ingredients present in foodstuffs. Off J Eur Union L308, 25-11-2003: 15–18.

Erdoğrul Ö and Şener H. 2005. The contamination of various fruit and vegetables with Enterobius vermicularis, Ascaris eggs, Entamoeba histolyca cysts and Giardia cysts. Food Control 16:559–562.

Erturk E and Picha DH. 2008. The effects of packaging film and storage temperature on the internal package atmosphere and fermentation enzyme activity of sweet potato slices. J Food Process Preserv 32:817–838.

FDA. 2007. FDA Fact Sheet: Fresh-cut fruits and vegetables. Draft Final Guidance. FDA Press Office. 301-827-6242. (online database). http://www.fda.gov/oc/factsheets/foodsafety2007.html (accessed Feb 14, 2009).

Galindo FG, et al. 2004. Factors affecting quality and posharvest properties of vegetables: integration of water relations and metabolism. Crit Rev Food Sci Nutr 44:139–154.

Galindo FG, et al. 2007. Plant stress physiology: opportunities and challenges for the food industry. Crit Rev Food Sci Nutr 46:749–763.

González-Aguilar GA, et al. 2008. New technologies to preserve quality of fresh-cut produce. In: Food Engineering: Integrated Approaches. New York: Springer, pp. 105–115.

González-Aguilar GA, et al. 2009. Effect of chitosan coating in preventing deterioration and preserving the quality of fresh-cut papaya "Maradol". J Sci Food Agric 89:15–23.

Gorny JR, et al. 2002. Quality changes in fresh-cut pear slices as affected by controlled atmospheres and chemical preservatives. Postharvest Biol Technol. 24:271–278.

Han JH. 2003. Antimicrobial food packaging. In: Novel Food Packaging Techniques. Washington, DC: CRC Press, pp. 50–70.

Han JH. 2004. Mass transfer modeling in closed systems for food packaging particulate foods and controlled release technology. Food Sci Biotechnol 13(6):700–706.

Han JH and Floros JD. 2000. Simulating migration models and determining the release rate of potassium sorbate from antimicrobial plastic film. Food Sci Biotechnol 9(2):68–72

Han JH and Floros JD. 2007. Active packaging. In: Tewari G and Juneja VK, editors. Advances in Thermal and Non-thermal Food Preservation. Ames, Ia: Blackwell Professional, pp. 167–183.

Hernández-Muñoz P, et al. 2006. Effect of calcium dips and chitosan coatings on postharvest life of strawberries (Fragaria x ananassa). Postharvest Biol Technol 39:247–253.

Howard LR, et al. 2006. Quality changes in diced onions stored in film packages. J Food Sci 59(1):110–112.

Iqbal T, et al. 2008. Effect of minimally processing conditions on respiration rate of carrots. J Food Sci 73(8):E396–E402.

Jay JM, Loessner MJ, and Golden DV. 2005. Modern Food Microbiology, 3rd ed. New York: Springer.

Jong A and Jongbloed, H. 2004. Conditions of purchase: active and intelligent packaging in Europe. Eur Food Drink Rev Spring (1):37–40.

Kim JG, et al. 2005. Effect of initial oxygen concentration and film oxygen transmission rate on the quality of fresh-cut romaine lettuce. J Sci Food Agric 85:1622–1630.

Krochta JM and De Mulder-Johnston C. 1997. Edible and biodegradable polymer films: challenges and opportunities. Food Technol 51(2):61–74.

Lammertyn J, et al. 2001. Comparative study of the $O_2$, $CO_2$ and temperature effect on respiration between "Conference" pear cell protoplasts in suspension and intact pears. J Exp Bot 52(362):1769–1777.

López-Rubio A, et al. 2004. Overview of active polymer-based packaging technologies for food applications. Food Prev Int 20(4):357–387.

López-Rubio A, Lagarón JM, and Ocio MJ. 2008. Active polymer packaging of non-meat food products. In:

Smart Packaging Technologies for Fast Moving Consumer Goods. Hoboken, NJ: John Wiley, pp. 19–32.

Martinez-Romero D and Bailén G. 2007. Tools to maintain postharvest fruit and vegetables quality through the inhibition of ethylene action: a review. Crit Rev Food Nutr 47:543–560.

May BK and Fickak A. 2003. The efficacy of chlorinated water treatments in minimizing yeast and mold growth in fresh and semi-dried tomatoes. Drying Technol 21(6):1127–1135.

Mehyar GF and Han JH. 2004. Physical and mechanical properties of high-amylose rice and pea starch films as affected by relative humidity and plasticizer. J Food Sci 69(9):E449–E454.

Mehyar GF, et al. 2006. Suitability of pea starch and calcium alginate as antimicrobial coatings on chicken skin. Poult Sci 86:386–393.

Mohamed S, Taufik B, and Karim MNA. 1996. Effect of modified atmosphere packaging on the physiochemical characteristics of ciku (*Achras sapota* L) at various storage temperature. J Sci Food Agric 70:231–240.

Ng A, et al. 1998. Cell wall chemistry of carrots (*Daucus carota* Cv. Amstrong) during maturation and storage. J Agric Food Chem 46:2933–2939.

Olivas GI, Rodriguez JJ, and Barbosa-Cánovas GV. 2003. Edible coating composed of methylcellulose stearic acid, and additives to preserve quality of pear wedges. J Food Process Preserv 27:299–320.

Olivas GI, Mattinson DS, and Barbosa-Cánovas GV. 2007. Alginate coatings for reservation of minimally processed "Gala" apples. Postharvest Biol Technol 45:89–96.

Oms-Oliu G, Soliva-Fortuny R, and Martín-Belloso, O. 2008a. Edible coatings with antibrowning agents to maintain sensory quality and antioxidation properties of fresh-cut pears. Postharvest Biol Technol 50:87–94.

Oms-Oliu G, Soliva-Fortuny R, and Martín-Belloso, O. 2008b. Physiological and microbiological changes in fresh-cut pears stored in high oxygen active packaging compared with low oxygen active and passive modified atmosphere packaging. Postharvest Biol Technol 48:295–301.

Ozdemir M and Floros JD. 2004. Active food packaging technologies. Crit Rev Food Nutr 44:185–193.

Park WP, Cho, SH, and Lee DS. 1998. Effect of minimally processing operations on the quality of garlic, green onion, soybean sprouts and watercress. J Sci Food Agric 77:282–286.

Poças MFF, Delgado TF, and Oliveira FAR. 2008. Smart packaging technologies for fruits and vegetables. In: Smart Packaging Technologies for Fast Moving Consumer Goods. Hoboken, NJ: John Wiley, pp. 151–166.

# 第 15 章
# 果蔬MAP的包装可持续性

*作者*：Claire K. Sand
*译者*：黄明明、刘桂超、王佳媚

## 15.1　果蔬 MAP 的包装可持续性概述

　　MAP 在果蔬包装中的应用广泛，有时甚至超过非 MAP 的果蔬产品。因此，若仅考虑世界包装应用资源，更多的材料可应用于 MAP，而非无包装或非 MAP。然而，当权衡 MAP 和资源消耗的利害，MAP 实际消耗较少的资源。MAP 应用于果蔬保鲜可以有效减缓果蔬腐败，延长货架期。在盛产果蔬的热带地区，果蔬的采后腐败率可高达 50％（Aworh，2008），减少腐败意味着因包装方式不合适而造成的全球食品资源的浪费减少。

　　果蔬腐败的减少同样意味着果蔬市场的理性扩展，从而带来经济增长和可持续发展，因此，MAP 可以实现食品的可持续供应。由于全球食品供给的产品生产和 MAP 都应用同样的资源（水、土地等），所以 MAP 所用数量与延长果蔬货架期的功效之间存在一个平衡。

　　包装专业人员总在衡量此平衡的效益。在比较用于果蔬运输和分配的 MAP 可持续性时，同时考虑果蔬腐败造成的损失和包装材料引起的环境消耗是最合适的方法。然而，在包装处理者、消费者以及零售商的眼中，包装材料本身及其消费后行为才是相对可持续性评估的重点。各种环境声明/主张/标志，如"自然"、"可回收"、"绿色"、"环保"、"低能量"、"再生含量百分比"等在食品供应链中造成了混乱，这成为解决果蔬包装可持续性方案的一个挑战。

　　空气、水、土地和能源是包装可持续性挑战的重点，用较好持续性的 MAP 去保护果蔬质量是本章重点讨论的内容。本章在包装方面已普遍接受的可持续发展定义的基础上，解释了包装可持续性设计和评估方面的"摇篮到摇篮"和"生命周期分析"的概念，探索了 MAP 相关的生物聚合物的结构，并提供指导选择具有较好可持续的 MAP。

## 15.2　为果蔬提供更具可持续性的 MAP

　　较好的可持续包装可以减小环境影响。包装产品的确影响环境，目前面临的挑战是如何采用合适的包装来减弱此效应，达到对环境产生积极的影响结果。可持续性包装联合会提出了广泛接受的持续性包装定义：

    A. 在整个包装生命周期，对个人或者团体的安全和健康无害；

    B. 功能及成本都达到市场标准；

    C. 在资源、制造、运输和循环中使用可再生能源；

    D. 最大化利用可再生或者可循环原料；

    E. 通过绿色生产技术和最佳工艺生产制造；

    F. 在所有可能的报废情况下包装材料都不会对健康造成伤害；

    G. 最优化材料和能量的形态设计；

    H. 在生物学上和/或工业"从摇篮到摇篮"周期中能有效地恢复和利用（持续性包装联合会，2009）。

在 20 世纪 70 年代之前包装行业就已经推出环保理念，称之为"宁静的春天（silent spring）"之后是 20 世纪 90 年代加州的 65 号提案、德国绿点系统以及现在越来越多的国际标准。这些具有里程碑意义的事件中，有包装行业已关注并且仍然在关注的包装的缩减、重利用以及再循环。举例如下：

（1）缩减　在 MAP 中应用高硬度聚合物或共聚物，减少包装材料的厚度。

（2）重利用　具有可回收性 MAP 或其他重利用 MAP。

（3）再循环　MAP 用的可取代墨水和染料已被回收使用。

今天的包装行业正受到来自于各大陆、国家、地区、城市甚至零售商们提出的应用缩减、重利用和再循环的理念，利用摇篮到摇篮和生命周期分析/存货概念以及各种日益增长的规章的挑战。

### 15.2.1　应用于果蔬 MAP 的摇篮到摇篮概念

摇篮到摇篮的理念大大提高了 MAP 原料的健康使用和包装的封闭循环。摇篮到摇篮理念起源于威廉·麦克唐纳和迈克尔·布朗嘉的《摇篮到摇篮：重塑我们做事的方式》（McDonough and Braungart，2002）。在 2003 年举行的包装行业会议上，摇篮到摇篮概念在包装发展中的应用被第一次提出。从那时起，摇篮到摇篮概念对包装设计有了决定性的影响。McDonough 和 Braungart 认为：当生产材料被专门制作用于包装的封闭循环时，生物材料在成长、衰败与重生的自然循环中重复；或者工业材料从生产者到消费者再到生产者中循环，商业可同时实现巨大的短期增长和持续繁荣（McDonough and Braungart，2002）。

图 15.1 诠释了材料持续变得更加有用，材料从一种有用的状态转化到另一种能量可回收利用的摇篮到摇篮概念的一种理想化观点。

要使摇篮到摇篮概念在 MAP 中实施，包装在发挥了其第一功能后的价值一定非常明显。另外，在现有的基础设施和经济等所有可能的条件下，回收系统和

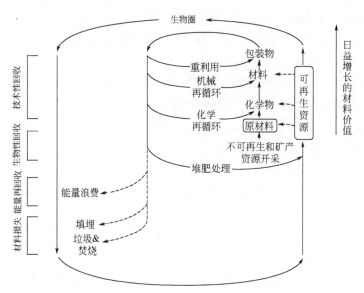

图 15.1　摇篮到摇篮概念理想化视图

包装物向其他可用、高附加值、向上循环状态的转变应该被认知和可以实行。要满足摇篮到摇篮设计，包装材料应对环境影响最少、可以重复使用，而不会"循环向下"。

当根据其二次利用价值去评估典型的 MAP 袋和包装膜，包装袋的再利用是微不足道的，这就是"循环向下"的一个例子。许多 MAP 袋也被丢弃和没有再利用。基于"摇篮到摇篮"观点，这种 MAP 袋和包装膜的可持续性不是很好。如果 MAP 是为未来利用而设计时，应尽量减少"循环向下"，使包装物的可持续性更好。

依据"摇篮到摇篮"设计的包装具有竞争性优势并且节省成本，这种观点并不新颖。对于多数汽车配件产品，亨利·福特指定用填充西班牙苔藓的木质包装板条箱。木材后来被制成流道板，西班牙苔藓被制成弹性坐垫。2002 年，Hill-shire Farms（辛辛那提）公司为它的 Deli Selects 产品介绍了一种可以重复利用的 Glad Ware 容器，一个薄层 MAP 袋被用来起固定作用，这一理念被许多产品效仿。

### 15.2.2　应用于果蔬 MAP 的 LCA/LCI

MAP 可持续性评价包含生命周期评价（LCA）和生命周期影响（LCI）。LCA 和 LCI 形成了涉及获得、诠释和维持信息可持续性的信息共享和技术核心。国际标准组织（ISO 14000 条例和指导方针与 14040 准则和框架）、环境毒理和化学学会（SETAC）以及联合国环境规划署（UNEP）制定了 LCA/I 实行标准。

包装生命周期常用来诠释 LCA/I，如图 15.2 所示。

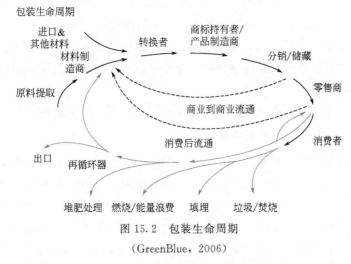

图 15.2　包装生命周期

(GreenBlue，2006)

在包装生命周期中，左上角显示进口商品和原料提取物流向消费者。当包装品流通至消费者和开始应用时，包装产品可以通过重利用、再循环或者为赢利出口达到再生目的，而不是直接废弃处理。流通线于图底部结束，表明包装作为垃圾、填埋物、焚化物废弃处理或者在"摇篮到摇篮"模式下重利用/再生。

生命周期分析观点可指导更可持续性的 MAP 发展，这种分析在整体包装发展中收益明显。LCA 在如下工作中是一种特别有利的工具：

① 改善 MAP 系统的环境影响；

② 对模式公司的表现和整个行业行为进行比较；

③ 比较内部 MAP 或者 MAP 加工模式；

④ 避免因引进和选择新材料带来的负面影响；

⑤ 通过引入光敏环境友好型材料来增加 MAP 的可持续性；

⑥ 利于对包装、产品和工艺改良的成本/盈利直接评估。

LCA/I 分析通常是从具有广泛代表性的基础上寻找更多可持续性包装存在的机会。选择此广泛观点方法的背景原因是：

① 缺乏综合性的信息去决定在原材料供应商和消费后废物处理方法之间是否有可持续性存在；

② 收集和分析物料平衡、能量、环境数据的工作量太大；

③ 缺乏对信息的信任；LCA/I 具有 10%～15%的可变性；

④ 缺乏透明度；

⑤ 高度的不一致性导致相互矛盾的结论：一种包装材料、一个供应商或者生产商要比另一种材料、另一个供应商或者生产商在环境上更可持续；

⑥ 矛盾的结论很难证明，从而 LCA/I 的主要目的无法落实。

因此，包装行业通常应用具有代表性的信息。具有代表性的 LCA/I 采用行业一致同意的 MAP 生命周期的工序流程。原料供应商、转换商和制造商具有不同的创新性流程（太阳、风、原料提取、转化等），这些流程可以减少 LCA 对脱离行业平均值的影响。这些创新性的企业可以生产更多可持续性的包装产品。

## 15.3 果蔬 MAP 聚合材料的选择及其可持续性

### 15.3.1 生物聚合物的可降解性

在前面的章节中，对聚合物在 LCA/I 研究中的相对可持续性已经进行了讨论，基于可降解能力以及在延长水果和蔬菜保鲜时间、方便再利用、可循环等方面，对这些材料进行了评估。一般来说，这些聚合物所用资源多在原材料加工阶段。需要注意的是，促进循环的收集和处理技术以及生产工艺的改良降低了基于石油的聚合物生产成本，聚合物的再利用和再循环为可持续性包装提供了可能。随着可持续观念的流行，选择可以生物降解或者可降解的聚合物越来越受到包装转换、终端用户、消费者和监管机构的关注，它们也逐渐占据了市场。当可生物降解或者可降解的材料用于包装的时候，一定程度的创新也随之而来。由于生物降解或者可降解聚合物并不能总是提供与合成聚合物完全一致的功能，所以在很多情况下，生物可降解或者可降解的材料并不能完全取代合成聚合物。这一现实反而为 MAP 提供机会利用合成聚合物和可降解聚合物的不同特性进行结合革新。

在使用 LCA/I 及摇篮到摇篮的观念探索生物聚合物，如聚乳酸，在应用时，这些生物聚合物在水果和蔬菜的 MAP 中的使用受到了限制。事实上，对水资源和土地资源的利用以及后续将玉米加工成聚乳酸时能源的消耗等对这一化合物的应用产生了负面影响。许多可供选择的聚合物有望用于 MAP 并可被生物降解。鉴定可生物降解或者可降解的标准已经存在，欧盟的条例正在成为评估新材料生物降解性能的行业标准。ASTM D 6400 和 EN 13432 已成为欧盟、日本、韩国、中国（包括中国台湾）等确定可生物降解性能的依据。为了保证可生物降解，这两个标准均要求满足以下三个条件：

① 可被微生物代谢产生二氧化碳、水和热量；
② 60%～90%的材料可转化成二氧化碳；
③ 90%以上的材料可在 6 个月之内降解。

EN 13432 标准特别要求如下：

① 包装材料可在 3 个月内降解；
② 材料降解过程不受限制；

③ 降解后的成分对植物生长的影响必须被检测。

国际标准化组织（international organization for standardization，ISO）已发展了一系列的 ISO 14020 标准来辅助消除可能的误解。

### 15.3.2　生物聚合物的选择

虽然有许多可供选择的聚合物存在，水果和蔬菜的保鲜对 MAP 的要求限制了它们的应用。聚乳酸（PLA）、聚羟基脂肪酸酯（PHA）与聚羟基丁酸酯（PHB）以及聚己酸内酯（PCL）被认为是比较可持续的 MAP 材料，这些多聚物为水果和蔬菜的 MAP 储存提供了可能。其他的创新技术，如 Degranovon，一种来自诺威的添加剂（Novon，东京日本），能够降解一些难以降解的塑料（Langer and Tirrell，2004）。聚乙烯醇、纤维素、淀粉和多糖，由于其在水中的溶解性限制了它们在水果和蔬菜 MAP 中的应用。

#### 15.3.2.1　聚乳酸

聚乳酸（PLA）是一个常常被提倡的聚合物，在 MAP 应用中，它可以作为一种收缩标签选项来替换聚氯乙烯或聚对苯二甲酸乙二醇。Cargill Dow LLC（美国）、Mitsui Chemical（日本）和 Shimadzu Chemical（日本）公司均生产聚乳酸。与合成替代相比，聚乳酸的可持续优势在于玉米原料的季节性更新。聚乳酸是由碳水化合物经细菌发酵产生的乳酸（2-羟基丙酸）聚合而成。从可持续方面考虑，相比由石油衍生的聚合物，聚乳酸消耗更多的水和土地资源，而用于生产的能源成本、固体废弃物的产生（因为堆肥设施并不普遍应用）、温室气体的排放等都和石油衍生的聚合物相当。聚乳酸已被在纽约的生物降解研究所 ［the Biodegradable Plastics Institute（BPI），New York，NY］认定是可通过堆肥被生物降解的材料，这可以减少运往垃圾填埋场或者回收中心的包装材料。

聚乳酸本身具有的阻障性能和未涂布的聚乙烯对苯二甲酸乙二酯（PET）相似，聚乳酸的机械性能类似于一些聚苯乙烯（PS），如表 15.1 所示。

表 15.1　PLA、PET、HDPE 用于 MAP 的特性

| 材料 | 水分通过率 | 氧气通过率 | $CO_2$ 通过率 |
| --- | --- | --- | --- |
| PLA | 18～22 | 38～42 | 170～200 |
| PET | 1 | 3.0～6.1 | 15～25 |
| HDPE | 0.3～0.4 | 130～185 | 400～700 |

注：各参数单位为 gmil/（100in² · d）。

#### 15.3.2.2　聚羟基脂肪酸酯和聚羟基丁酸酯

聚羟基脂肪酸酯（PHA）和聚羟基丁酸酯（PHB）自 1925 年被合成以来，已获得绿色化学挑战奖（EPA）、最佳环保方案 ICIS 创新奖和 GPEC 环境奖（塑

260

料工程师协会）。PHA 和其衍生物以产品名 Mirel 和 Metabolix（Archer Daniels Midland 公司）以及 Nodax（宝洁公司）销售，PHA 的衍生物包括多聚 3-羟基戊酸酯（PHC）和共聚物（3-羟基丁酸酯-CO-3-羟基戊酸酯）（PHBV）。

PHA 及其衍生物是在发酵厂通过发酵植物中葡萄糖形成的细菌多聚体而来，这些多聚体被用于生产 PHA 和 PHB。PHA 的生物降解主要通过一些可代谢 PHA 的微生物进行，生物降解 PHA 所需的能力要低于降解 PLA，其生物降解过程和机制已熟知并能够控制。PHA 塑料符合 ASTM（D-5988-96、D 5209、D 5271、D 6400）、ISO（17556、14852、14851）和 EN13432 等标准的生物降解要求。这意味着 PHA 塑料符合堆肥降解、海洋环境和好氧生物降解的标准。

铸造和吹塑的 PHA 膜（Mirel）显示出与低密度的聚乙烯和高密度的聚乙烯相似的机械性能，Mirel 的水蒸气阻隔性为 0.11 gmil/（100in$^2$·d）（50$\mu$m 薄膜，23℃，90％的相对湿度），是一个与结晶有关的函数，比 PLA（18～22）低许多，但与双轴取向聚丙烯（0.015）、双轴取向聚对苯二甲酸乙二酯（0.023）和尼龙 6（0.079）相似。

### 15.3.2.3  聚己内酯

PCL 有很多不同品牌，包括 Tone（Union Carbide 公司/陶氏）和 Biomax（杜邦公司）。在特殊的氧条件下，PCL 在 28 天内可被降解 35％。淀粉-PCL 被称为 Mater-bi（Novamont 公司）或 MB。与 PHA 相比，PCL 在土壤中的生物降解最初比较慢，但是在 3 个月左右能够被完全生物降解。

## 15.4  结论

可持续发展与在一个更加可持续发展的社会中我们如何看待我们的未来不会是一成不变的。这是因为技术在不断发展，人类对世界影响的认识在不断改变，包括 MAP 在提供高品质水果和蔬菜中的作用。本章通过使用摇篮到摇篮、LCA/I 来评估包装材料的可持续性，讨论了水果和蔬菜可持续 MAP 的可行性。

参考文献

Aworh OC. 2008. The role of traditional food processing techniques in national development: The West African experience. In: Robertson GL and Lupien JR, editors. Using Food Science and Technology to Improve Nutrition and Promote National Development. International Union of Food Science and Technology. Chapter 3.
GreenBlue. 2006. http://www.GreenBlue.org.
Langer R and Tirrell DA. 2004. Designing materials for biology and medicine. Nature. 428(6982):487–492.
McDonough W and Braungart M. 2002. Cradle-to-Cradle: Remaking the Way We Make Things. New York, N.Y.: North Point Press.
Sand C. 2007. Understanding and Executing Sustainability Initiatives and Sustainable Packaging Programs. West Chester, Pa.: Packaging Strategies.
Sustainable Packaging Coalition. 2009. http://www.sustainablepackaging.org/.

# 索　引

262